电力版

注册城乡规划师职业资格考试
考点速记宝典
城乡规划管理与法规

土注公社　**组编**

王晨军　陈　超　**主编**

中国电力出版社
CHINA ELECTRIC POWER PRESS

内 容 提 要

注册城乡规划师考试中城乡规划管理与法规科目的备考文件范围广泛且零碎，从国土空间规划的大体系延伸到不同规划类型，本书结合目前自然资源部及相关部门发布的新规范、新标准、新政策等文件相关内容整理。全书共分为十四章，选取了其中最基础、最重要的考点，标注★的部分涵盖了试卷中 60%～70%的考点，此部分需要重点掌握。备考中完整的文件及当年的新文件、新政策，会以电子版形式呈现，读者通过扫描书中二维码下载即可。本书将每个文件整理成一个考点，文后也附上一些真题习题供考生自测。

本书可供参加注册城乡规划师职业资格考试的考生复习参考，也可供从事国土空间规划相关工作的人员参考使用。

图书在版编目（CIP）数据

城乡规划管理与法规/土注公社组编；王晨军，陈超主编 .—北京：中国电力出版社，2024.1
注册城乡规划师职业资格考试考点速记宝典
ISBN 978 - 7 - 5198 - 8062 - 0

Ⅰ.①城… Ⅱ.①土…②王…③陈… Ⅲ.①城乡规划－管理－中国－资格考试－题解②城乡规划－法规－中国－资格考试－题解 Ⅳ.①TU984.2 - 44②D922.297.4 - 44

中国国家版本馆 CIP 数据核字（2023）第 184806 号

出版发行：中国电力出版社
地　　址：北京市东城区北京站西街 19 号（邮政编码 100005）
网　　址：http://www.cepp.sgcc.com.cn
责任编辑：未翠霞（010 - 63412611）
责任校对：黄　蓓　常燕昆
装帧设计：王英磊
责任印制：杨晓东

印　　刷：三河市百盛印装有限公司
版　　次：2024 年 1 月第一版
印　　次：2024 年 1 月北京第一次印刷
开　　本：750 毫米×980 毫米　16 开本
印　　张：22.5
字　　数：501 千字
定　　价：78.00 元

前　　言

为帮助参加注册城乡规划师考试的考生高效地复习，从而快速通过考试，我们特组织编写了本书，书中选取了**最基础、最重要的考点**，以方便考生在第二轮复习时使用。

从2019年之后的几次注册城乡规划考试题目来看，所涉及的考点特别强调国土空间规划文件的时效性，出现大量当年的国土空间规划政策或技术文件。题目涉及不同学科跨度和理念，在注册城乡规划师考试大纲基础上，横向拓展主体功能区制度、土地管理、自然资源管理等学科知识。**试题的综合性较强，越来越注重对考生实际应用能力的考查。**

从这几年参加考试的考生反馈，80分以上的同学寥寥无几，70多分已经属于高分了，完全靠刷历年真题已不足以通过考试，每年在考场上会发现很多新的考点。所以，建议考生要养成多关注并积累最新文件的习惯，不用过于纠结太偏太古怪的考点，以2023年试题为例，试卷中一共考查84本文件。**一定要把握基础性考点和常考的考点，以拿到更多的分数，这是通过考试关键的思路。**

本门课程的备考复习思路建议如下：

1. 考试大纲中**行政法学基础和公共行政学基础**知识点变化基本不变，占试卷的8～12分。本书已经帮大家整理好对应的思维导图和考点速记表格。这部分的知识点一定要认真复习，尽量拿更多的分数。（第二章这几年每年只考1～2分，若备考实在来不及就建议只看带★的考点）

2. 官方要求的**增补大纲10本文件**（详见本书第四章国土空间规划体系）要精读，占试卷的15～20分，尽可能不要丢分，可以根据考点中标记★数量判断考点的重要性。

3. 以下**必考的基础性文件**复习性价比极高，分值占比高，占试卷的30～40分，需认真复习。

文　件	分值
《市级国土空间总体规划编制指南（试行）》	3～5
《中华人民共和国土地管理法》	3～5
《中华人民共和国文物保护法》	1～2
《城市紫线管理办法》	1
《国土空间调查、规划、用途管制用地用海分类指南（试行）》	2～3
《城市居住区规划设计标准》	2～3
《城市综合交通体系规划标准》	3～5
《城乡建设用地竖向规划规范》	1～2

文　件	分值
《历史文化名城名镇名村保护条例》	2~3
《历史文化名城保护规划标准》	2~3
《中华人民共和国行政复议法》	2
《中华人民共和国行政许可法》	1
《中华人民共和国行政诉讼法》	1
《中华人民共和国行政处罚法》	1
《防洪标准》	1~2
《中华人民共和国民法典》	2~3

以上所列文件一定要精准复习，占试卷的 50~65 分，基础分尽量多拿，这是通过考试很重要的策略。

4. 除了以上所列文件，试卷中也有当年的热点相关的题目。以 2023 年试卷为例，2023 年的新政策文件有 38 本。建议考生在备考时需要将文件通读，多收集时政方向的考点，考点标记★的数量多的考点考生一定要认真复习。至于冷门偏门的考点，大多只能在考场上见招拆招，根据自己平时工作学习的积累来答题。这部分的分数得分率也不高，**所以建议同学们要多拿以上文件的考点，这个备考思路非常重要。**

需要特别说明，我们已经将每一篇文件通过二维码链接了对应的**音频文件**，考生可通过扫描文中的二维码收听。

为了能与考生形成良好的即时互动，考生可通过扫描前言最后的二维码进入微信群，在讨论中发现问题和解决问题，相互交流，相互促进。进群的考生还可获取二维码小程序入口，享受以下服务：

1. 可获得 2011~2022 年真题及参考答案（其中 2015~2016 年停考），供大家利用零碎时间备考复习。

2. 可获得关于最新行业文件和当年的国土空间规划政策及技术文件，土注公社规划备考组已经**按篇做好了电子版文件**，在小程序的文末也附上了模拟试题，即学即练，巩固当年文件的考点。

3. 可**获取**国土空间规划视频讲解课程，即在小程序中搜索**"B0 - 注规国土时政文件基础句读"**。

本书编写人员分工如下：

第一章　行政法学基础　王晨军、邢敏、徐逸凡

第二章　公共行政学基础　邢敏、徐逸凡、王晨军

第三章　国土空间规划方针政策　傅希希、陈超

第四章　国土空间规划体系　傅希希、王晨军

第五章　国土空间规划相关规范文件　傅希希、王晨军

第六章　土地管理专题　邓枝绿、王晨军、陈超

第七章　交通专题　邓枝绿、王晨军、陈超

第八章　历史文化名城名镇 - 文物保护专题　怀李加、王晨军

第九章　乡村规划专题　怀李加、王晨军、陈磊

第十章　测绘地理信息专题　怀李加、王晨军、陈磊

第十一章　住区及公共服务设施类专题　怀李加、王晨军

第十二章　行政法规与规章　王晨军、刘阳、黄盛海

第十三章　技术标准与规范　王晨军、刘阳、黄汉杰

第十四章　国土空间规划相关法律、法规　王晨军、白建雄、黄汉杰

由于时间仓促和编者水平有限，书中难免出现错误和疏漏之处，敬请各位专家、同行和考友批评指正。祝各位考生顺利通过考试。

土注公社

2023 年 11 月

微信交流群　　　历年真题及参考答案　　　国土空间规划文件　　　国土空间规划文件讲解视频

目　　录

第一章　行政法学基础

【考点1】法、法律与法律规范

学习提示	重点关注法律的外部特征、法律规范的组成要素和法律规范的效力	
行为规则	人们的行为规则在法学上统称为**规范**。【2019-18】 规范总的有两大类：**技术规范、社会规范**。 ①技术规范是调整人与自然的关系，也就是人们通常所说的技术标准、操作规程。 ②社会规范是调整人与人之间关系的行为准则。法律规范、道德规范、社会团体规范都属于社会规范。法律规范规定人们可以做（授权）什么、不可以做（禁止）什么，从而成为评价人们行为合法与不合法的标准，也是警戒和制裁违法行为的依据	
法律的外部特征	(1) 法律是一种**行为规则**。 (2) 法律是由国家制定和认可的。 (3) 法律是通过规定社会关系参加者的**权利和义务**来确认、保护和发展一定社会关系的。 (4) 法律是通过**国家强制力**保障的规范【★】	
法律规范	组成要素	一个完整的法律规范在结构上必定由三个要素组成，即**假定、处理、制裁**。【★★】 　(1) **假定**：指法律规范中规定适用该规范的条件部分，它把规范的作用与一定的事实状态联系起来，指出发生何种情况或具备何种条件时，法律规范中规定的行为模式便生效。**例如：制定和实施城乡规划应当遵循先规划后建设的原则** 　(2) **处理**：指法律规范中为主体规定的具体行为模式，即权利和义务。**例如：县级以上地方人民政府城乡规划主管部门负责本行政区域内的城乡规划管理工作** 　(3) **制裁**：是法律规范中规定主体违反法律规定时应当承担何种法律责任、接受何种国家强制措施的部分。**例如：城乡规划组织编制机关委托不具有相应资质等级的单位编制城乡规划的，由上级人民政府责令改正，通报批评。** 　♯**考查角度：结合实际案例问是假定或是处理还是制裁**

法律规范	效力等级	（1）法律效力的等级首先决定于其制定机构在国家机关体系中的地位。一般说来，制定机关的地位越高效力等级越高(地位高＞地位低)。 （2）主体制定的法律规范中，按照特定的、更为严格的程序制定的法律规范，其效力等级高于按照普通程序制定的法律规范（严格程序＞普通程序）。 （3）当同一制定机关按照相同程序就同一领域问题制定了两个以上法律规范时，后来法律规范的效力高于先前制定的法律规范(后法＞前法)【2017-3】。 （4）主体在某领域既有一般性立法又有特殊立法时，特殊立法通常优于一般性立法，效力(特殊＞一般)。 （5）国家机关授权下级国家机关制定属于自己职能范围内的法律、法规时，该项法律、法规在效力上等同于授权机关自己制定的法律、法规(授权制定＝自己制定)【★★★】
	效力范围：指法律规范的约束力所及的范围，包括时间效力范围（我国法律一般不溯及既往）、空间效力范围	
	对人的效力：中国公民在国内一律适用我国法律；在我国的外国公民、无国籍人士以及他们开办的企业组织或者社会团体，同样必须遵守我国的法律	

 典型习题

1-1（2017-3）当同一机关按照相同程序就同一领域问题制定了两个以上的法律规范时，在实施的过程中，其等级效力是（ C ）。

A. 同具法律效力　　　　　　　　B. 指导性规定优先

C. 后法优于前法　　　　　　　　D. 特殊优于一般

1-2（2017-5）在下列的连线中，不符合法律规范组成要素的是（ A ）。

A. 制定和实施城乡规划应当遵循先规划后建设的原则——制定

B. 县级以上地方人民政府城乡规划主管部门负责本行政区域内的城乡规划管理工作——处理

C. 规划条件未纳入国有土地使用权出让合同的，该国有土地使用权出让合同无效——制裁

D. 城乡规划组织编制机关委托不具有相应资质等级的单位编制城乡规划的，由上级人民政府责令改正，通报批评——制裁

【考点2】行政法学基础知识

学习提示	（1）重点关注"行政法的渊源"，结合《中华人民共和国立法法》，对比不同法律法规的效力不等式。 （2）掌握行政法的分类角度和分类项目，学习时需要精准记忆

行政法的概念和调整对象	概念	行政法是关于行政权力的**授予、规范以及保障行政相对人合法权益**的法律规范的总称。行政法规范了行政权的有效行使；保障了行政相对人的合法权益；促进了民主与法治的发展。【★】 ♯**考查角度：单选辨析**
	行政法的调整对象	行政法的内容是由**行政法调整的对象决定**的。行政法调整的对象是**行政关系**。 ♯**考查角度：单选辨析**
		所谓"行政关系"是指行政主体在行使行政职权和接受行政法制监督而与①行政相对人、②行政法制监督主体发生的各种社会关系，以及③行政主体之间发生的各种社会关系。【★】 ♯考查角度：多选辨析
	行政法的调整对象	**(1) 行政管理关系。** 行政主体在行使行政权力的过程中与行政相对人发生的各种关系。 **(2) 行政法制监督关系。** 行政法制监督主体对行政主体、国家公务员和其他行政执法组织、人员进行监督时发生的各种关系。 行政法制监督主体**包括国家权力机关、司法机关、监察机关**等。【2020-65】 **(3) 行政救济关系。** 行政相对人认为其权益受到行政主体作出的行政行为的侵犯，向行政救济主体申请救济，行政救济主体对其提出的申请予以审查，作出对行政相对人提供或者不予提供救济的决定而发生的各种关系。救济主体主要包括**法律授权其受理行政复议、行政诉讼的国家机关**，如行政复议机关、受理行政诉讼的人民法院。【★★】 考查角度：多选辨析 (4) 内部行政关系。 行政主体内部发生的各种关系。包括上下级行政机关之间的关系，平行机关之间的关系，行政机关与所属机构、派出机构之间的关系，行政机关与国家公务员之间的关系等
法的渊源		法的渊源又称法源。它是指法的效力的来源，包括法的创制方式和法律规范的外部表现形式。法的主要渊源形式大致可以分为：**制定法、判例法、习惯法、学说四种**。【★】 ♯**考查角度：多选辨析**
行政法的渊源	宪法	(1) 宪法是我国的**根本大法**，在法律渊源体系中，宪法具有最高的法律地位和效力。 (2) 是制定法律的依据，是我国**最高阶位的法源**

行政法的渊源	法律	(1) 法律可以分为基本法律和基本法律以外的法律。 1) 基本法律是由**全国人民代表大会制定和修改**，规定和调整国家和社会生活中某一方面根本性社会关系的规范性文件。如刑法、民法、刑事诉讼法、民事诉讼法等。 2) 基本法律以外的法律，是由**全国人民代表大会常务委员会**制定和修改，通常规定和调整基本法律调整的问题以外的比较具体的社会关系的规范性文件。 (2) 法律的地位和效力**次于宪法，但高于其他国家机关制定的规范性文件**。法律是行政法**重要的渊源之一**
	行政法规	(1) 行政法规是指国家最高行政机关制定和颁布的有关国家行政管理活动的各种规范性文件。 (2) 一般用条例、办法、规则、规定等名称。 (3) **国务院是我国最高权力机关的执行机关**，它所制定和发布的行政法规、决定和命令等规范性文件，对在全国范围内贯彻执行法律，实现国家的基本职能，具有十分重要的作用。 (4) 行政法规的效力**低于法律，高于地方性法规、规章**。 (5) 行政法规数量大，**是行政法的主要渊源**
	地方性法规	(1) 地方性法规是指**省、自治区、直辖市的国家权力机关及其常设机关**为执行和实施法律和行政法规，根据本行政区的具体情况和实际需要，在法定权限内制定的规范性文件。 (2) 较大的市的人大及其常委会根据本市的具体情况和实际需要，可以制定地方性法规，报省、自治区的人大常委会批准后施行。设区市的人大及其常委会根据本市的具体情况和需要，在不违反上位法的前提下，可以对城乡建设与管理、环境保护、历史文化保护等方面的事项制定地方性法规，报省、自治区人大常委会批准后施行。 (3) 地方性法规的名称通常有条例、办法、规定、规则和实施细则等。 (4) **地方性法规不得与法律、行政法规相抵触**。较大的市的地方性法规还不得与本省、自治区的地方性法规相抵触，地方性法规只在本行政区域内有效，其效力高于本级和下级地方政府规章
	自治法规	(1) 自治法规是指**民族自治地方**的国家权力机关行使法定自治权所制定和发布的规范性文件。包括：**自治条例和单行条例。** (2) 自治条例和单行条例要报请**上一级人民代表大会常务委员会**批准后生效。 (3) 自治法规只在民族自治机关的管辖区域内有效。在我国的法律渊源中，同地方性法规具有同等的法律地位

行政法的渊源	行政规章	（1）行政规章又可分为部门规章和地方规章。部门规章，是指**国务院各部门**根据法律、行政法规等在本部门权限范围内制定的规范性法律文件。地方规章是指**省、自治区、直辖市和设区的市、自治州的人民政府**根据法律、行政法规等制定的规范性法律文件。 （2）地方政府规章，**作为法律的渊源，其数量大大超过地方性法规**，涉及地方行政管理的各个领域。 行政规章虽然是行政法的一种渊源，但是其效力不及其他法律形式。在我国的司法审判实践中，只具有参照价值
	有权法律解释	有权法律解释是依法享有法律解释权的特定国家机关对有关法律文件进行具有法律效力的解释。主要有： （1）**立法解释**。即由有立法权的国家权力机关依照法定职权所作的法律解释。全国人大常委会负责对法律作出解释；省、自治区、直辖市人大常委会负责对其制定的地方性法规进行解释。制定机关对行政法规、规章进一步明确界限的也属于立法解释。 （2）**司法解释**。即由国家司法机关在适用法律过程中，对具体应用法律问题所作的解释。我国的司法解释权由**最高人民法院和最高人民检察院**行使。 （3）**行政解释**。即由国家行政机关对其制定的行政法规或者其他法律规范如何具体应用的问题所作的解释。 行政解释包括：国务院及其主管部门对在行政工作中具体应用行政法规或者规章问题所作的解释；省级人民政府及其主管部门对地方性法规或规章的具体应用问题所作的解释
	国际条约与协定	（1）国际条约：国际法主体之间缔结的相互权利义务关系的书面协议，狭义的条约指重要的以条约为名的国际协议。 （2）国际协定：国家间或国家对外活动的组织间，用于解决专门事项或临时性问题而缔结的短期契约性文件。 （3）国际条约与协定要转化为我国国内法方可适用。二者的区别在于：前者是以国家名义签订，后者则是由政府签订。在我国，国际条约和协定同样是行政法的渊源
	其他行政法渊源	（1）我国行政法还有一些特殊的法律渊源。包括：中共中央、国务院联合发布的法律文件、行政机关与有关组织联合发布的文件等。 （2）我国港澳特别行政区使用的法律渊源有其特殊性，只适用于该特别行政区

行政法的分类	以行政法的内容为标准	行政法可分为：**行政组织法、行政行为法、行政救济法**
	以行政法的调整对象为标准	行政法可分为：**一般行政法、特别行政法。** （1）一般行政法是对一般行政关系和监督关系加以调整的法律规范和原则的总称。如：行政许可法、公务员法、行政处罚法等。 （2）特别行政法也称部门行政法，是对特别行政关系和监督行政关系调整的法律规范和原则的总称。如：经济行政法、军事行政法、教育行政法、民政行政法等
	以行政规范的性质为标准	行政法可分为：**实体法和程序法。** （1）实体法，是规范行政法律关系主体的地位、资格、权能等实体内容行政法规范的总称。 （2）程序法，是规定如何实现实体性行政法规范所规定的权利和义务的行政法规范的总称。 在行政实践中，实体法和程序法总是交织在一起的

 典型习题

1-3（2021-23）我国行政法渊源不包括（ D ）。

A. 地方性法规　　　B. 有权法律解释　　　C. 国际条约和约定　　　D. 技术规划标准

1-4（2018-83）下列法律属于程序法范畴的是（ BDE ）。

A. 刑法　　　　　　B. 刑事诉讼法　　　C. 民法通则　　　　　　D. 行政诉讼法

E. 行政复议法

1-5（2017-6）以行政法调整对象的范围来分类，《中华人民共和国城乡规划法》属于（ B ）。

A. 一般行政法　　　B. 特别行政法　　　C. 行政行为法　　　D. 行政程序法

【考点3】行政法律关系

学习提示	（1）高频考点，需辨析"行政法律关系""行政关系""行政主体""行政相对人"等不同概念。 （2）结合实际案例辨析"行政法律关系的产生""行政法律关系的变更""行政法律关系的消灭"

行政部法律关系	概念	（1）行政法律关系是指经过行政法规范调整的，因行政权的行使而发生的行政主体与行政相对方之间的权利与义务的关系。 （2）行政法律关系具体包括：行政主体与行政相对人的直接管理关系、宏观调控关系、服务关系、合作关系、指导关系、行政赔偿关系，以及法定监督主体对行政主体及其公务人员的监督关系
行政部法律关系	要素	行政法律关系的要素分为**主体和客体**。【★★★】 ♯考查角度：**行政主体＋行政相对人＝行政法律关系主体＝行政法主体≠行政主体** 行政法主体的范围比行政主体大，行政主体是行政法主体，但是行政法主体不一定是行政主体，若此概念不好理解，例如可以类比：人分为男人和女人，男人是人这句话是对的，但是人都是男人就不对。 （1）行政法律关系主体。 1）行政主体。【2023-42】 行政主体是指在行政法律关系中享有行政权，能以自己的名义实施行政决定，并能独立承担实施行政决定所产生相应法律后果的一方主体。**行政主体是行政法主体的一部分，行政主体必定是行政法主体，但行政法主体未必就是行政主体。**【2021-18】 2）行政相对人。 行政相对人在行政法律关系中是不具有行政职责和行政职务身份的一方当事人；是行政主体具体行政行为所指向的一方当事人；是行政主体管理的对象；是行政管理中被管理的一方当事人。 **行政相对人在行政诉讼中处于原告地位。**【2020-7】 （2）行政法律关系客体。行政法律关系客体，是指行政法律关系主体的**权利和义务所指向的对象或标的**。财物、行为和精神财富都可以成为一定法律关系的客体。行政法律关系客体是行政法律关系存在的基础，是行政法律关系的重要组成部分。 （3）行政法律关系主体的特征。 1）**恒定性**。这是因为行政法律关系是在国家行政权作用的过程中所形成的关系。 2）**法定性**。即行政法律关系的主体是由法律规范预先规定的，当事人没有选择的可能性
	内容及特征	（1）行政法律关系的内容，是指行政法律关系主体所享有的权利和承担的义务。 （2）行政法律关系的内容具有的特征：①行政法律关系内容设定**单方面性**；②**无须征得相对人的同意**。【★★】 **考查角度：多选辨析** （3）行政法律关系内容的**法定性**。 行政法律关系的权利和义务是由行政法律规范预先规定的，当事人没有自由约定的可能。 （4）行政主体权利处分的**有限性**。行政法的这一特点决定了行政纠纷的**不可调解性**

过程	行政法律关系的<u>产生、变更和消灭</u>以相应的法律规范的存在为前提条件，以一定的法律事实的出现为直接原因。 （1）行政法律关系的产生。例如：建设项目报建申请受理。 （2）行政法律关系的变更。例如：已经报建项目的依法转让。 （3）行政法律关系的消灭。例如：建设项目在地震中消失。 　在行政法律关系中，行政机关居于主导地位，公民、组织处于**相对"弱者"的地位**，双方权利、义务不对等。在行政诉讼中，行政相对人属于被告。 　与此相反，在监督行政法律关系中，监督主体通常居于主导地位，行政机关和公务员只是被监督的对象，公民、组织有权通过监督主体撤销或者变更违法或不当的行政行为而获得救济

 **典型习题**

1-6（2021-18）下列关于行政法学基础的说法，错误的是（ B ）。

A. 行政法主体是行政主体　　　　　　　B. 行政主体是行政法主体

C. 行政法律关系主体是行政法主体　　　D. 行政主体是行政法律关系主体

【考点4】行政法的基本原则

学习提示	（1）辨析**"行政合法性原则"**与**"行政合理性原则"**。 （2）辨析**"法律优位原则""法律保留原则"**和**"行政应急性原则"**。 （3）辨析**"积极行政"**和**"消极行政"**。 （4）记忆**"行政合理性原则"**的四大要点。 （5）记忆**"行政合理性原则"**的四大原则
基本原则	行政法的基本原则是**行政法治原则**，行政法治原则对行政主体的要求可以概括为**依法行政**；具体可分解为**行政合法性原则、行政合理性原则**等

行政合法性原则	含义	（1）行政合法性原则是指行政主体行使行政权必须依据法律、符合法律，不得与法律相抵触。 （2）任何一个法治国家，行政合法性原则都是其法律制度的重要原则。 （3）合法不仅指合乎**实体法**，也指合乎**程序法**
	内容	（1）**主体合法**：要求行政主体必须是依法设立的，并具备相应资格。 （2）**权限合法**：行政主体应当在法律授权的范围内运用国家行政权力。 （3）**行为合法**：行政行为依照法律规定的**范围、手段、方式、程序实施**。 （4）**程序合法**：实体合法、公正的保障，违反法定程序的行政行为是无效的。【★】 　♯考查角度：多选辨析

行政合法性原则	其他原则	（1）**法律优位原则**：任何其他条文规范都不得与法律相抵触，凡抵触的都以**法律**为准。**【★★】** ♯**考查角度：单选辨析** （2）**法律保留原则**：凡属宪法、法律规定只能由法律规定的事项，必须在法律明确授权的情况下，行政机关才能作出相应的行政行为。 （3）**行政应急性原则**：也称行政应变性原则。指在某些特殊的紧急情况下，出于维护国家安全、社会秩序或公共利益的需要，行政机关可以采取没有法律依据的或与法律依据相抵触的措施。应急性原则是合法性原则的例外，应急性原则并不排斥任何的法律控制
	积极行政与消极行政	（1）**消极行政**：对行政相对方的权利和义务产生直接影响的，如**命令、行政处罚、行政强制**措施。这类行政应受到法律的严格制约，可以说**"没有法律规范就没有行政"**，称之为消极行政。 （2）**积极行政**：对行政相对方的权利和义务不产生直接影响的，如**行政规划、行政指导、行政咨询、行政建议、行政政策等**。这类行政则要求行政机关在法定的权限内积极作为，"法无明文禁止，即可作为"，称之为积极行政或称为"服务行政"。**【2023-41】****【★★】** ♯**考查角度：单选辨析，消极行政≠办坏事**
行政合理性原则	要点	（1）行政合理性原则的出现和运用是行政法的一个重大发展。行政合理性原则是行政法治原则的另一个重要的组成部分。 （2）行政合理性原则，是指行政行为的**内容要客观、适度、合乎理性（公平正义的法律理性）**。合理行政，是指行政主体在合法的前提下，在行政活动中，公正、客观、适度地处理行政事务。 1）**行政的目的和动机合理。**行政行为必须出自正当合法的目的；必须出于为人民服务、为公益服务；必须与法律追求的价值取向和国家行政管理的根本目的相一致。 2）**行政行为的内容和范围合理。**行政权力的行使范围被严格限定在法律的积极明示和消极默许的范围内，不能滥用和擅自扩大范围。 3）**行政的行为和方式合理。**行政权特别是行政自由裁量权的行使要符合人之常情，包括符合事物的客观规律、日常生活常识、人民普遍遵守的准则和一般人的正常理智的判断。 4）**行政的手段和措施合理。**行政机关在作出行政决定时，特别是作出对行政相对人的利益有直接关系的行政处罚，面临多种行政手段和措施时，应该按照必要性、适当性和比例性的要求作出合理选择，择其合理而从之。**【★】** ♯**考查角度：多选辨析**

行政合理性原则	自由裁量权	合理性原则的产生是基于行政自由裁量权。【2022-49】 自由裁量权，是指在法律规定的条件下，行政机关根据其合理的判断决定作为或不作为以及如何作为的权力
	内容	(1) 平等对待。 (2) 比例原则。 (3) 正常判断。 (4) 没有偏私。【★】 ♯考查角度：多选辨析。注意：行政应急不是行政合理性的内容
依法行政	含义	依法行政是指国家各级行政机关及其工作人员依据宪法和法律赋予的职责权限，在法律规定的职权范围内，对国家的政治、经济、文化、教育、科技等各项事务，依法进行有效管理的活动
	要求	①合法行政。②合理行政。③程序正当。④高效便民。⑤诚实守信。⑥权责统一
依法行政	小结	(1) 依法治国的核心：**依法行政**； (2) 依法行政的核心：**依法执法**； (3) 行政程序法的核心原则：**参与原则**； (4) 行政程序法的核心制度：**听证制度**； (5) 行政体制的核心部分：**行政权力结构**； (6) 公共行政的核心原则：**公民第一**

典型习题

1-7（2021-83）下列属于行政合理性原则内容的有（ ACDE ）。

A. 平等对待　　　B. 行政应急性　　　C. 比例原则　　　D. 正常判断
E. 没有偏私

1-8（2020-8）《城乡规划法》规定的"临时建设和临时用地规划管理的具体办法，由省自治区、直辖市人民政府制定"、在行政合法性其他原则中称为（ B ）。

A. 法律优位原则　　B. 法律保留原则　　C. 行政应急性原则　　D. 行政合理性原则

1-9（2019-85）行政合法性原则的内容包括（ ABC ）。

A. 行政权限合法　　B. 行政主体合法　　C. 行政行为合法　　D. 行政方式合法
E. 行政对象合法

【考点 5】行政行为

学习提示		(1) 记忆"行政行为"的六大特征。 (2) 辨析"确定力""约束力""执行力""公定力"。 (3) 结合实际案例辨析不同的"行政行为的分类"
行政行为	含义	行政行为是指行政主体基于行政职权，为实现行政管理目标，行使公共权力，对外部作出的具有法律意义、产生法律效果的行为
	特征	(1) **从属法律性**：行政行为是执行法律的行为，必须有法律依据。 (2) **裁量性**：法律不可能将所有事务的细节都予以规定，而行政事务具有较大变动性，所以法律必须赋予行政机关一定的裁量权，由其在法律规定的范围和幅度内，自行决定处理问题，作出行政行为。 (3) **单方意志性**：行政行为是行政主体的单方意志性行为，可以自行作出执行法律的命令或决定，无须与行政相对人协商或征得对方同意。 (4) **效力先定性**：效力先定性是指行政行为一旦做出，在没有被有权机关宣布撤销或变更之前，无论是合法的还是违法的，对行政主体、行政相对人和其他国家机关都具有约束力，任何个人或团体都必须服从。 (5) **强制性**：行政相对人必须服从并配合行政行为。否则，行政主体将对其予以制裁或强制执行。 (6) **无偿性**：行政主体在行使公共权力的过程中，追求的是国家和社会的公共利益，其对公共利益的集合（如收税）、维护和分配都应该是无偿的。任何乱收费、乱摊派都是不允许的。 **【★】**♯考查角度：单选辨析，注意，有偿性不是行政行为的特征
	内容	(1) 权利的赋予（**授益性行政行为**）与剥夺（**损益性行政行为**）。 (2) 义务的设定（**命令**）与免除（**禁令**）。 (3) 变更法律地位。 (4) 法律事实与法律地位的确认，确认法律事实（如**确认违法建设的事实**）和确认法律地位（如**对建设用地使用权的确认**）
	效力	(1) **确定力**。有效成立的行政行为具有不可变更力，即非依法不得随意变更、撤销。行政主体非依法定理由和程序不得随意变更行为的内容，或者就同一事项重新作出行政行为。经过一定期限后行政相对人不得再挑战行政行为的效力。**【★★】** ♯考查角度：单选辨析

行政行为	效力		(2) **拘束力。**行政行为成立后，其内容对行政相对人及其他利害关系人产生法律上的约束力。行政相对方必须严格遵守、服从已经生效的行政行为；主动履行行政行为的全部内容和设定的义务；否则将承担相应的法律后果。 (3) **执行力。**行政行为生效后，行政主体依法有权采取一定的手段，使行政行为的内容得以实现的效力。当行政相对人不履行法定义务时，行政机关可以依法强制其履行该义务。这种行政强制执行是行政机关依职权所作的执法行为，不需要事先得到法院的判决。这种执行力又称"自行执行力"。但是，并不是所有的行政行为都必须强制执行，如：行政许可行为，行政处罚中的警告行为。一般而言，行政行为只是在行政相对方拒不履行义务的情况下，行政行为才需要强制执行。 (4) **公定力。**行政行为除自始无效外，在没有被有权机关依法撤销之前，即使不符合法定条件，仍然视为有效，并对任何人都具有法律约束力，即不论合法还是违法，都推定合法有效
	生效与合法的要件	生效规则	1) **即时生效。**行政行为一经作出即具有效力，对相对方立即生效。 2) **受领生效。**行政行为须为被相对方受领才开始生效。受领，即接受、领会，是指行政机关须将行政行为告知相对方，为相对方所接受，一般采用送达的方式。 3) **告知生效。**行政机关将行政行为的内容采取公告或宣告等有效形式，使相对方知悉。 4) **附条件生效。**行政行为的生效附有一定的期限或一定的条件，在所附期限到来或条件消除时，行政行为才开始生效。**【★★★】** ♯**考查角度：单选辨析**
		行政行为合法	1) **主体合法。** 2) **权限合法。** 3) **内容合法。** 4) **程序合法** ♯**考查角度：多选辨析**
	行政行为的分类		按照行政行为的对象是否特定为标准划分**【★★★】** 1) 抽象行政行为：指特定的行政机关在行使职权的过程中，制定和发布普遍行为准则的行为。 抽象行政行为能对未来发生拘束力，可以反复使用，可以起到拘束具体行政行为的作用，包括**制定法规、规章，发布命令、决定**等。**编制城市规划也属于抽象行政行为。** 抽象行政行为的核心特征是：**行政行为的不确定性或普遍性。**抽象行政行为是对某一类人或事具有拘束力，且具有后及力；其不仅适用当时的行为或事件，而且适用于以后要发生的同类行为和事件。

| | | 抽象行政行为具有**普遍性、规范性和强制性**的法律特征，并经过起草、征求意见、审议、修改、通过、签署、发布等一系列程序。

2）**具体行政行为**：是将行政法律关系双方的权利和义务内容的具体化，是在现实基础上的一次性行为。具体行政行为的特征是行为对象的特定性与具体化。其内容只涉及某一个人或组织的权益。【2023-43，2023-45】

具体行政行为一般包括：**行政许可与确认行为、行政奖励与给付行为、行政征收行为、行政处罚行为、行政强制行为、行政监督行为、行政裁决行为**等。

♯**考查角度：举具体案例判断抽象还是具体。注意：编制城市规划属于抽象行政行为，编制南京市总体规划属于具体行政行为** |
| 行政行为 | 行政行为的分类 | **以行政行为的适用性和效力作用对象的范围为标准划分：【★★】**

1）内部行政行为：是指行政主体在内部行政组织管理过程中所作的只对行政组织内部产生法律效力的行为，如行政处分、行政命令等。

2）**外部行政行为**：是指行政主体对社会实施行政管理活动的过程中，针对公民、法人或其他组织所作出的行政行为，如行政处罚、行政许可等。

♯**考查角度：举具体案例判断内部还是外部**

以受法律的约束程度为标准划分：【★★】

1）羁束行政行为：是指法律规范对其范围、条件、标准、形式、程序等作了较详细、具体、明确规定的行政行为。行政主体必须严格依照法律规范的规定作出行政行为，没有自行选择、斟酌、裁量的余地，如税务机关征税等。

2）**自由裁量行政行为**：是指法律规范仅对行为目的、范围等作了原则性规定，而将行为的具体条件、标准、幅度、方式等留给行政机关自行选择、决定的行政行为。【2020-62】

♯**考查角度：举具体案例判断羁束还是自由裁量**

以行政机关可否主动作出行政行为为标准划分：【★★】

1）依职权的行政行为：是指行政机关依据法律授予的职权，无须相对方的请求而主动实施的行政行为。如行政处罚等。

2）**依申请的行政行为**：是指行政机关必须有相对方的申请才能实施的行政行为。如颁发营业执照、核发建设用地规划许可证、建设工程规划许可证等。【2023-46】

♯**考查角度：举具体案例判断依职权还是依申请** |

行政行为	行政行为的分类	以行政行为能否因为行政机关的单方意思表示发生效力为标准划分： 1) **单方行政行为**：是指行政机关单方意思的表示，无须征得相对人同意即可成立的行政行为。如行政处罚、行政许可等。 2) **双方（多方）行政行为**：是指行政机关为实现公务目的，与相对方协商达成一致而成立的行政行为，如行政合同。如果行政关系多方当事人为了一定目的，经协商达成一致而产生法律效果的行政行为称为多方行政行为，又称为"行政协定"或"行政协议"，如行政机关与群众组织签订的各项协议等。
		以行政行为是否应当具备一定的法定形式为标准划分： 1) **要式行政行为**：是指必须具备某种法定的形式，或遵守法定程序才能生效的行政行为。如行政处罚必须以书面形式加盖公章才能生效。 2) **非要式行政行为**：如果不需一定方式和程序，无论采取何种方式都可以成立的行政行为称为非要式行政行为。如公安机关对醉酒司机采取强制约束的行为。要式行为，就其形式而言是羁束性的要求；而非要式行政行为属于自由裁量性规定。采取非要式行政行为应受到严格控制，一般在情况紧急或不影响相对方权利的情况下才能采取
		1) **作为行政行为**：是指以积极作为的方式表现出来的行政行为，如行政奖励、行政强制等。【★★】 2) **不作为行政行为**：是指以消极不作为的方式表现出来的行政行为。如"集会游行示威法"中规定，对于游行、集会申请，主管机关对申请"预期不通知的，视为许可"就属于不作为行为
		以行政权作用的方式和实施行政行为所形成的法律关系为标准划分【★★】 1) **行政立法行为**：是指行政主体以法定职权和程序制定带有普遍约束力的规范性文件的行为。 2) **行政执法行为**：是指行政主体依法实施的直接影响相对方权利和义务的行为，或者对个人、组织的权利和义务的行使和履行情况进行监督检查的行为。包括行政许可、行政确认、行政奖励等。 3) **行政司法行为**：是指行政机关作为第三者，按照准司法程序审理特定的行政争议或民事争议案件所作出的裁决行为；它所形成的法律关系是以行政机关为一方，以发生争议的双方当事人各为一方的三方法律关系，具体包括行政裁决、行政复议等

行政行为	行政行为的分类	**授益行政行为与侵益行政行为。【★】** 　　1）**赋予权益**：是指赋予行政相对人某种新的法律上的权益，包括法律上的权能、权力和利益。赋予权益的行政行为又称"授益行政行为"。 　　2）**剥夺权益**：指行政主体依法剥夺行政相对人已有的某种权益，包括法律上的权能、权力和利益。一般而言，权益的剥夺只能针对行政相对人的行政违法行为而进行，是行政制裁。剥夺权益的行政行为又称"侵益行政行为"。 　　此外，还有一些特殊的行政行为，如行政终局裁决行为、国家行为等。 　　♯**考查角度：单选辨析**

 典型习题

1-10（2021-85）行政处罚属于（ ABCE ）行政行为。

A. 依职权的 　　　　B. 单方 　　　　C. 具体 　　　　D. 抽象 　　　　E. 外部

1-11（2020-62）下列对行政行为分类的对应关系错误的是（ C ）。

A. 编制城市规划属于抽象行政行为

B. 颁发行政许可证属于具体行政行为

C. 税务机关征税属于自由裁量行政行为

D. 行政处罚属于单方行政行为

【考点6】行政程序

学习提示	**重点关注"听证制度"和"救济制度"**
内涵	狭义的行政程序是指国家行政机关及其工作人员以及其他行政主体施行行政管理的程序，即行政主体实施其实体行政法权力（利），履行其实体行政法义务，依法必须遵循的**方式、步骤、顺序以及时限**的总和
内容	事先说明理由、事中征求意见、事后告知权利
类型及价值	（1）**以行政程序的规范对象为标准**，分为内部行政程序和外部行政程序。 （2）**以行政程序是否由法律加以明确规定为标准**，分为强制性程序和自由裁量程序。【2021-17】 （3）**以行政程序适用的时间不同为标准**，可分为事前行政程序和事后行政程序。 （4）**以适用于不同行政职能为标准**，划分为行政立法程序、行政执法程序和行政诉讼程序。（以行政程序的环节划分为普通行政程序和简易行政程序。）【★】 　　♯**考查角度：单选辨析**

基本原则		（1）公开的原则。 （2）公正的原则。 （3）正当的原则。 （4）参与原则。 （5）复审原则。行使复审职能的国家机关主要有两类。一类是原行政主体之外的行政机关，其复审称之为**"行政复议"**。另一类是司法机关，其复审称之为**"司法审查"**。由于行政复议机关仍然是行政机关，因此，行政复议之后仍然可以进行司法审查，司法审查成为终审。 **（6）效率原则**
基本制度	**告知制度**	行政主体在实施行政行为的过程中，应当及时告知行政相对人行政决定、拥有的各项权利以及其他事项，如申辩权、出示证据权、要求听证权、申请救济权等，告知制度一般只适用于具体行政行为
	听证制度	1）概念。听证制度分为正式听证和非正式听证两种方式，主要作用是听取行政相对人及利害关系人的意见。 2）听证制度是现代程序法的核心制度。**听证是行政相对人参与行政程序的重要形式。【★】** 3）听证的分类：**立法听证、行政决策听证、具体行政行为听证等多种方式。【★】** 4）正式听证程序的基本内容。 ①听证程序的主持人的确定应当**遵循职能分离原则。** ②听证程序的当事人和其他参加人。**听证程序的当事人是指参加听证的调查人员和行政相对人。**调查人员是指行政主体中直接参与案件调查取证的人员或部门。行政相对人是指自身权益受到行政行为不利影响的公民、法人和其他组织。与处理结果有直接利害关系的第三人也有权要求参加听证。 ③公开举行。听证会一般应该公开举行，任何人员都可以参加，也可以进行宣传。 ④**听证会的费用由国库承担，当事人不承担听证费用**
	回避制度	回避制度是指国家行政机关的公务员在行使职权的过程中，如与其处理的行政法律事务有利害关系，为保证处理的结果和程序进展的公平性，依法应主动或依申请退出事务处理程序的制度。回避制度的真正价值在于确保行政程序的公正性，保证行政程序公正的原则得到具体落实
	信息公开制度	信息公开制度是指凡涉及行政相对方权利和义务的行政信息资料，除法律规定予以保密的以外，有关行政机关都应该根据职权或相对人的请求，依法向社会公开，任何公民或组织都可以依法查阅复制
	职能分离制度	职能分离制度是指行政主体的调查、决定、执行职能相分离，分别由内部不同的机构或人员来行使，确保行政相对人的合法权益不受侵犯的制度。 职能分离制度调整的是**行政机关内部的机构和人员的关系【2020 - 9】**

基本制度	时效制度	时效制度的主要内容包括：行政行为的期限，违反行政时效的法律后果和对违反时效制度的司法审查
	救济制度	**广义行政救济**，包括行政机关系统内部的救济，也包括司法机关对行政相对方的救济，以及其他救济方式，如国家赔偿等。其实质是对行政行为的救济。 **狭义上的行政救济**是指行政相对方不服行政主体作出的行政行为，依法向作出该行政行为的行政主体或其上级机关，或法律、法规规定的机关提出行政复议申请；受理机关对原行政行为依法进行复查并作出裁决；或上级行政机关依职权主动进行救济；或应行政相对方的赔偿申请，赔偿机关予以理赔的法律制度。【2020 - 67】 行政救济的内容包括：**行政复议程序、行政赔偿程序和行政监督检查程序。**【★★】 ＃考查角度：多选辨析
	依法治国的核心：依法立法，**依法行政**，依法司法和依法监督。 依法行政的核心：行政立法，**行政执法**，行政司法和行政监督。 行政程序法的核心原则：公开，公正，正当，**参与**，复审，效率。 行政程序法的核心制度：告知，**听证**，回避，信息公开，职能分离，时效，救济	

📣 典型习题

1-12（2021-17）以下关于行政程序的说法，正确的是（ A ）。

A. 行政程序必须向利害关系人公开

B. 行政程序根据其环节分为法定程序和自由裁量程序

C. 行政程序的基本规则由行政部门自行设定

D. 行政程序的价值是保障行政主体的自由裁量权

1-13（2020-9）下列关于"行政程序法的基本制度"的说法中，不正确的是（ C ）。

A. 没有正式公开的信息，不得作为行政主体行政行为的依据

B. 告知制度一般只适用于具体行政行为

C. 职能分离制度调整了行政主体与行政相对人之间的关系

D. 听证会的费用由国库承担，当事人不应承担听证费用

【考点 7】 行政法律责任

学习提示	重点关注"追究行政法律责任的原则"	
行政违法	概念	指行政法律关系主体违反行政法律规范，侵害受法律保护的行政关系，对社会造成一定程度的危害，尚未构成犯罪的行为
	表现	1）行政机关违法和行政相对方违法； 2）实体性违法和程序性违法； 3）作为违法和不作为违法等形式。【★】 ＃考查角度：多选辨析

	构成要件	(1) 行为人的行为客观上已经构成了违法； (2) 行为人必须具备责任能力； (3) 行为人在主观上必须有过错； (4) 行为人的违法行为必须以法定的职责或法定义务为前提。 只有构成行政法律责任的全部要件，才能追究其法律责任。【★★】 #考查角度：多选辨析
行政责任	方式	(1) 行政主体。由于行政主体是代表国家参与行政法律关系的，行政主体承担行政责任的形式受到一定限制，主要包括：停止、撤销或者纠正违法的行政行为、恢复原状、返还权益、通报批评、赔礼道歉、承认错误、恢复名誉、消除影响、行政赔偿等。【2021 - 18】 (2) 公务员。因为公务员的行政责任是职务行为，一般不直接对行政相对方承担行政责任，其行政责任一般是惩戒性的。其承担行政责任的方式是：**通报批评、行政处分和赔偿损失等形式。** (3) 行政相对人。行政相对人的违法行为被确认后，有关行政机关可以责令行政相对人承认错误、赔礼道歉、履行法定义务、恢复原状、返还原物、赔偿损失、接受行政处罚
	追究责任的原则	(1) 教育与惩罚相结合的原则。【2018 - 87】 (2) 责任法定原则。 (3) 责任自负原则。 (4) 主客观一致的原则。【★★】 #考查角度：多选辨析

 典型习题

1-14（2018 - 87）追究行政法律责任的原则不包括（ AE ）。

A. 劝诫的原则　　　　　　　B. 责任自负原则　　　　　　C. 责任法定原则

D. 主客观一致原则　　　　　E. 处分与训诫的原则

【考点 8】行政法制监督与行政监督

学习提示	(1) 辨析"行政法律监督"与"行政监督"。 (2) 记忆"行政法制监督的基本原则"

概念辨析		(1) **行政法制监督**。指国家权力机关、国家司法机关、专门行政监督机关及行政机关外部的个人、组织依法对行政主体及国家公务员行使行政职权的行为和遵纪守法行为进行的监督。【★★】 (2) **行政监督**。行政监督又称行政执法监督或行政执法监督检查，是指国家行政机关按照法律规定对行政相对人采取的直接影响其权利、义务，或对行政相对人权利、义务的行使和履行情况直接进行行政监督检查的行为。 行政监督的主体常常是行政法制监督的客体。 另外，监察审计局是行政自我监督中的专门的监督机关，即是行政法制监督的主体，其自身也属于行政机关，也需要受到其他机关的监督。监督审计局既是行政监督主体又是行政法制监督主体。 ♯**考查角度：行政法制角度和行政监督的区别**
行政法制监督体系		(1) **权力机关的监督**。即由各级人民代表大会及其常务委员会通过报告、调查、质询、询问、视察和检查等手段对行政机关及其工作人员实施全方位的监督。 (2) **司法机关的监督**。由人民法院和人民检察院通过行政诉讼、行政侵权赔偿诉讼、执行和刑事诉讼、司法建议等手段，对行政机关的行政行为和行政机关工作人员的职务行为进行审判、检察的活动。 (3) **行政自我监督**。包括上级行政机关对下级行政机关的日常行政监督，主管机关对其他行政机关的行政监察和专门行政机关—审计机关对特定范围内的行政行为的监督。 (4) **政治监督**。由各党派、各政治性团体对行政机关及其工作人员的行政行为进行监督。 (5) **社会监督**。由公民、法人或者其他组织对行政机关及其工作人员的行政行为进行的一种不具法律效力，却有重要意义的监督。如社会舆论监督、新闻媒体监督、信访、申诉等。这种监督虽然不直接发生法律效力，但它往往是具有法律效力的国家监督（包括权力机关、司法机关、行政机关的监督）的重要信息来源。【2020 - 64】
	基本原则	(1) 依法行使职权的原则。 (2) 实事求是，重证据、重调查研究的原则。 (3) 在适用法律和行政纪律上人人平等的原则。 (4) 教育与惩罚相结合、督察与改进工作相结合的原则。 (5) 专门工作和依靠群众的原则
	区别	(1) **监督对象不同**。行政法制监督的对象是行政主体和国家公务员，行政监督的对象是行政相对人。【★★】 (2) **监督主体不同**。行政法制监督的主体是国家权力机关、国家司法机关、专门行政监督机关以及行政机关以外的个人和组织；而行政监督的主体正是行政法制监督的对象，即行政主体。 (3) **监督内容不同**。行政法制监督主要是对行政主体实施行政行为合法性的监督和对公务员遵纪守法的监督；行政监督主要是对行政相对人遵守法律和履行行政法上的义务进行监督。 (4) **监督方式不同**。行政法制监督主要采取权力机关审查、调查、质询和司法审查、行政监察、审计、舆论监督等方式；而行政监督主要采取检查、检验、登记、统计、查验等方式

 典型习题

1-15（2011-78）行政机关依法对行政相对人采取的直接影响其权利、义务，或对行政相对人权利、义务的行使和履行情况直接进行监督检查的行为属于（ A ）范畴。

　A. 行政监督　　　　B. 权力机关的监督　　　　C. 政治监督　　　　D. 社会监督

1-16（2020-65）下列既是行政监督主体又是行政法制监督主体的是（ D ）。

　A. 地方人大　　　　B. 人民检察院　　　　C. 纪律检查委员会　　　　D. 监察审计局

【考点9】行政立法

学习提示	此部分考点需要结合《立法法》相关考点一起复习，特别关注不同法律法规的效力不等式		
行政立法	含义		行政立法是指国家行政机关依照法定权限与程序制定、修改和废止行政法规、规章的活动
	特点		（1）行政立法的主体是特定的国家行政机关。 我国的立法可以分为权力机关的立法和国家行政机关立法。 1）权力机关的立法是享有立法权的人民代表大会及其常务委员会。 2）国家行政机关作为权力机关的执行机关，可以为有效地执行法律、法规和规章，以规范性文件的形式做出执行性解释，这种解释同样具有法律上的约束力。 （2）行政立法是从属性立法。 行政机关的立法从属于权力机关的立法，是权力机关立法的延伸和具体化。其从属性决定了权力机关制定的法律、地方性法规的效力分别高于国务院的行政法规、部门规章和地方人民政府的地方政府规章。 （3）行政立法的强适应性和针对性。 （4）行政立法的多样性和灵活性
	行政立法原则		（1）依法立法的原则。 （2）民主立法的原则（①建立公开制度；②建立咨询制度；③建立听证制度）。 （3）加强管理与增进权益相结合的原则。 （4）效率原则【★★】
	行政立法的法律效力	效力等级	效力等级是指各类法律规范在国家法律规范体系中所处的地位。 1）宪法具有最高的法律效力。 2）效力仅次于宪法，高于行政法规和规章。 3）法规的效力高于地方性法规和规章。 4）法规的效力高于本级和下级地方政府规章。 5）自治区的人民政府制定规章的效力高于本行政区域内较大城市的人民政府制定的规章。

行政立法	行政立法的法律效力	效力等级	6）规章之间，部门规章与地方政府规章之间具有同等效力，在各自权限范围内施行。 若地方性法规与部门规章对同一事项的规定不一致时，由国务院提出意见。国务院认为应当适用地方性法规时，应该决定在该地适用地方性法规的规定；认为应当适用部门规章的，应报请全国人大常委会裁决。 **效力等级总结为：宪法＞法律【人大及常委】＞行政法规【国务院】＞地方性法规【地方人大及常委】＞本级和下级地方政府规章【★★★★】♯考察次数多** **注：部门规章和地方规章不能比较，在各自权限范围内施行**
	各级权力机关之间的关系（图1-1）		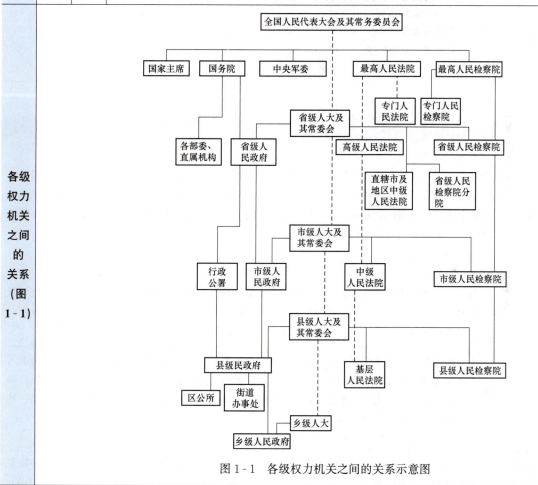图1-1　各级权力机关之间的关系示意图

**典型习题**

1-17（2014-2）下列法律法规的效力不等式中，不正确的是（ D ）。

A. 法律＞行政法规 　　　　　　　　　　B. 行政法规＞地方性法规

C. 地方性法规＞地方政府规章 　　　　　D. 地方政府规章＞部门规章

【考点 10】行政许可

学习提示	此部分考点需要结合《中华人民共和国行政许可法》相关考点一起复习，特别关注"行政许可的特征"和"行政许可的分类及特征"
概念	行政许可，是指行政机关根据公民、法人或者其他组织的申请，经依法审查，准予其从事特定活动的行为
特征	(1) 行政许可是依申请的行政行为。 (2) 行政许可是管理型行为。 (3) 行政许可是外部行为。 (4) 行政许可是准予相对人从事特定活动的行为
原则	(1) 合法原则。 (2) 公开、公平、公正的原则。 (3) 便民原则。 (4) 救济原则。 救济原则是指公民、法人或者其他组织认为行政机关实施的行政许可使其合法权益受到损害时，要求国家予以补救的制度。公民、法人或者其他组织对行政机关实施行政许可享有陈述权、申辩权；有依法申请行政复议或者提起行政诉讼权。其合法权益因行政机关违法实施行政许可受到损害的，有权依法要求赔偿。 (5) 信赖保护原则。 (6) 监督原则。 县级以上人民政府必须建立健全对行政机关实施行政许可的监督制度；上级行政机关应当加强对下级行政机关实施行政许可的监督检查，及时纠正实施中的违法行为。同时，行政机关也要对公民、法人或其他组织从事许可事项的活动实施有效监督，发现违法行为应当依法查处

分类及其特征	普通许可	适用事项：直接关系国家安全、公共安全的活动；基于高度社会信用的行业的市场准入和法定经营活动；利用财政资金或者由政府担保的外国政府、国际组织贷款的投资项目和涉及产业布局、需要实施宏观调控的项目；直接关系人身健康、生命财产安全的产品、物品的生产、销售活动。【★★】 ♯考查角度：单选辨析
	特许	适用事项：有限自然资源的开发利用；有限公共资源的配置；直接关系公共利益的特定行业的市场准入等
	认可	适用事项：提供公共服务并且直接关系公共利益的职业、行业，需要确定具备特殊信誉、特殊条件或者特殊技能等资格、资质的事项
	核准	适用事项：直接关系公共安全、人身健康、生命财产安全的特定产品、物品的检验、检疫等事项
	登记	适用事项：确立个人、企业或者其他组织特定的主体资格、特定身份的事项

行政许可的期限	行政许可法规定了**20日**的一般期限；法律、法规另有规定的，依照其规定。对于多个行政机关，实行统一办理或者联合办理、集中办理的期限，行政许可法规定办理时间**不超过45日**。45日内不能办结的，经本级人民政府负责人批准，可以延长**15日**，并应当将延长期限的理由告知申请人。 颁发、送达行政许可的期限为：作出行政许可决定后的**10日**内完成。【★★★★】 ♯**同时也是实务科目的考点**

 典型习题

1-18（2021-84）下列属于行政许可的是（ ABC ）。

A. 认可　　　　B. 普通许可　　　　C. 核准　　　　D. 特殊处理　　　　E. 确认

【考点11】行政复议

学习提示	**此部分考点需要结合《中华人民共和国行政复议法》相关考点一起复习，特别关注"行政复议"与"行政诉讼"的区别，此高频考点需要精确掌握**
概念	行政复议是公民、法人或者其他组织认为具体行政行为侵犯其合法权益，向行政机关提出行政复议申请，行政机关受理行政复议申请、作出行政复议决定的专门活动
特征	（1）行政复议的启动是**依据行政相对人的申请**。 （2）行政复议的行政行为必须是**具体行政行为**。 （3）行政复议的性质是**行政机关处理行政纠纷**的活动。 （4）行政复议是对行政决定的一种**法律救济**机制。【★★】【2020-67】 ♯**考查角度：单选辨析**
行政复议与行政诉讼的关系与区别	**关系**　　对于属于法院受理范围的行政案件，可以直接向法院提起诉讼；行政相对人也可以先向上一级行政机关或者法律、法规规定的行政机关申请行政复议，对复议决定不服的，再向人民法院提起诉讼。**采用哪种方式，由行政相对人自由选择。** 　　对属于人民法院受案范围的某些行政案件，法律、法规规定必须先向行政机关申请行政复议，对复议决定不服，然后才能向法院提起诉讼；否则法院不予受理。【★★】 ♯**考查角度：需要掌握，实务科目也可以考**

行政复议与行政诉讼的关系与区别	区别	1）**性质不同**。行政复议是行政复议机关作出的行政决定，行政诉讼是法院运用审判权而进行的司法活动。【★★】 ＃考查角度：单选辨析 2）**职权不同**。行政复议是一种行政权；在行政复议中，有权变更有争议的行政决定，撤销或变更行政决定所依据的规章或者行政规范性文件。人民法院行使的是审判权；无权撤销或者变更有争议的行政决定所依据的行政规章和行政规范性文件，只能不予适用。 3）**审理方式不同**。行政复议一般实行书面审理的方式，有必要时才实行其他方式。行政诉讼一般实行开庭审理的方式，当事人双方都应到庭。 4）**法律效力不同**。除法律有明文规定者外，行政复议不具有最终法律效力，行政相对人对行政复议不服的可以向法院提起行政诉讼。行政诉讼的终审判决具有最终的法律效力，双方当事人必须履行
	机关	只有**县级以上人民政府以及县级以上人民政府工作部门才可以成为行政复议机关**。行政复议机关中负责行政法制工作的机构具体办理有关行政复议事项
行政复议的申请	申请期限与方式	1）申请期限。公民、法人和其他组织对具体行政行为不服需要提出行政复议的，在**知道具体行政行为之日起的 60 日**内申请，法律规定超过 60 日的除外。【★★★】 ＃考查角度：单选辨析 2）申请方式。**既可以以书面形式申请，也可以以口头方式申请**。对于口头申请，行政复议机关应当场记录申请人的基本情况、行政复议请求，申请复议的主要事实、理由和时间
	参加人	根据《行政复议法》的规定，认为具体行政行为侵犯其合法权益并向行政机关申请行政复议的公民、法人或其他组织是复议申请人，具有申请复议的资格。对于公民，除上述条件之外，还必须具有申请复议的行为能力。 **复议申请人资格的转移**：如果有权申请复议的公民死亡、法人或者其他组织终止的情况下，其复议资格依法自然转移给特定利害关系的公民、法人或者其他组织。在申请人资格转移之后，他们具有了申请人的资格，以自己的名义提出行政复议。 如果与被申请行政复议的具体行政行为有法律上的利害关系，包括直接利害关系和间接利害关系，可以作为复议第三人。 行政复议的被申请人一般为行政机关。 **申请人、第三人可以委托代理人代为参加行政复议。【★★★】** ＃考查角度：单选辨析

行政复议的申请	行政复议的管辖	《行政复议法》中规定的行政复议的管辖采用了**"条块结合"**的原则。【★★★】 ＃考查角度：单选辨析 1) 对县级以上地方各级人民政府工作部门具体行政行为不服的，**复议申请人可以选择向该部门的本级人民政府申请，也可以向上一级主管部门申请。** 2) 对于地方各级人民政府的具体行政行为不服的，**向上一级地方人民政府申请复议。**对省、自治区人民政府依法设立的派出机关（例如，地区行署）所属的县级人民政府的具体行政行为不服的，**向该派出机关申请复议。** 3) 对国务院部门或者省、自治区、直辖市人民政府的具体行政行为不服的，**向作出该具体行政行为的国务院部门或者省、自治区、直辖市人民政府申请复议。对行政复议不服的，可以向人民法院提起诉讼；也可以向国务院申请裁决，国务院依照行政复议法的规定作出最终裁决**
行政复议的受理	申请的处理	1) 行政复议机关在收到行政复议申请后，**应当在 5 日之内进行审查**，对于符合申请条件，没有重复申请复议，没有向法院起诉且**在法定期限内提出的复议申请**，应予以受理。【2021 - 28】 2) 对符合受理条件的，**接到复议申请之日作为复议受理日期。**对不符合条件、超出法定期限或者人民法院已经受理申请以及重复提出的申请不予受理。 3) 对于符合条件但是不属于本行政机关受理的复议申请，**应在决定不予受理的同时，告知申请人向有关行政复议机关提出。**【2021 - 28】 4) 接受行政复议申请的县级以上地方人民政府，对于属于其他机关受理的行政复议申请，应当自接到复议申请之日起 7 日内，转送有关行政复议机关，并告知行政复议申请人。【★★】 ＃需要掌握，同时也是实务科目的考点
	申请权的救济	行政复议的救济包括**诉讼救济和行政救济。** 1) **诉讼救济。**法律、法规规定应当先向行政复议机关申请的行政复议，对行政机关复议决定不服再向人民法院提起行政诉讼。行政机关不予受理或者受理后超过期限不作答复的，复议申请人自收到不予受理之日起，或者行政复议期限届满之日起 15 日之内，依法向法院提起诉讼。 2) **行政救济。**行政复议申请人提出申请后，行政机关没有正当理由不受理的，上级行政机关应当责令其受理；必要时，上级机关也可以直接受理。
	期间行政行为的执行	《行政复议法》第二十一条规定，行政复议期间具体行政行为不停止执行；但是，有下列情形之一的，可以停止执行： 1) 被申请人认为需要停止执行的； 2) 行政复议机关认为需要停止执行的； 3) 申请人申请停止执行，行政复议机关认为其要求合理，决定停止执行的；【2021 - 28】 4) 法律规定停止执行的

行政复议期限	行政复议的期限应当**自受理申请之日起** 60 日内作出行政复议决定。但是法律法规规定的行政复议期限**少于** 60 日内的除外。特殊情况下，经行政复议机关负责人的批准可以适当延长，但延长的期限**不得超过** 30 日，并告知申请人和被申请人

 典型习题

1-19（2021-28）根据《行政复议法》，下列说法错误的是（D）。

A. 行政复议机关收到行政复议申请后，应当在五日内进行审查，对不符合该法规规定的行政复议申请决定不予受理，应书面告知申请人

B. 对符合该法规定，但不属于本行政复议机关受理的行政复议申请，应当告知申请人向有关行政复议机关提出

C. 公民、法人或其他组织依法提出了行政复议申请，行政复议机关无正当理由不予受理的，上级行政机关应当责令其受理

D. 行政复议期间，被申请人认为需停止执行的具体行政行为不停止执行

1-20（2020-67）下列对行政复议的说法，错误的是（D）。

A. 对城市总体规划不服，不得复议

B. 行政复议处理是行政纠纷

C. 行政复议结果具有可诉性

D. 上级行政机关主动撤销下级行政机关违规办理的行政许可也属于行政复议

【考点 12】行政处罚

学习提示	**此部分考点需要结合《中华人民共和国行政处罚法》相关考点一起复习，辨析"行政处罚"和"行政处分"，重点关注"行政处罚的基本原则"和"行政处罚的适用"**
概念	行政处罚是指行政机关或者其他行政主体依法对违反行政法但尚未构成犯罪的行政相对人实施的制裁
特征	（1）行政处罚由行政机关或其他行政主体实施。行政处罚权是行政权的一部分；除非法律另有规定，行政处罚权应由行政机关行使。 　（2）行政处罚权是对行政相对人的处罚，即对公民、法人或其他组织的处罚。 　（3）行政处罚针对的是管理相对人违反行政法律规范的行为。**行政处罚以惩戒违法为目的**

	共同点	行政处罚与行政处分都属于行政法律制裁，都是由法定行政主体予以实施
行政处分和行政处罚的对比	区别	1) **针对的对象不同。**行政处分针对的是行政主体内部的人员，他们与行政主体一般有人事管理的隶属关系；行政处罚则是针对社会上的公民、法人或其他组织，他们与行政主体没有隶属关系。【★★★】 #**考查角度：单选辨析** 2) **制裁的方法与手段不同。**行政处分种类与内部的人事管理相适应。有警告、记过、记大过、降级、撤职、开除等六种。**而行政处罚的种类在《中华人民共和国行政处罚法》（以下简称《行政处罚法》）中规定。** 3) **制裁的依据不同。**行政处分制裁的依据是行政机关内部的奖励和惩处规定，如《中华人民共和国公务员法》等，而行政处罚的依据只能是《行政处罚法》和其他相关法律法规。 4) **救济途径不同。**对行政处罚不服的，可以向复议机关申请行政复议或向人民法院提起行政诉讼；对行政处分不服的，只能向主管行政机关或向有关部门申诉
	共同点	行政处罚与刑罚都是具有强制力的制裁方式
行政处罚与刑罚的对比	区别	1) **权力归属不同。**行政处罚属于行政权的一部分，刑罚权力属于审判权的范畴，实施惩罚的主体不同。行政处罚是有外部管理权限的行政机关或者法律、法规授权的组织实施；刑罚的主体是人民法院。【★★★】 #**考查角度：单选辨析** 2) **实施处罚的对象不同。**行政处罚的对象是违反了行政法律、法规的公民、法人或其他组织；刑罚适用的对象是依刑法应当惩罚的犯罪分子。 3) **所依程序不同。**行政处罚是按照《行政处罚法》规定的程序作出的；刑罚是依照《刑事诉讼法》所规定的程序作出的。 4) **种类不同。**行政处罚的种类很多，既有《行政处罚法》规定的，又有单个行政法律、法规分散作出规定的；刑罚统一由《刑法》规定
行政处罚的基本原则		(1) 处罚法定原则。 (2) 公正、公开的原则。 (3) 处罚与教育相结合的原则。 (4) 受到行政处罚者的权利救济原则。 (5) 行政处罚不能取代其他法律责任的原则【★★★】 #**考查角度：多选辨析**

行政处罚的种类、适用和程序	种类	1) 警告、通报批评。 2) 罚款、没收违法所得、没收非法财物。 3) 暂扣许可证件、降低资质等级、吊销许可证件。 4) 限制开展经营活动、责令停产停业、责令关闭、限制从业。 5) 行政拘留。 6) 还有法律、法规规定的其他行政处罚
	适用	**1) 行政处罚与责令纠正并行。** **2) 一事不再罚。** **3) 行政处罚折抵刑罚。** **4) 行政处罚追究时效**
	程序	行政处罚的一般程序是：立案；调查取证；说明理由、当事人陈述与申辩；审查决定；制作行政处罚决定书；交付或者送达行政处罚书

 **典型习题**

1 - 21（2018 - 7）行政处罚的基本原则中，不正确的是（ C ）。

A. 处罚法定原则   B. 一事不再罚原则

C. 行政处罚不能取代其他法律责任的原则   D. 处罚与教育相结合的原则

【考点 13】《中华人民共和国立法法》

学习提示		**结合行政法学基础复习。特别爱考行政权力不等式**
法律	总则	**第二条** 法律、行政法规、地方性法规、自治条例和单行条例的制定、修改和废止，适用本法。国务院部门规章和地方政府规章的制定、**修改和废止，依照本法的有关规定执行。**【2021 - 32】
	立法权限	**第七条 全国人民代表大会和全国人民代表大会常务委员会行使国家立法权。**【★★★】 全国人民代表大会制定和修改刑事、民事、国家机构的和其他的基本法律。 全国人民代表大会常务委员会制定和修改除应当由全国人民代表大会制定的法律以外的其他法律；在全国人民代表大会闭会期间，对全国人民代表大会制定的法律进行部分补充和修改，但是不得同该法律的基本原则相抵触。

法律	立法权限	**第八条** 下列事项只能制定法律：【2021-32】 （一）国家主权的事项； （二）各级人民代表大会、人民政府、人民法院和人民检察院的产生、组织和职权； （三）民族区域自治制度、特别行政区制度、基层群众自治制度； （四）犯罪和刑罚； （五）对公民政治权利的剥夺、限制人身自由的强制措施和处罚； **（六）税种的设立、税率的确定和税收征收管理等税收基本制度；** **（七）对非国有财产的征收、征用；** **（八）民事基本制度；** （九）基本经济制度以及财政、海关、金融和外贸的基本制度； （十）诉讼和仲裁制度； （十一）必须由全国人民代表大会及其常务委员会制定法律的其他事项
	法律解释	**第四十五条 法律解释权属于全国人民代表大会常务委员会。** 法律有以下情况之一的，由全国人民代表大会常务委员会解释： （一）法律的规定需要进一步明确具体含义的； （二）法律制定后出现新的情况，需要明确适用法律依据的
行政法规	制定	**第六十五条 国务院根据宪法和法律，制定行政法规。** 行政法规可以就下列事项作出规定： （一）为执行法律的规定需要制定行政法规的事项； （二）宪法第八十九条规定的国务院行政管理职权的事项。应当由全国人民代表大会及其常务委员会制定法律的事项，国务院根据全国人民代表大会及其常务委员会的授权决定先制定的行政法规，经过实践检验，制定法律的条件成熟时，国务院应当及时提请全国人民代表大会及其常务委员会制定法律
地方性法规、自治条例和单行条例	制定及批准	**第七十二条 省、自治区、直辖市的人民代表大会及其常务委员会根据本行政区域的具体情况和实际需要，在不同宪法、法律、行政法规相抵触的前提下，可以制定地方性法规** **第七十三条** 地方性法规可以就下列事项作出规定： （一）为执行法律、行政法规的规定，需要根据本行政区域的实际情况作具体规定的事项； （二）属于地方性事务需要制定地方性法规的事项。 **第七十五条 民族自治地方的人民代表大会有权依照当地民族的政治、经济和文化的特点，制定自治条例和单行条例。自治区的自治条例和单行条例，报全国人民代表大会常务委员会批准后生效。自治州、自治县的自治条例和单行条例，报省、自治区、直辖市的人民代表大会常务委员会批准后生效。** 自治条例和单行条例可以依照当地民族的特点，对法律和行政法规的规定作出变通规定，但不得违背法律或者行政法规的基本原则，不得对宪法和民族区域自治法的规定以及其他有关法律、行政法规专门就民族自治地方所作的规定作出变通规定

规章	制定	第八十条　国务院各部、委员会、中国人民银行、审计署和具有行政管理职能的直属机构，可以根据法律和国务院的行政法规、决定、命令，在本部门的权限范围内，制定规章
	签署	第八十五条　部门规章由部门首长签署命令予以公布。【2021 - 32】地方政府规章由省长、自治区主席、市长或者自治州州长签署命令予以公布
适用与备案审查	宪法	第八十七条　宪法具有最高的法律效力，一切法律、行政法规、地方性法规、自治条例和单行条例、规章都不得同宪法相抵触。【★★★】
	效力等级	第八十八条　法律的效力高于行政法规、地方性法规、规章。行政法规的效力高于地方性法规、规章。【★★★】
		第八十九条　地方性法规的效力高于本级和下级地方政府规章。省、自治区的人民政府制定的规章的效力高于本行政区域内的设区的市、自治州的人民政府制定的规章。【★★★】
适用与备案审查	规定	第九十条　自治条例和单行条例依法对法律、行政法规、地方性法规作变通规定的，在本自治地方适用自治条例和单行条例的规定。经济特区法规根据授权对法律、行政法规、地方性法规作变通规定的，在本经济特区适用经济特区法规的规定。【★★★】
	范围	第九十一条　部门规章之间、部门规章与地方政府规章之间具有同等效力，在各自的权限范围内施行【2021 - 32】【★★★】
	新旧规定	第九十二条　同一机关制定的法律、行政法规、地方性法规、自治条例和单行条例、规章，特别规定与一般规定不一致的，适用特别规定；新的规定与旧的规定不一致的，适用新的规定
	特别规定	第九十三条　法律、行政法规、地方性法规、自治条例和单行条例、规章不溯及既往，但为了更好地保护公民、法人和其他组织的权利和利益而作的特别规定除外

典型习题

1 - 22（2021 - 89）《中华人民共和国立法法》中，全国人大及常务委员会授予国务院先行制定行政法的有（ BCD ）。

A. 对公民政治权利的剥夺、限制人身自由的强制措施和处罚

B. 对非国有财产的征收、征用

C. 税种的设立、税率的确定和税收征收管理等税收基本制度

D. 民事基本制度

E. 司法制度

1-23（2021-32）根据《中华人民共和国立法法》，下列关于国务院部门规章的说法中，不正确的是（B）。

A. 国务院部门规章制定、修改和废止，依照《立法法》有关规定执行
B. 国务院部门规章由国务院总理签署命令公布
C. 国务院部门规章之间具有同等效力，在各自的权限范围内施行
D. 国务院部门规章与地方政府规章之间具有同等效力，在各自的权限范围内施行

【考点 14】《中华人民共和国行政许可法》

学习提示		每年 1～2 分，结合第一章行政法学基础中的理论知识综合考查	
总则	制定目的	**第一条** 为了规范行政许可的**设定和实施**，保护公民、法人和其他组织的合法权益，维护公共利益和社会秩序，保障和监督行政机关有效实施行政管理，根据宪法，制定本法。#**考查角度：单选辨析**
	定义	**第二条** 本法所称行政许可，是指行政机关根据公民、法人或者其他组织的**申请**，经依法审查，准予其从事特定活动的行为。【★★】#**考查角度：单选辨析，行政许可是依申请行为**
	设定实施	**第三条** 行政许可的**设定和实施**，适用本法。**有关行政机关对其他机关或者对其直接管理的事业单位的人事、财务、外事等事项的审批，不适用本法。**#**考查角度：单选辨析**
总则	法定	**第四条** 设定和实施行政许可，应当依照法定的**权限、范围、条件和程序。**#**多选辨析**
	遵循原则	**第五条** 设定和实施行政许可，应当遵循**公开、公平、公正**的原则。 有关行政许可的规定应当公布；**未经公布的，不得作为实施行政许可的依据。行政许可的实施和结果，除涉及国家秘密、商业秘密或者个人隐私的外，应当公开。**#**考查角度：单选辨析**
	享有权利	**第七条** 公民、法人或者其他组织对行政机关实施行政许可，享有**陈述权、申辩权；有权依法申请行政复议或者提起行政诉讼；**其合法权益因行政机关违法实施行政许可受到损害的，有权依法要求赔偿。【2019-83】【★★】#**考查角度：多选辨析**
	保护	**第八条** 公民、法人或者其他组织依法取得的行政许可受法律保护，行政机关**不得擅自改变已经生效的行政许可。**【2022-39】【★】
	转让	**第九条** 依法取得的行政许可，除法律、法规规定依照法定条件和程序可以转让的外，**不得转让**
	监督检查	**第十条** **县级以上人民政府**应当建立健全对行政机关实施行政许可的监督制度，加强对行政机关实施行政许可的监督检查。#**单选，辨析县级还是市级？**#

设定	可以 设定 行政 许可	**第十二条** 下列事项可以设定行政许可： （一）直接涉及国家安全、公共安全、经济宏观调控、生态环境保护以及直接关系人身健康、生命财产安全等特定活动，需要按照法定条件予以批准的事项； （二）有限自然资源开发利用、公共资源配置以及直接关系公共利益的特定行业的市场准入等，需要赋予特定权利的事项； （三）提供公众服务并且直接关系公共利益的职业、行业，需要确定具备特殊信誉、特殊条件或者特殊技能等资格、资质的事项； （四）直接关系公共安全、人身健康、生命财产安全的重要设备、设施、产品、物品，需要按照技术标准、技术规范，通过检验、检测、检疫等方式进行审定的事项； （五）企业或者其他组织的设立等，需要确定主体资格的事项； （六）法律、行政法规规定可以设定行政许可的其他事项
	可以 不设 行政 许可	**第十三条** 本法第十二条所列事项，**通过下列方式能够予以规范的，可以不设行政许可**： （一）公民、法人或者其他组织能够自主决定的； （二）市场竞争机制能够有效调节的； （三）行业组织或者中介机构能够自律管理的； （四）行政机关采用事后监督等其他行政管理方式能够解决的
	规定	**第十八条** 设定行政许可，应当规定行政许可的**实施机关、条件、程序、期限**。【★★】 #考查角度：多选辨析
实施 机关	职权 范围	**第二十二条** 行政许可由具有行政许可权的行政机关在其**法定职权范围**内实施。【★】 #考查角度：单选辨析
	依法 委托	**第二十四条** 行政机关在其法定职权范围内，依照法律、法规、规章的规定，**可以委托其他行政机关实施行政许可**。委托机关应当将受委托行政机关和受委托实施行政许可的内容予以公告
	统一 受理	**第二十六条** 行政许可需要行政机关内设的多个机构办理的，该行政机关应当确定一个机构统一受理行政许可申请，**统一送达行政许可决定**。 行政许可依法由地方人民政府两个以上部门分别实施的，**本级人民政府可以确定一个部门受理行政许可申请并转告有关部门分别提出意见后统一办理，或者组织有关部门联合办理、集中办理**

实施程序	**申请与受理**	**申请方式**	**第二十九条** 公民、法人或者其他组织从事特定活动，依法需要取得行政许可的，应当向行政机关提出申请。申请书需要采用格式文本的，行政机关应当向申请人提供行政许可申请书格式文本。申请书格式文本中不得包含与申请行政许可事项没有直接关系的内容。 行政许可申请可以通过**信函、电报、电传、传真、电子数据交换和电子邮件**等方式提出 **♯注意：电子邮件是可以的**
		告知时间	**第三十二条** 行政机关对申请人提出的行政许可申请，应当根据下列情况分别作出处理： （四）申请材料不齐全或者不符合法定形式的，应当当场或者在**五日内**一次告知申请人需要补正的全部内容，逾期不告知的，自收到申请材料之日起即为受理
	审查与决定	**人员数量**	**第三十四条** 行政机关应当对申请人提交的申请材料进行审查。申请人提交的申请材料齐全、符合法定形式，行政机关能够当场作出决定的，应当当场作出书面的行政许可决定。 根据法定条件和程序，需要对申请材料的实质内容进行核实的，行政机关应当指派**两名以上工作人员**进行核查
		陈述和申辩	**第三十六条** 行政机关对行政许可申请进行审查时，发现行政许可事项直接关系他人重大利益的，**应当告知该利害关系人。申请人、利害关系人有权进行陈述和申辩。行政机关应当听取申请人、利害关系人的意见。【★★】** **♯注意：没有许可权、处罚权、执行权**
		公开	**第四十条** 行政机关作出的准予行政许可决定，应当予以**公开**，公众有权查阅
	期限	**受理**	**第四十二条** 除可以当场作出行政许可决定的外，行政机关应当自受理行政许可申请之日起**二十日内**作出行政许可决定。二十日内不能作出决定的，经本行政机关负责人批准，**可以延长十日**，并应当将延长期限的理由告知申请人。但是，法律、法规另有规定的，依照其规定。**【2021-25】** 依照本法第二十六条的规定，行政许可采取统一办理或者联合办理、集中办理的，办理的时间**不得超过四十五日**；四十五日内不能办结的，经本级人民政府负责人批准，**可以延长十五日**，并应当将延长期限的理由告知申请人。**【★★】** **♯注意时间，《城乡规划实务》科目最后一题也可以考**
		审查	**第四十三条** 依法应当先经下级行政机关审查后报上级行政机关决定的行政许可，下级行政机关应当自其受理行政许可申请之日起**二十日**内审查完毕。但是，法律、法规另有规定的，依照其规定

期限	颁发	第四十四条　行政机关作出准予行政许可的决定，应当自作出决定之日起**十日内**向申请人颁发、送达行政许可证件，或者加贴标签、加盖检验、检测、检疫印章。【2021-25】
实施程序	公告	第四十五条　**行政机关作出行政许可决定，依法需要听证、招标、拍卖、检验、检测、检疫、鉴定和专家评审的，所需时间不计算在本节规定的期限内**。行政机关应当将所需时间书面告知申请人。【2021-25，2023-44】 第四十六条　法律、法规、规章规定实施行政许可应当听证的事项，或者行政机关认为需要听证的其他涉及公共利益的重大行政许可事项，**行政机关应当向社会公告，并举行听证**
	听证 申请	第四十七条　行政许可直接涉及申请人与他人之间重大利益关系的，行政机关在作出行政许可决定前，应当告知申请人、利害关系人享有要求听证的权利；申请人、利害关系人在被告知听证权利之日起**五日内**提出听证申请的，行政机关**应当在二十日**内组织听证。 **申请人、利害关系人不承担行政机关组织听证的费用。【2021-26】**
费用		第五十八条　行政机关实施行政许可和对行政许可事项进行监督检查，**不得收取任何费用**。但是，法律、行政法规另有规定的，依照其规定。#考查是否收取费用

📢 典型习题

1-24（2022-39） 根据《中华人民共和国行政许可法》，行政机关已经生效的行政许可（ C ）。

A. 可申请复议　　　　　　　　　B. 可申请诉讼

C. 不得擅自改变　　　　　　　　D. 可根据实际情况撤回

1-25（2021-25） 依据《中华人民共和国行政许可法》，下列关于行政许可的期限说法**不正确的是（ B ）。**

A. 行政机关应当自受理行政许可申请之日起二十日内作出行政许可决定二十日内不能作出决定的，经本行政机关负责人批准，可以延长十日

B. 行政机关作出准予行政许可的决定，依法需要听证、招标、检验、检测、鉴定和专家评审的，所需时间计算在规定的期限内

C. 行政许可采取统一办理或者联合办理、集中办理的，办理的时间不得超过四十五日，四十五日内不能办结的，经本级人民政府负责人批准，可以延长十五日

D. 行政机关作出准予行政许可的决定，应当自作出决定之日起十日内向申请人颁发、送达行政许可证件

1-26（2019-83） 根据《中华人民共和国行政许可法》，下列属于公民、法人或者其他组织的权力是（ BC ）。

A. 许可权   B. 陈述权   C. 申辩权   D. 处罚权

E. 执行权

【考点 15】《中华人民共和国行政复议法》

学习提示		每年 1～2 分，结合第一章行政法学基础中的理论知识综合考查，可在实务最后一题里考问答题
总则	行政诉讼	**第五条** 公民、法人或者其他组织对行政复议决定不服的，可以依照行政诉讼法的规定向人民法院提起行政诉讼，但是法律规定行政复议决定为最终裁决的除外
行政复议申请	合法权益	**第九条** 公民、法人或者其他组织认为具体行政行为侵犯其合法权益的，可以自知道该具体行政行为之日起六十日内提出行政复议申请；但是法律规定的申请期限超过六十日的除外。【2020-61】【★★】#注意时间，实务科目最后一题也可以考#
	申请人	**第十条** 依照本法申请行政复议的公民、法人或者其他组织是申请人。【★】 有权申请行政复议的公民死亡的，其近亲属可以申请行政复议。有权申请行政复议的公民为无民事行为能力人或者限制民事行为能力人的，其法定代理人可以代为申请行政复议。有权申请行政复议的法人或者其他组织终止的，承受其权利的法人或者其他组织可以申请行政复议。 同申请行政复议的具体行政行为有利害关系的其他公民、法人或者其他组织，可以作为第三人参加行政复议。公民、法人或者其他组织对行政机关的具体行政行为不服申请行政复议的，作出具体行政行为的行政机关是被申请人。申请人、第三人可以委托代理人代为参加行政复议
	申请方式	**第十一条** 申请人申请行政复议，可以书面申请，也可以口头申请；口头申请的，行政复议机关应当当场记录申请人的基本情况、行政复议请求、申请行政复议的主要事实、理由和时间
	申请部门	**第十二条** 对县级以上地方各级人民政府工作部门的具体行政行为不服的，由申请人选择，可以向该部门的本级人民政府申请行政复议，也可以向上一级主管部门申请行政复议。【★】 #注意辨析：只有县级以上人民政府以及县级以上人民政府工作部门才可以成为行政复议机关
	复议部门	**第十三条** 对地方各级人民政府的具体行政行为不服的，向上一级地方人民政府申请行政复议。 对省、自治区人民政府依法设立的派出机关所属的县级地方人民政府的具体行政行为不服的，向该派出机关申请行政复议
	不得申请行政复议	**第十六条** 公民、法人或者其他组织申请行政复议，行政复议机关已经依法受理的，或者法律、法规规定应当先向行政复议机关申请行政复议、对行政复议决定不服再向人民法院提起行政诉讼的，在法定行政复议期限内不得向人民法院提起行政诉讼。 公民、法人或者其他组织向人民法院提起行政诉讼，人民法院已经依法受理的，不得申请行政复议

行政复议受理	审查时间	第十七条 行政复议机关收到行政复议申请后，应当在五日内进行审查，对不符合本法规定的行政复议申请，决定不予受理，并书面告知申请人；对符合本法规定，但是不属于本机关受理的行政复议申请，应当告知申请人向有关行政复议机关提出。【★】
	诉讼时间	第十九条 法律、法规规定应当先向行政复议机关申请行政复议、对行政复议决定不服再向人民法院提起行政诉讼的，行政复议机关决定不予受理或者受理后超过行政复议期限不作答复的，公民、法人或者其他组织可以自收到不予受理决定书之日起或者行政复议期满之日起十五日内，依法向人民法院提起行政诉讼。【2021-28】
	不停止执行	第二十一条 行政复议期间具体行政行为不停止执行；但是，有下列情形之一的，可以停止执行： （一）被申请人认为需要停止执行的； （二）行政复议机关认为需要停止执行的； （三）申请人申请停止执行，行政复议机关认为其要求合理，决定停止执行的； （四）法律规定停止执行的
行政复议决定	听取意见	第二十二条 行政复议原则上采取书面审查的办法，但是申请人提出要求或者行政复议机关负责法制工作的机构认为有必要时，可以向有关组织和人员调查情况，听取申请人、被申请人和第三人的意见
	复议撤回	第二十五条 行政复议决定作出前，申请人要求撤回行政复议申请的，经说明理由，可以撤回；撤回行政复议申请的，行政复议终止
	时间	第三十一条 行政复议机关应当自受理申请之日起六十日内作出行政复议决定；但是法律规定的行政复议期限少于六十日的除外。情况复杂，不能在规定期限内作出行政复议决定的，经行政复议机关的负责人批准，可以适当延长，并告知申请人和被申请人；但是延长期限最多不超过三十日。 行政复议机关作出行政复议决定，应当制作行政复议决定书，并加盖印章。 行政复议决定书一经送达，即发生法律效力
附则	工作日	第四十条 行政复议期间的计算和行政复议文书的送达，依照民事诉讼法关于期间、送达的规定执行。 本法关于行政复议期间有关"五日""七日"的规定是指工作日，不含节假日

📢 **典型习题**

1-27（2021-28）根据《中华人民共和国行政复议法》，下列说法错误的是（D）。

A. 行政复议机关收到行政复议申请后，应当在五日内进行审查，对不符合该法规规定的行政复议申请决定不予受理，应书面告知申请人

B. 对符合该法规定，但不属于本行政复议机关受理的行政复议申请，应当告知申请人向有关行政复议机关提出

C. 公民、法人或其他组织依法提出了行政复议申请，行政复议机关无正当理由不予受理的，上级行政机关应当责令其受理

D. 行政复议期间，被申请人认为需停止执行的具体行政行为不停止执行

1-28（2020-61）下列关于行政复议的说法，错误的是（ B ）。

A. 行政复议期间，具体行政行为原则上不停止执行

B. 乡镇人民政府可以作为行政复议机关

C. 行政复议的期限一般为知道具体行政行为之日起六十日内

D. 行政复议的行为必须是具体行政行为

【考点 16】《中华人民共和国行政诉讼法》

学习提示	每年 1 分，诉讼与复议要结合一起复习		
总则	审判权	第四条 人民法院依法对行政案件独立行使审判权，不受行政机关、社会团体和个人的干涉。**人民法院设行政审判庭，审理行政案件**	
	根据	第五条 人民法院审理行政案件，**以事实为根据，以法律为准绳**。【2022-37】	
	合法	第六条 人民法院审理行政案件，对行政行为是否**合法**进行审查	
	制度	第七条 人民法院审理行政案件，依法实行**合议、回避、公开审判和两审终审**制度。【★】	
管辖	不动产	第二十条 因不动产提起的行政诉讼，由不动产所在地人民法院管辖。【2021-29】【★】	
诉讼参加人	诉讼	第二十五条 行政行为的相对人以及其他与行政行为有利害关系的公民、法人或者其他组织，有权提起诉讼。 人民检察院在履行职责中发现生态环境和资源保护、食品药品安全、国有财产保护、国有土地使用权出让等领域负有监督管理职责的行政机关违法行使职权或者不作为，致使国家利益或者社会公共利益受到侵害的，应当向行政机关提出检察建议，督促其依法履行职责。行政机关不依法履行职责的，人民检察院依法向人民法院提起诉讼	
	被告	第二十六条 公民、法人或者其他组织直接向人民法院提起诉讼的，作出行政行为的行政机关是被告。 经复议的案件，复议机关决定维持原行政行为的，作出原行政行为的行政机关和复议机关是共同被告；复议机关改变原行政行为的，复议机关是被告。 复议机关在法定期限内未作出复议决定，公民、法人或者其他组织起诉原行政行为的，作出原行政行为的行政机关是被告；起诉复议机关不作为的，复议机关是被告。 **两个以上行政机关作出同一行政行为的，共同作出行政行为的行政机关是共同被告。** 行政机关委托的组织所作的行政行为，委托的行政机关是被告。 行政机关被撤销或者职权变更的，继续行使其职权的行政机关是被告	

证据	类型	第三十三条　证据包括： （一）书证；（二）物证；（三）视听资料；（四）电子数据；（五）证人证言；（六）当事人的陈述；（七）鉴定意见；（八）勘验笔录、现场笔录。 以上证据经法庭审查属实，才能作为认定案件事实的根据
起诉和受理	诉讼时间	第四十五条　公民、法人或者其他组织不服复议决定的，可以在收到复议决定书之日起**十五日内**向人民法院提起诉讼。复议机关逾期不作决定的，申请人可以在复议期满之日起**十五日内**向人民法院提起诉讼。法律另有规定的除外
	受理时间	第四十六条　公民、法人或者其他组织直接向人民法院提起诉讼的，应当自知道或者应当知道作出行政行为之日起**六个月**内提出。法律另有规定的除外。 因不动产提起诉讼的案件自行政行为作出之日起**超过二十年**，其他案件自行政行为作出之日起超过五年提起诉讼的，人民法院不予受理
审理与判决	依据	第六十三条　人民法院审理行政案件，以**法律和行政法规、地方性法规**为依据。地方性法规适用于本行政区域内发生的行政案件。 人民法院审理民族自治地方的行政案件，并以该民族自治地方的自治条例和单行条例为依据。 人民法院审理行政案件，参照规章

 典型习题

1-29（2022-37）根据《中华人民共和国行政诉讼法》，不能作为人民法院审理行政案件依据的是（ A ）。

　　A. 规章　　　　　　B. 法律　　　　　　C. 行政法规　　　　　　D. 地方性法规

1-30（2019-84）根据《中华人民共和国行政诉讼法》，人民法院审理行政案件以（ BCD ）为依据。

　　A. 政策　　　　　　B. 法律　　　　　　C. 行政法规　　　　　　D. 地方性法规

　　E. 政府规范性文件

1-31（2021-29）《中华人民共和国行政诉讼法》中因"不动产"提起的行政诉讼，有管辖权的是（ C ）。

　　A. 原告所在地人民法院　　　　　　　　B. 被告所在地人民法院

　　C. 不动产所在地人民法院　　　　　　　　D. 双方协定商议

【考点 17】《中华人民共和国行政处罚法》

学习提示	每年 1 分，结合第一章行政法学基础考察	
总则	行政处罚	**第四条** 公民、法人或者其他组织违反行政管理秩序的行为，应当给予行政处罚的，依照本法由法律、法规、规章规定，并由行政机关依照本法规定的程序实施
	处罚教育	**第六条** 实施行政处罚，纠正违法行为，应当**坚持处罚与教育相结合**，教育公民、法人或者其他组织自觉守法。【★】
	享有权力	**第七条** 公民、法人或者其他组织对行政机关所给予的行政处罚，享有**陈述权、申辩权；对行政处罚不服的，有权依法申请行政复议或者提起行政诉讼**
种类和设定	处罚种类	**第九条** 行政处罚的种类：【★★】 （一）警告、通报批评； （二）罚款、没收违法所得、没收非法财物； （三）暂扣许可证件、降低资质等级、吊销许可证件； （四）限制开展生产经营活动、责令停产停业、责令关闭、限制从业； （五）行政拘留； （六）法律、行政法规规定的其他行政处罚
	设定	**第十条** 法律可以设定各种行政处罚。**限制人身自由的行政处罚，只能由法律设定。**【2021 - 27】【★】
		第十一条 行政法规可以设定**除限制人身自由以外**的行政处罚。法律对违法行为已经作出行政处罚规定，行政法规需要作出具体规定的，必须在法律规定的给予行政处罚的行为、种类和幅度的范围内规定
		第十二条 地方性法规可以设定**除限制人身自由、吊销营业执照以外**的行政处罚。【2021 - 86】【★】
管辖和适用	管辖	**第二十二条** 行政处罚由**违法行为发生地的行政机关管辖**。法律、行政法规、部门规章另有规定的，从其规定
		第二十三条 行政处罚由**县级以上地方人民政府具有行政处罚权的行政机关管辖**。法律、行政法规另有规定的，从其规定

行政处罚的决定	回避	第四十三条　执法人员与案件有直接利害关系或者有其他关系可能影响公正执法的，应当回避
	证据	第四十六条　证据包括： （一）书证；（二）物证；（三）视听资料；（四）电子数据；（五）证人证言；（六）当事人的陈述；（七）鉴定意见；（八）勘验笔录、现场笔录。 证据必须经查证属实，方可作为认定案件事实的根据。 以非法手段取得的证据，不得作为认定案件事实的根据
	执法证件	第五十二条　执法人员当场作出行政处罚决定的，应当向当事人出示执法证件，填写预定格式、编有号码的行政处罚决定书，并当场交付当事人。当事人拒绝签收的，应当在行政处罚决定书上注明。 前款规定的行政处罚决定书应当载明当事人的违法行为，行政处罚的种类和依据、罚款数额、时间、地点，申请行政复议、提起行政诉讼的途径和期限以及行政机关名称，并由执法人员签名或者盖章。【★★】#实务最后一题考过，学生得分率低
行政处罚的决定	处罚决定	第六十条　行政机关应当自行政处罚案件立案之日起九十日内作出行政处罚决定。法律、法规、规章另有规定的，从其规定【2023-39】
	听证程序	第六十四条　听证应当依照以下程序组织： （一）当事人要求听证的，应当在行政机关告知后五日内提出；【2022-40】【★★】 （二）行政机关应当在举行听证的七日前，通知当事人及有关人员听证的时间、地点； （三）除涉及国家秘密、商业秘密或者个人隐私依法予以保密外，听证公开举行； （四）听证由行政机关指定的非本案调查人员主持；当事人认为主持人与本案有直接利害关系的，有权申请回避； （五）当事人可以亲自参加听证，也可以委托一至二人代理； （六）当事人及其代理人无正当理由拒不出席听证或者未经许可中途退出听证的，视为放弃听证权利，行政机关终止听证； （七）举行听证时，调查人员提出当事人违法的事实、证据和行政处罚建议，当事人进行申辩和质证； （八）听证应当制作笔录。笔录应当交当事人或者其代理人核对无误后签字或者盖章。当事人或者其代理人拒绝签字或者盖章的，由听证主持人在笔录中注明

典型习题

1-32（2022-40）关于《中华人民共和国行政处罚法》，下列关于听证程序的说法中，错误的是（A）。

A. 当事人要求听证的，应当在行政机关告知行政处罚决定后七日内提出

B. 政机关应当在举行听证的七日前，通知当事人及有关人员听证的时间、地点

C. 当事人及其代理人无正当理由拒不出席听证或者未经许可中途退出听证的，视为放弃听证权利，行政机关终止听证

D. 举行听证时，调查人员提出当事人违法的事实、证据和行政处罚建议，当事人进行申辩和质证

1-33（2021-27）《中华人民共和国行政处罚法》中，以下只能由法律设定的是（ A ）。

A. 限制人身自由　　B. 责令停产停业　　C. 没收非法财物　　　D. 吊销许可证件

第二章　公共行政学基础

【考点1】行政与公共行政

学习提示	了解基本概念，主要为原文考察，相对难度适中，一般考1分	
基本概念	行政	行政是一种组织的职能，任何组织（包括国家）其生存和发展都必须有相应的机构和人员行使执行和管理的职能
	公共行政	公共行政是指政府处理公共事务，提供公共服务的管理活动。公共行政是以国家行政机关为主的公共管理组织的活动。**立法机关、司法机关的管理活动和私营企业的管理活动不属于公共行政。**#考查角度：单选辨析
公共行政的特点	公共性	(1) **公共权力**：政府的行政权力是人民赋予的，政府要为人民服务并接受人民的监督，并受到立法机关所通过的法律制约、受到司法部门监督和制约。**政府公权行使的一个重要原则是"越权无效"。** (2) **公共需要与公众利益**：政府存在的目的是满足社会公共需要，实现公共利益。政府是公共利益的代表和体现。为维护公众利益，**政府可以直接提供公共产品**，如公共绿地、市政工程设施等；**也可以通过间接手段和方式**，对社会和市场进行管理和调控，如货币、价格政策；还可以依法运用行政手段进行强制性管制，如市场监管、行政处罚等。【★★★】 (3) **社会资源**：政府对社会的管理必须以有效地整合整个社会资源为基础，包括公共资源与民间资源。政府必须投入资源和产出资源。因此，要善于利用**政府机制、市场机制、社会自治机制**这三种机制对公共资源和民间资源充分利用和整合。 (4) **公共产品和公共服务**：为人民服务是政府的主要职责，政府活动的目的是为社会和全体公民提供全面、优质的公共产品，为社会提供公正、公平的服务，政府不提供私人产品。 (5) **公共事务**：**政府活动的核心是对公共事务的处理，**包括政治、经济、文化、社会管理等各方面和各领域。政府在公共事务管理上具有权威性。 (6) **公共责任**：**政府的公共责任包括政治责任、法律责任、道德责任、领导责任和经济责任五方面。**#考查角度：多选辨析 政府要对立法机关负责、对政党负责、对司法机关负责、对公众负责、对民主政治负责；政府及其工作人员要承担违法行政的法律后果；要求政府建设成一个"廉价政府"，政府工作人员要勤政廉洁； 政府及其工作人员对其行政决策的失误要负领导责任并承担后果； 政府必须严格按照公共预算办事，讲求政府行为的绩效。 (7) **公平、公正、公开与公民参与**：【★】#考查角度：单选辨析

公共行政的特点	公共性	**"公民第一"的原则是公共行政的核心原则。**公民在行政决策上享有知情权和顾问权，公共行政追求社会分配的公平与公正，公共行政应该增加透明度，有利于人民的监督与参与
公共行政的主体与对象	公共行政主体	公共行政的主体，一般认为是政府。对"政府"有三种理解。我们采用中义的政府概念，即政府是指行政机关及独立行政机构。 公共行政的主体是以国家为主体的公共管理组织。公共管理组织除国家行政机关之外，还包括依法成立的具有一定行政权的独立行政机构和法定组织。立法机关和司法机关不属于公共行政的主体。我国的居民委员会和村民委员会是基层群众性自治组织，负责本居住地区的公共产品的提供，如**人民调解、治安保卫、公共卫生**等
	公共行政的对象	公共行政的对象又称公共行政客体。即公共行政主体所管理的公共事务。**公共事务包括：国家事务、共同事务、地方事务和公民事务。**♯考查角度：单选辨析 （1）**国家事务**：是指全国性的统一事务，如**社会保障、国防事务、外交事务**等。【★】♯考查角度：举例辨析概念 （2）**共同事务**：是指涉及较为广泛的区域或者利益集团的事务，如**流域治理、跨行政区域的规划编制、区域之间的关系协调**等。 （3）**地方事务**：专指地方性的行政事务，如**市政工程、公用事业、市容环卫、公共交通**等。 （4）**公民事务**：是指涉及公民权利的事务，如**户籍管理、老龄工作、人口控制**等
	公共产品	所有社会产品可以分为两类：**公共产品和私人产品。**公共产品是由以政府机关为主的公共部门生产的、供全社会所有公民共同消费、所有消费者平等享受的社会产品。私人产品由私人部门相互竞争生产的，由市场供求关系决定价格，消费者排他性消费的产品。 在市场经济条件下，公共行政的主要责任是生产和提供公共产品，因而，政府要建立科学、全面、公平的政府公共产品体系；公共产品体系构成政府所管理公共事务的范围。从公共产品类别来划分，政府公共产品体系由以下几方面构成：【★】♯考查角度：举例辨析概念 （1）**经济类公共产品。**如国民经济发展战略与中长期指导性规划、技术开发与资源开发规划、财政政策与收入分配政策、产业政策、经济立法与司法、产品质量与劳动监督、重点工程建设与基础公共设施建设等。 （2）**政治类公共产品。**如外事、国防、公安、海关、国家机关管理等。 （3）**社会类公共产品。**如社会保障、社会福利、社会救济、基层政权建设与社区自我管理、城市公用事业管理与公共设施管理、**城市土地管理与城市规划、环境保护与环境卫生、保健与防疫等。** （4）**科技、教育与文化类公共产品。**如教育战略与教育法规、义务教育、高等教育资助、科技发展战略与国家科技开发创新体系建设、基础性科学研究与高新技术国家资助、科学普及、民族文化建设与文物保护、群众性体育活动与竞技体育资助等

公共行政的主体与对象	公共服务	政府的公共服务是政府满足社会公共需要，提供公共产品的劳务和服务的总称。社会公共需要只有在被立法机构以立法形式确认，并交由行政机关执行、由司法机关司法的情况下才会成为公共服务。 　　提供公共服务的主体可以有三种：①公共部门；②非政府组织；③私人部门

 典型习题

2-1（2018-8，2017-9）公共行政的核心原则是（ A ）。

A. 公民第一　　　　　B. 行政权力　　　　　C. 讲究效率　　　　　D. 能力建设

2-2（2021-22）下列关于公共产品的说法中，不正确的是（ A ）。

A. 公共产品是消费者排他性消费的产品

B. 公共产品是由以政府机关为主的公共部门生产

C. 公共产品体系构成政府所管理公共事务的范围

D. 公共行政的主要责任是生产和提供公共产品

2-3（2017-10）下列有关公共行政的叙述，不正确的是（ B ）。

A. 立法机关的管理活动不属于公共行政

B. 公共行政客体既包括企业和事业单位，也包括个人

C. 公共行政是指政府处理公共事务的管理活动

D. 行政是一种组织的职能

【考点2】行政体制和行政机构

学习提示		近五年考的少，主要考概念
行政体制	内涵	行政体制是指国家行政机关的组织制度。行政体制通常与国家的立法体制、司法体制相对应
	政治制度	政治制度是一个国家的根本制度，是指统治阶级为实现其阶级统治所确立的政权组织形式及其相关的制度。它是政治统治性质和政治统治形式的总和。**国务院是全国最高国家行政机关，实行总理负责制**
	行政体制的内容	行政体制包括广泛的内容，如**政府组织机构、行政权力结构、行政区划体制、行政规范**等，**其核心是政府的机构设置、职权划分以及运行机制。【★】** 　　（1）**政府组织机构是行政体制的载体，**任何一种行政体制都必须建立在一定的组织形态之上。政府组织机构通常包括从中央到地方的纵向政府机构设置和各级政府内部的横向机构设置等多种类型。

行政体制	行政体制的内容	（2）**行政权力结构是行政体制的核心组成部分，也是行政体制得以正常运转的动力。**行政权力结构不仅规定行政权力的来源、方向、方式等，而且还要规定行政机关与其他国家机关、政党组织以及群众团体之间的权力配置关系，其核心内容是国家行政机关在政治体制中所拥有的职权范围、权力地位以及行政机关内部各部门之间的职权划分等。 （3）**行政区划体制是指国家为实现对社会公共事务的有效管理，将全国领土划分为若干层次的区域单位，并建立相应的各级各类行政机关实施管理的制度。**我国现行的行政区划体制为：省级行政区域，地、市级行政区域，县级行政区域，乡级行政区域等。 （4）**行政规范是指建立在一定宪政基础之上的行政法律规范的总称，它是国家行政机关行使公共权力、实施公共事务管理的行为规则。**任何行政活动都必须有相应的法律授权，所有国家行政机关行使的权力、各部门的职责权限等也必须通过一定法律加以限定。 ♯**考查角度：概念辨析**
行政机构	概念	行政机构（组织）是指在国家机构中除立法、司法机关以外的行政机构系统，即各级行政机关。其主要功能是通过计划、组织、指挥、协调等手段，来行使国家行政权力，代表国家管理各种公共事务。行政组织具有政治性、强制性、社会性和服务性的特征
	类型	（1）按照公共行政程序划分，可以把行政组织分为**决策部门、职能部门（执行部门）、咨询信息部门、监督部门等。** （2）按照行政组织的职能划分，可以分为**领导机关、执行机关、辅助机关和派出机关**

 **典型习题**

2-4（2020-94）下列属于行政体制内容的有（ ACD ）。

A. 政府组织机构　　B. 国家权利结构　　C. 行政区划体制　　D. 行政规范
E. 国家职能划分

【考点3】 行政权力、行政责任与公共行政领导

学习提示	近五年考的少，主要考概念
行政权力	概念	行政权力的概念：行政权力是指各级行政机关执行法律，制定和发布行政法规，在法律授权的范围内实现对公共事务的管理，解决一系列行政问题的强制力量与影响力。在国家权力结构中，行政权力属于国家权力的重要组成部分，与国家的立法权、司法权共同构成国家权力的主要内容

行政权力	特征	行政权力具有公共性、强制性和约束性的特征
	行政权力的内容	在国家权力结构中，行政权力主要包括以下四种：【★】 （1）立法参与权：指政府参与立法过程的相关权力。在我国，政府拥有提出法律草案的权力。 （2）委托立法权：指立法机关制定一些法律原则，委托行政机关制定具体条文的法律制度。在此原则下，政府可以依据宪法和相关法律，制定法规、条例，作出决定、命令、指示等。 （3）行政管理权：这是政府的基本职责。即代表国家管理各种公共事务，行使行政管理权。包括：制定和执行政策权，这是政府运用行政权力实施对公共事务管理的一项主要职能。 （4）司法行政权：指政府依据法律所拥有的司法行政方面的权力，如决定赦免，对行政活动中有争议的问题进行调解、复议和仲裁等。行政机关在行使司法行政权时，必须按照相关的原则办事。 #考查角度：多选辨析
公共行政领导	概念	一般来说，行政领导既指政府领导机关、领导班子和领导干部等公共行政的决策主体和管理主体，又指公共行政领导中的领导职能和领导过程
	特点	法定性——行政领导的职权由宪法和法律赋予，领导者必须在宪法和法律的范围内行使职权，绝不能滥用权力。 权威性——由于行政领导的职权受到法律的认可和保障，因而具有强制性。上级机关颁布的命令，下级机关和群众必须服从，否则将受到惩戒。 协同性——行政领导有赖于下级和群众的支持和认同，只有行政领导和被领导者协同起来，相互激励，才能顺利实施决策，完成行政任务

📢 **典型习题**

2-5（2017-81）在我国，行政权力主要包括（ ACDE ）。

A. 立法参与权　　　　B. 法律解释权　　　　C. 委托立法权　　　　D. 司法行政权

E. 行政管理权

2-6（2020-80）上级机关颁布的命令、下级机关和群众必须服从，否则将受到惩戒，这体现了行政领导的（ D ）特点。

A. 强制性　　　　　　B. 法定性　　　　　　C. 协同性　　　　　　D. 权威性

【考点4】 政府的基本职能

学习提示	考的概率低，若复习时间紧张，可放弃
概念	从公共行政的内容和范围上看，政府职能主要由政治、经济、文化、社会服务等职能构成
政治职能	政治职能主要是指保卫国家的独立和主权，保护公民的生命安全及各种合法权益，保护国家、集体和个人的财产不受侵犯，维护国家的政治秩序等方面的职能
经济职能	经济职能是现代国家公共行政的基本职能之一。一般包括：宏观经济调控、区域性经济调节、国有资产管理、微观经济管制、组织协调全国的力量办大事（即规划并组织实施国家的大型经济建设项目）
文化职能	文化职能是指领导和组织精神文明建设的职能，包括进行思想政治工作，对科学、教育、文化等事业进行规划管理等，其根本目的是提高全民族素质，铸造可以使国民自立于世界民族之林的强大精神支柱
社会职能	社会职能即组织动员全社会力量对社会公共生活领域进行管理的职能

 典型习题

2-7（2013-3）我国政府的经济职能不包括（ D ）。

A. 宏观经济调控　　　　　　　　　　B. 微观经济管制

C. 国有资产管理　　　　　　　　　　D. 个人财产保护

【考点5】 公共政策

学习提示	了解基本概念，相对难度较低
公共政策及其本质	（1）公共政策是政府为处理社会公共事务而制定的行为规范，其本质体现了政府对全社会公共利益所做的权威性分配。凡是为解决社会公共问题的政策都是公共政策，在所有制定公共政策的主体中，政府是核心的力量。因此，公共政策是政府为处理公共社会事务而制定的行为规范。 （2）公共政策的本质是政府对全社会公共利益所作的权威性的分配。政府制定政策，就是在承认每一个利益主体对利益追求合理性和自主性的基础上，解决好人们之间的利益矛盾，使人们在追求个人利益时，承担对社会的义务和责任，从而使人们对利益的追求真正成为社会进步的动力。 （3）利益分配是一个复杂的动态过程，包括利益选择、利益整合、利益分配和利益落实等步骤

公共政策的基本功能	导向功能	公共政策是针对社会利益关系中的矛盾所引发的社会问题提出的。为解决某个政策问题，政府依据特定的目标，通过政策对人们的行为和事物的发展加以引导，使得政策具有导向性。政策的导向是行为的导向，也是观念的导向。公共政策是规范人们行为的准则
	调控功能	公共政策的调控功能是指政府运用政策，对社会公共事务中出现的各种利益矛盾进行调节和控制所起的作用。调节作用与控制作用往往是联系在一起的，经常是调节中有控制，在控制中实现调节
	分配功能	公共政策应具有利益分配功能，每一项具体政策，都有"谁受益"的问题，政策必须鲜明地表示把利益分配给谁。在通常情况下，下列三种利益群体和个体，容易从公共政策中获得利益： (1) 与政府主观偏好一致或基本一致者。 (2) 最能代表社会生产力发展方向者。 (3) 普遍获益的社会多数者

 典型习题

2-8（2017-82）城乡规划具有重要的公共政策属性，这是因为其（ ACE ）。

A. 对城市建设和发展具有导向功能

B. 对城市建设中的各种社会利益具有调控功能

C. 对城市空间资源具有分配功能

D. 体现了城市政府的政治职能

E. 体现了政府在管理城市社会公共事务中所发挥的作用

第三章　国土空间规划方针政策

【考点 1】《生态文明体制改革总体方案》

学习提示	宏观角度理解生态文明体系改革的总体方向，可以宏观地出多选题，也可以基于某个小考点出单选题，备考性价比不高。建议通读此文件
生态文明体制改革的目标	到 2020 年，**构建起由自然资源资产产权制度、国土空间开发保护制度、空间规划体系、资源总量管理和全面节约制度、资源有偿使用和生态补偿制度、环境治理体系、环境治理和生态保护市场体系、生态文明绩效评价考核和责任追究制度等八项制度构成**的产权清晰、多元参与、激励约束并重、系统完整的生态文明制度体系，推进生态文明领域国家治理体系和治理能力现代化，努力走向社会主义生态文明新时代。【★★】 #考查角度：多选辨析
建立国土空间开发保护制度	建立国家公园体制。加强对重要生态系统的保护和永续利用，**改革各部门分头设置自然保护区、风景名胜区、文化自然遗产、地质公园、森林公园等的体制，**【2019 - 3】对上述保护地进行功能重组，合理界定国家公园范围。国家公园实行更严格保护，除不损害生态系统的原住民生活生产设施改造和自然观光科研教育旅游外，禁止其他开发建设，**保护自然生态和自然文化遗产原真性、完整性**。加强对国家公园试点的指导，在试点基础上研究制定建立国家公园体制总体方案。构建保护珍稀野生动植物的长效机制。【★★★】 #重点掌握国家公园体制，并可结合第四章【考点 2】《关于建立以国家公园为主体的自然保护地体系的指导意见》进行学习
完善资源总量管理和全面节约制度	**完善最严格的耕地保护制度和土地节约集约利用制度【★★★】** #考查角度：单选辨析，选项中出现土地不集约的行为均不正确
	按照**面积不减少、质量不下降、用途不改变**的要求，将基本农田落地到户、上图入库，实行严格保护**完善耕地占补平衡制度**，对新增建设用地占用耕地规模实行总量控制，**严格实行耕地占一补一、先补后占、占优补优**
	建立能源消费总量管理和节约制度：健全重点用能单位节能管理制度；逐步建立全国**碳排放总量控制制度**和分解落实机制，建立增加森林、草原、湿地、海洋碳汇的有效机制，加强应对气候变化国际合作。【★★★】 #注意碳排放、碳达峰、碳中和的相关考题

完善资源总量管理和全面节约制度	**建立天然林保护制度**：将所有天然林纳入保护范围。建立国家**用材林储备制度**。【★】 ♯注意自然林、天然林与商品林的区别 建立草原保护制度：稳定和完善草原承包经营制度，实现草原承包地块、面积、合同、证书"四到户"，规范草原经营权流转。实行基本草原保护制度，确保基本草原**面积不减少、质量不下降、用途不改变**
	建立湿地保护制度：将所有湿地纳入保护范围，**禁止擅自征用占用国际重要湿地、国家重要湿地和湿地自然保护区**【★】
	健全海洋资源开发保护制度：实行围填海总量控制制度，对围填海面积实行约束性指标管理。建立自然岸线保有率控制制度
	健全矿产资源开发利用管理制度：建立矿产资源集约开发机制，提高矿区企业集中度，鼓励规模化开发
健全资源有偿使用和生态补偿制度	**完善土地有偿使用制度**：改革完善工业用地供应方式，探索实行**弹性出让年限以及长期租赁、先租后让、租让结合供应**【★】
	完善生态补偿机制：探索建立多元化补偿机制，逐步增加对重点生态功能区转移支付，完善生态保护成效与资金分配挂钩的激励约束机制
	建立耕地草原河湖休养生息制度：编制耕地、草原、河湖休养生息规划，调整严重污染和地下水严重超采地区的耕地用途，逐步将$25°$以上不适宜耕种且有损生态的陡坡地退出基本农田

 典型习题

3-1（2019-3）中共中央国务院印发的《生态文明体制改革总体方案》提出了建立国家公园体制改革各部门分头设置（D）的体制，对上述保护地进行功能重组合理界定国家公园范围。

A. 自然保护区、风景名胜区、地质公园、森林公园等

B. 自然保护区、文化自然遗产、地质公园、森林公园等

C. 自然保护区、风景名胜区、文化自然遗产、森林公园等

D. 自然保护区、风景名胜区、文化自然遗产、地质公园、森林公园等

【考点2】《国务院办公厅关于印发"十四五"文物保护和科技创新规划的通知》

学习提示	复习此文件不能囫囵吞枣宏观阅读，考题都很会从很细小的角度以单选或多选题考察，需要认真复习

· 主要目标

展望2035年，我国将建成与文化强国建设目标相适应的文物保护管理工作体系，科技创新、人才队伍建设有力支撑文物保护研究利用，考古成果实证我国一万年的文化史、五千多年的文明史，博物馆强国建设成效显著，红色基因得到有效传承，根植于深厚历史文化遗产的中华文化影响力大幅提升，民族文化自信显著增强。【★★】

注意表3-1中的类型、2025年的指标，并注意哪些是预期性，哪些是约束性

表3-1　　　　　　　　"十四五"时期文物事业发展主要指标

类型	指标	2020年	2025年	属性
资源管理	全国重点文物保护单位数量（处）	5058	新增一批	预期性
	省级文物保护单位数量（处）	21000	23500	预期性
	馆藏文物数量（万件/套）	5813.9	6000	预期性
文物安全	全国重点文物保护单位"四有"①工作完成率（%）	85	100	约束性
	省级文物保护单位"四有"工作完成率（%）	80	100	约束性
	全国重点文物保护单位、省级文物保护单位"两线"②纳入各级国土空间规划完成率（%）	—	100	预期性
	将文物安全纳入本级政府考核评价体系的省（自治区、直辖市）政府数量（个）	25	31	预期性
科技创新	文物科技研发投入年均增长率（%）	—	＞10	预期性
	文物科研人员数量（人）	33000	41200	预期性
	文物领域专利授权数量（项）	3900	5900	预期性
	国家重点实验室数量（家）	—	1	预期性
	国家文物局重点科研基地数量（家）	33	40～45	预期性
	文物行业标准数量（项）	110	210	预期性
改革创新	国家文物保护利用示范区数量（处）	6	30	预期性
博物馆、纪念馆	全国备案博物馆数量（家）	5788	6500	预期性
	年举办陈列展览数量（个）	29000	30000	预期性
	年观众人数（亿人次）	12.27	14	预期性
人才队伍	文物机构数量（个）	11300	12200	预期性
	文物机构从业人员数量（万人）	17.57	19.5	预期性
	考古从业人员数量（人）	6000	10000	预期性
	文物保护勘察设计、施工人员数量（人）	2000	27000	预期性

左侧合并单元格标注：**总体要求**

① "四有"工作是指划定必要的保护范围、作出标志说明，建立记录档案，设置专业机构或专人管理。

② "两线"是指保护范围和建设控制地带。

提升考古工作能力和科技考古水平	健全**"先考古、后出让"**制度，提升古遗址、古墓葬考古和保护水平。【★★】 （1）加强考古和历史研究【2022-12】 （2）加强大遗址保护 （3）完善建设工程考古制度 （4）加强边疆考古和水下考古 （5）大力发展科技考古 ♯考查角度：单选辨析
	考古和遗址保护 （1）中华文明探源工程：聚焦中国文化起源（距今10000至5000年前后）、中华文明起源与发展（距今5000年前后至先秦时期）等历史阶段，深化考古研究，阐明中华文明要素形成、中华文明起源及文化共同体形成等重大问题，推动中华文明探源研究国际合作。 （2）**"考古中国"重大项目**：推进"夏文化研究""河套地区聚落与社会研究""中原地区文明化进程研究""海岱地区文明化进程研究""长江下游区域文明模式研究""长江中游地区文明化进程研究""川渝地区巴蜀文明进程研究""南岛语族起源与扩散研究"。新增10～15个区域性、专题性重大项目。每年实施80～100个主动性考古发掘项目。【2022-12】 （3）大遗址保护：重点开展殷墟、汉长安城遗址、隋唐洛阳城遗址、北京琉璃河遗址等大遗址文物本体保护、周边环境综合整治、文物安全防护和展示利用设施建设项目。重点支持新疆、青海、甘肃、内蒙古以及东北等边疆和民族地区大遗址保护利用项目。 （4）水下考古重大项目：实施长江口二号沉船、南海工号沉船、甲午海战沉舰、华光礁Ⅰ号沉船项目。建成国家文物局考古研究中心南海基地、北海基地（二期）。加强相关考古实验室建设。 （5）国家重点区域考古标本库房建设：支持山东、河南、四川、西藏、陕西、青海、新疆等省份有考古发掘资质的单位在遗址遗迹丰富、考古任务较重地区建设考古标本库房

📢 典型习题

3-2（2022-12）《国务院办公厅关于印发"十四五"文物保护和科技创新规划的通知》中不是"考古中国"重大项目的是（ D ）。

　　A. 长江中游文明化进程研究　　　　　B. 南岛语族起源与扩散研究

　　C. 海岱地区文明化进程研究　　　　　D. 殷墟大遗址文物本体保护研究

【考点3】《中华人民共和国国民经济和社会发展第十四个五年规划和
**　　　　　2035年远景目标纲要》**

学习提示	以单选题形式考察数据性目标，同时以多选题形式考察宏观远景目标，单选题数据目标记忆不清易丢分

经济社会发展主要目标	单位国内生产总值能源消耗和二氧化碳排放分别降低13.5%、18%，主要污染物排放总量持续减少，森林覆盖率提高到 24.1%【★】#注意记忆数据
	"十四五"时期经济社会发展主要指标主要分类两种属性，预期性和约束性指标【★★】#考查角度：多选题辨析预期性与约束性 （1）预期性指标包括：国内生产总值增长、全员劳动生产率增长、常住人口城镇化率、全社会研发投入增长、每万人口高价值发明专利拥有量、数字经济核心产业增加值占 GDP 比重、居民人均可支配收入增长、城镇调查失业率、每千人口拥有执业（助理）医师数、基本养老保险参保率、人均预期寿命。 （2）约束性指标包括：劳动年龄人口平均受教育年限、单位 GDP 能源消耗降低、单位 GDP 二氧化碳排放降低、地级及以上城市空气质量优良天数比率、地表水达到或好于Ⅲ类水体比例、森林覆盖率、粮食综合生产能力、能源综合生产能力
提高农业质量效益和竞争力	夯实粮食生产能力基础，保障粮、棉、油、糖、肉、奶等重要农产品供给安全。坚持最严格的耕地保护制度，强化耕地数量保护和质量提升，严守 18 亿亩耕地红线，遏制耕地"非农化"、防止"非粮化"，规范耕地占补平衡，严禁占优补劣、占水田补旱地。以粮食生产功能区和重要农产品生产保护区为重点，建设国家粮食安全产业带，实施高标准农田建设工程，建成 10.75 亿亩集中连片高标准农田。实施黑土地保护工程，加强东北黑土地保护和地力恢复【★】#注意记忆数据
健全城乡融合发展体制机制	深化农业农村改革。巩固完善农村基本经营制度，落实第二轮土地承包到期后再延长 30 年政策，完善农村承包地所有权、承包权、经营权分置制度，进一步放活经营权。发展多种形式适度规模经营，加快培育家庭农场、农民合作社等新型农业经营主体，健全农业专业化社会化服务体系，实现小农户和现代农业有机衔接。深化农村宅基地制度改革试点，加快房地一体的宅基地确权颁证，探索宅基地所有权、资格权、使用权分置实现形式。积极探索实施农村集体经营性建设用地入市制度。允许农村集体在农民自愿前提下，依法把有偿收回的闲置宅基地、废弃的集体公益性建设用地转变为集体经营性建设用地入市。建立土地征收公共利益认定机制，缩小土地征收范围。深化农村集体产权制度改革，完善产权权能，将经营性资产量化到集体经济组织成员，发展壮大新型农村集体经济。切实减轻村级组织负担。发挥国家城乡融合发展试验区、农村改革试验区示范带动作用。【★★★】 #注意三权的多选题，考察次数多
完善城镇化空间布局	建设现代化都市圈。依托辐射带动能力较强的中心城市，提高 1 小时通勤圈协同发展水平，培育发展一批同城化程度高的现代化都市圈。以城际铁路和市域（郊）铁路等轨道交通为骨干，打通各类"断头路""瓶颈路"，推动市内市外交通有效衔接和轨道交通"四网融合"，提高都市圈基础设施连接性贯通性。鼓励都市圈社保和落户积分互认、教育和医疗资源共享，推动科技创新券通兑通用、产业园区和科研平台合作共建。鼓励有条件的都市圈建立统一的规划委员会，实现规划统一编制、统一实施，探索推进土地、人口等统一管理

优化国土空间开发保护格局	以中心城市和城市群等经济发展优势区域为重点，增强经济和人口承载能力，带动全国经济效率整体提升。以**京津冀、长三角、粤港澳大湾区**为重点，提升创新策源能力和全球资源配置能力，加快打造引领高质量发展的第一梯队。在中西部有条件的地区，以中心城市为引领，提升城市群功能，加快工业化城镇化进程，形成高质量发展的重要区域。破除资源流动障碍，优化行政区划设置，提高中心城市综合承载能力和资源优化配置能力，强化对区域发展的辐射带动作用。【2021-81】【★★★】 ＃注意宏观战略多选题
积极拓展海洋经济发展空间	探索建立沿海、流域、海域协同一体的综合治理体系。严格围填海管控，加强海岸带综合管理与滨海湿地保护。完善海岸线保护、海域和无居民海岛有偿使用制度，探索海岸建筑退缩线制度和海洋生态环境损害赔偿制度，**自然岸线保有率不低于35%**。【★】＃注意记忆数据
提升生态系统质量和稳定性	全面加强天然林和湿地保护，**湿地保护率提高到55%**【★】 ＃注意记忆数据
	构建以**国家公园为主体、自然保护区为基础、各类自然公园为补充**的自然保护地体
持续改善环境质量	落实2030年应对气候变化国家自主贡献目标，制订2030年前碳排放达峰行动方案。完善能源消费总量和强度双控制度，重点控制化石能源消费。实施以碳强度控制为主、碳排放总量控制为辅的制度，支持有条件的地方和重点行业、重点企业率先达到碳排放峰值
	锚定努力争取2060年前实现碳中和，采取更加有力的政策和措施【2021-06】
	加强全球气候变暖对我国承受力脆弱地区影响的观测和评估，提升城乡建设、农业生产、基础设施适应气候变化能力。加强青藏高原综合科学考察研究
	坚持公平、共同但有区别的责任及各自能力原则，建设性参与和引领应对气候变化国际合作，推动落实联合国气候变化框架公约及其巴黎协定，积极开展气候变化南南合作

加快发展方式绿色转型	全面提高资源利用效率。实施国家节水行动，建立水资源刚性约束制度，强化农业节水增效、工业节水减排和城镇节水降损，鼓励再生水利用，单位 GDP 用水量下降 16% 左右。新增建设用地规模控制在 2950 万亩以内
	构建资源循环利用体系。推进快递包装减量化、标准化、循环化
	大力发展绿色经济。加快大宗货物和中长途货物运输**"公转铁""公转水"**
	构建绿色发展政策体系。完善能效、水效"领跑者"制度

 典型习题

3-3（2021-6）根据《中华人民共和国国民经济和社会发展第十四个五年规划和 2035 年远景目标纲要》，下列说法不正确的是（D）。

A. 实施以碳强度控制为主、碳排放总量控制为辅的制度，支持有条件的地方和重点行业、重点企业率先达到碳排放峰值

B. 加强全球气候变暖对我国承受力脆弱地区影响的观测和评估，提升城乡建设、农业生产、基础设施适应气候变化能力

C. 坚持公平、共同但有区别的责任及各自能力原则，建设性参与和引领应对气候变化国际合作，推动落实联合国气候变化框架公约及其巴黎协定，积极开展气候变化南南合作

D. 锚定努力争取 2060 年前实现碳达峰，采取更加有力的政策和措施

3-4（2021-81）《中华人民共和国国民经济和社会发展第十四个五年规划和 2035 年远景目标纲要》中提出要深入实施区域重大战略，包括（BCDE）。

A. 特殊类型发展
B. 加快推动京津冀协同发展
C. 全面推动长江经济带发展
D. 积极稳妥推进粤港澳大湾区建设
E. 扎实推进黄河流域生态保护和高质量发展

【考点 4】《中共中央　国务院关于完整准确全面贯彻新发展理念做好碳达峰碳中和工作的意见》

学习提示	**碳达峰、碳中和的考题每年都会出现，重点掌握**
概述	实现碳达峰、碳中和，是以习近平同志为核心的党中央统筹国内国际两个大局作出的重大战略决策，**是着力解决资源环境约束突出问题、实现中华民族永续发展的必然选择，是构建人类命运共同体的庄严承诺**

总体要求	指导思想：把碳达峰、碳中和纳入经济社会发展全局，以经济社会发展全面绿色转型为引领，以能源绿色低碳发展为关键
	工作原则：全国统筹、节约优先、双轮驱动、内外畅通、防范风险
主要目标	到 2025 年，绿色低碳循环发展的经济体系初步形成，重点行业能源利用效率大幅提升。单位国内生产总值能耗比 2020 年下降 13.5％；单位国内生产总值二氧化碳排放比 2020 年下降 18％；非化石能源消费比重达到 20％左右；森林覆盖率达到 24.1％，森林蓄积量达到 180 亿 m³，为实现碳达峰、碳中和奠定坚实基础【★】#注意记忆数据
	到 2030 年，经济社会发展全面绿色转型取得显著成效，重点耗能行业能源利用效率达到国际先进水平。单位国内生产总值能耗大幅下降；单位国内生产总值二氧化碳排放比 2005 年下降 65％以上；非化石能源消费比重达到 25％左右，风电、太阳能发电总装机容量达到 12 亿 kW 以上；森林覆盖率达到 25％左右，森林蓄积量达到 190 亿 m³，二氧化碳排放量达到峰值并实现稳中有降。【★】【2023 - 3】
	到 2060 年，绿色低碳循环发展的经济体系和清洁低碳安全高效的能源体系全面建立，能源利用效率达到国际先进水平，非化石能源消费比重达到 80％以上，碳中和目标顺利实现，生态文明建设取得丰硕成果，开创人与自然和谐共生新境界 #注意记忆数据
推进经济社会发展全面绿色转型	(1) 优化绿色低碳发展区域布局。在京津冀协同发展、长江经济带发展、粤港澳大湾区建设、长三角一体化发展、黄河流域生态保护和高质量发展等区域重大战略实施中，强化绿色低碳发展导向和任务要求。 (2) 加快形成绿色生产生活方式。大力推动节能减排，全面推进清洁生产，加快发展循环经济，加强资源综合利用，不断提升绿色低碳发展水平。扩大绿色低碳产品供给和消费，倡导绿色低碳生活方式。把绿色低碳发展纳入国民教育体系。开展绿色低碳社会行动示范创建。凝聚全社会共识，加快形成全民参与的良好格局【★★★】 #注意宏观战略多选题
深度调整产业结构	推动产业结构优化升级。加快推进农业绿色发展，促进农业固碳增效。制订能源、钢铁、有色金属、石化化工、建材、交通、建筑等行业和领域碳达峰实施方案。以节能降碳为导向，修订产业结构调整指导目录

加快构建清洁低碳安全高效能源体系	（1）**强化能源消费强度和总量双控**。坚持节能优先的能源发展战略，严格控制能耗和二氧化碳排放强度，合理控制能源消费总量，统筹建立二氧化碳排放总量控制制度。做好产业布局、结构调整、节能审查与能耗双控的衔接，对能耗强度下降目标完成形势严峻的地区实行项目缓批限批、能耗等量或减量替代。 （2）**积极发展非化石能源**。实施可再生能源替代行动，大力发展**风能、太阳能、生物质能、海洋能、地热能**等，不断提高非化石能源消费比重。坚持集中式与分布式并举，优先推动风能、太阳能就地就近开发利用。因地制宜开发水能。积极安全有序发展核电。 **♯考查角度：辨析哪些是绿色能源**
加快推进低碳交通运输体系建设	（1）**优化交通运输结构**。加快建设综合立体交通网，大力发展多式联运，提高铁路、水路在综合运输中的承运比重，持续降低运输能耗和二氧化碳排放强度。优化客运组织，引导客运企业规模化、集约化经营。加快发展绿色物流，整合运输资源，提高利用效率。 （2）**积极引导低碳出行**。加快城市轨道交通、公交专用道、快速公交系统等大容量公共交通基础设施建设，加强自行车专用道和行人步道等城市慢行系统建设。综合运用法律、经济、技术、行政等多种手段，加大城市交通拥堵治理力度【2023-82】
提升城乡建设绿色低碳发展质量	（1）**推进城乡建设和管理模式低碳转型**。在城乡规划建设管理各环节全面落实绿色低碳要求。推动城市组团式发展，建设城市生态和通风廊道，提升城市绿化水平。合理规划城镇建筑面积发展目标，严格管控高能耗公共建筑建设。实施工程建设全过程绿色建造，健全建筑拆除管理制度，杜绝大拆大建。加快推进绿色社区建设。结合实施乡村建设行动，推进县城和农村绿色低碳发展。 （2）**大力发展节能低碳建筑**。持续提高新建建筑节能标准，加快推进超低能耗、近零能耗、低碳建筑规模化发展。大力推进城镇既有建筑和市政基础设施节能改造，提升建筑节能低碳水平。逐步开展建筑能耗限额管理，推行建筑能效测评标识，开展建筑领域低碳发展绩效评估。全面推广绿色低碳建材，推动建筑材料循环利用。发展绿色农房
持续巩固提升碳汇能力	**巩固生态系统碳汇能力**。强化国土空间规划和用途管控，**严守生态保护红线，严控生态空间占用**，稳定现有森林、草原、湿地、海洋、土壤、冻土、岩溶等固碳作用，严格控制新增建设用地规模，推动城乡存量建设用地盘活利用。严格执行土地使用标准，加强节约集约用地评价，推广节地技术和节地模式【2022-01】

 典型习题

3-5（2022-1）根据《中共中央　国务院关于完整准确全面贯彻新发展理念做好碳达峰

碳中和工作的意见》，下列关于强化国土空间规划和用途管制巩固生态系统碳汇能力的说法中，正确的是（A）。

A. 严守生态保护红线，严控生态空间占用
B. 严守城镇开发边界，严控城镇空间占用
C. 严守耕地保护红线，严控农业空间占用
D. 严守城镇开发边界，严控农业空间占用

【考点 5】《中共中央　国务院关于深入打好污染防治攻坚战的意见》

学习提示	以单选题形式考察数据性目标，同时以多选题形式考察宏观远景目标，单选题数据目标记忆不清易失分
主要目标	到 2025 年，生态环境持续改善，主要污染物排放总量持续下降，**单位国内生产总值二氧化碳排放比 2020 年下降 18%，地级及以上城市细颗粒物（PM2.5）浓度下降 10%，空气质量优良天数比率达到 87.5%，地表水Ⅰ～Ⅲ类水体比例达到 85%，近岸海域水质优良（一、二类）比例达到 79% 左右**，重污染天气、城市黑臭水体基本消除，土壤污染风险得到有效管控，固体废物和新污染物治理能力明显增强，生态系统质量和稳定性持续提升，生态环境治理体系更加完善，生态文明建设实现新进步。【2022-07，2022-69】【★】 ＃注意记忆数据
	到 2035 年，广泛形成绿色生产生活方式，碳排放达峰后稳中有降，生态环境根本好转，美丽中国建设目标基本实现
加快推动绿色低碳发展	深入推进碳达峰行动。落实 2030 年应对气候变化国家自主贡献目标，以能源、工业、城乡建设、交通运输等领域和钢铁、有色金属、建材、石化化工等行业为重点，深入开展碳达峰行动
	聚焦国家重大战略打造绿色发展高地
	推动能源清洁低碳转型。"十四五"时期，严控煤炭消费增长，**非化石能源消费比重提高到 20% 左右**，京津冀及周边地区、**长三角地区煤炭消费量分别下降 10%、5% 左右【★】** ＃注意记忆数据
	坚决遏制高耗能高排放项目盲目发展
	推进清洁生产和能源资源节约高效利用
	加强生态环境分区管控
	加快形成绿色低碳生活方式

深入打好蓝天保卫战	着力打好重污染天气消除攻坚战：**到 2025 年，全国重度及以上污染天数比率控制在 1％以内**	
	着力打好臭氧污染防治攻坚战：**到 2025 年，挥发性有机物、氮氧化物排放总量比 2020 年分别下降 10％以上**	
	持续打好柴油货车污染治理攻坚战：**"十四五"时期，铁路货运量占比提高 0.5 个百分点，水路货运量年均增速超过 2％**	
	加强大气面源和噪声污染治理：**到 2025 年，京津冀及周边地区大型规模化养殖场氨排放总量比 2020 年下降 5％。到 2025 年，地级及以上城市全面实现功能区声环境质量自动监测，全国声环境功能区夜间达标率达到 85％【★】** ＃注意记忆数据	
深入打好碧水保卫战	持续打好城市黑臭水体治理攻坚战：到 2025 年，县级城市建成区基本消除黑臭水体，京津冀、长三角、珠三角等区域力争提前 1 年完成	
	持续打好长江保护修复攻坚战：到 2025 年，长江流域总体水质保持为优，**干流水质稳定达到Ⅱ类**，重要河湖生态用水得到有效保障，水生态质量明显提升	
	着力打好黄河生态保护治理攻坚战：到 2025 年，**黄河干流上中游（花园口以上）水质达到Ⅱ类**，干流及主要支流生态流量得到有效保障	
	巩固提升饮用水安全保障水平：到 2025 年，**全国县级及以上城市集中式饮用水水源水质达到或优于Ⅲ类比例总体高于 93％**　＃注意记忆数据	
	着力打好重点海域综合治理攻坚战：到 2025 年，**重点海域水质优良比例比 2020 年提升 2 个百分点左右，省控及以上河流入海断面基本消除劣Ⅴ类**，滨海湿地和岸线得到有效保护	
	强化陆域海域污染协同治理【★】	
深入打好净土保卫战	持续打好农业农村污染治理攻坚战：到 2025 年，农村生活污水治理率达到 40％，化肥农药利用率达到 43％，全国畜禽粪污综合利用率达到 80％以上　＃注意记忆数据	
	深入推进农用地**土壤污染防治**和安全利用：到 2025 年，受污染耕地安全利用率达到 93％左右	
	有效管控建设用地土壤污染风险	
	稳步推进"无废城市"建设	
	加强新污染物治理	
	强化地下水污染协同防治	

切实维护生态环境安全	持续提升生态系统质量：到 2025 年，森林覆盖率达到 24.1%，草原综合植被盖度稳定在 57%左右，湿地保护率达到 55%
	实施生物多样性保护重大工程
	强化生态保护监管
	确保核与辐射安全
	严密防控环境风险：到 2025 年，全国重点行业重点重金属污染物排放量比 2020 年下降 5% #注意记忆数据

 **典型习题**

3-6（2022-7）《中共中央　国务院关于深入打好污染防治攻坚战的意见》中，2025 年发展指标错误的是（D）。

A. 空气质量优良天数比率达到 87.5%

B. 地表水Ⅰ-Ⅲ类水体比例达到 85%

C. 2025 年地级以上城市细颗粒物（PM2.5）下降 10%

D. 近岸海域水质优良（一、二类）比例达到 75%

3-7（2022-69）下列不属于打好污染防治攻坚战主要目标的是（C）。

A. 大气污染防治　　　　　　　　B. 水环境治理

C. 区域噪声污染防治　　　　　　D. 土壤污染防治

【考点6】《关于进一步加强生物多样性保护的意见》

学习提示	考察数据性目标，记忆不清易失分，备考期间特别需要关注数据指标的总结归纳记忆
总体目标	（1）到 2025 年，以国家公园为主体的自然保护地占陆域国土面积的 18%左右，森林覆盖率提高到 24.1%，草原综合植被盖度达到 57%左右，湿地保护率达到 55%，自然海岸线保有率不低于 35%，国家重点保护野生动植物物种数保护率达到 77%，92%的陆地生态系统类型得到有效保护【2022-81】【★】#注意记忆数据 （2）到 2035 年，森林覆盖率达到 26%，草原综合植被综合盖度达到 60%，湿地保护率提高到 60%左右，以国家公园为主体的自然保护地占陆域国土面积的 18%以上

持续优化生物多样性保护空间格局	落实就地保护体系：在国土空间规划中统筹划定生态保护红线，优化调整自然保护地，加强对生物多样性保护优先区域的保护监管，明确重点生态功能区生物多样性保护和管控政策。因地制宜科学构建促进物种迁徙和基因交流的生态廊道，着力解决自然景观破碎化、保护区域孤岛化、生态连通性降低等突出问题
	完善生物多样性迁地保护体系：优化建设动植物园、濒危植物扩繁和迁地保护中心、野生动物收容救护中心和保育救助站、种质资源库（场、区、圃）、微生物菌种保藏中心等各级各类抢救性迁地保护设施，填补重要区域和重要物种保护空缺，完善生物资源迁地保存繁育体系
构建完备的生物多样性保护监测体系	持续推进生物多样性调查监测：每5年更新《中国生物多样性红色名录》
	完善生物多样性保护与监测信息云平台
	完善生物多样性评估体系。结合全国生态状况调查评估，每5年发布一次生物多样性综合评估报告

 典型习题

3-8（2022-81）中共中央办公厅国务院办公厅《关于进一步加强生物多样性保护的意见》中提到的总体目标说法正确的是（ ACE ）。

A. 到 2025 年以国家公园为主体的自然保护地占陆域国土面积的 18% 左右

B. 到 2025 年草原综合植被盖度达到 50%

C. 到 2025 年国家重点保护野生动植物物种数保护率达到 77%

D. 到 2035 年湿地保护率提高到 65%

E. 到 2035 年森林覆盖率达到 26%

【考点7】《中共中央　国务院关于加快推进生态文明建设的意见》（2015 年）

学习提示	结合《生态文明体制改革总体方案》一起复习，试题围绕当年时政方向进行考察
总体要求	• 坚持把节约优先、保护优先、自然恢复为主作为基本方针【2023-1】 • 坚持把绿色发展、循环发展、低碳发展作为基本途径 • 坚持把深化改革和创新驱动作为基本动力 • 坚持把培育生态文化作为重要支撑 • 坚持把重点突破和整体推进作为工作方式

要点	·强化**主体功能定位**，优化**国土空间开发格局** ·推动技术创新和结构调整，提高发展质量和效益 ·全面促进**资源节约循环高效使用**，推动利用方式根本转变 ·加大自然生态系统和环境保护力度，切实改善生态环境质量 ·健全生态文明制度体系 ·加强生态文明建设统计监测和执法监督 ·加快形成推进生态文明建设的良好社会风尚

 典型习题

3-9（2023-1）根据中共中央国务院《关于加快推进生态文明建设的意见》，推进生态文明建设的基本方针是（C）。

A. 节约优先、保护优先、资源开发优先

B. 节约优先、资源开发优先、自然恢复为主

C. 节约优先、保护优先、自然恢复为主

D. 保护优先、资源开发优先、自然恢复为主

【考点8】 中共中央　国务院印发《关于进一步加强城市规划建设管理工作的若干意见》（2016年）

学习提示	**重点关注近年来建筑行业发展方向，回归基本建筑方针政策**
指导思想	按照"五位一体"总体布局和"四个全面"战略布局，牢固树立和贯彻落实创新、协调、绿色、开放、共享的发展理念，认识、尊重、顺应城市发展规律，更好发挥法治的引领和规范作用，依法规划、建设和管理城市，**贯彻"适用、经济、绿色、美观"的建筑方针**，着力转变城市发展方式，着力塑造城市特色风貌，着力提升城市环境质量，着力创新城市管理服务，走出一条中国特色城市发展道路。【2023-2】
基本原则	坚持依法治埋与文明共建相结合，坚持规划先行与建管并重相结合，坚持改革创新与传承保护相结合，坚持统筹布局与分类指导相结合，坚持完善功能与宜居宜业相结合，坚持集约高效与安全便利相结合

 典型习题

3-10（2023-2）中共中央国务院《关于进一步加强城市规划管理工作的若干意见》提出，我国的建筑方针是（ C ）。

A. 实用、经济、绿色、简约　　　　B. 实用、经济、安全、美观

C. 适用、经济、绿色、美观　　　　D. 适用、智能、绿色、简约

【考点9】 中共中央办公厅　国务院办公厅印发《关于推动城乡建设绿色发展的意见》（2021年）

学习提示	一般性文件，了解即可
总体目标	到2025年，城乡建设绿色发展体制机制和政策体系基本建立，**建设方式绿色转型成效显著**，碳减排扎实推进，城市整体性、系统性、生长性增强，"城市病"问题缓解，城乡生态环境质量整体改善，城乡发展质量和资源环境承载能力明显提升，综合治理能力显著提高，绿色生活方式普遍推广。 　　到2035年，城乡建设全面实现绿色发展，**碳减排水平快速提升**，城市和乡村品质全面提升，人居环境更加美好，城乡建设领域治理体系和治理能力基本实现现代化，美丽中国建设目标基本实现
创新工作方法	（一）统筹城乡规划建设管理。 　　（二）建立城市体检评估制度。建立健全**"一年一体检、五年一评估"**的城市体检评估制度，强化对相关规划实施情况和历史文化保护传承、基础设施效率、生态建设、污染防治等的评估。制定城市体检评估标准，将绿色发展纳入评估指标体系，**城市政府作为城市体检评估工作主体**，要定期开展体检评估，制定年度建设和整治行动计划，依法依规向社会公开体检评估结果。加强对相关规划实施的监督，维护规划的严肃性权威性。**【2023-6】** 　　（三）加大科技创新力度。 　　（四）推动城市智慧化建设。 　　（五）推动美好环境共建共治共享
加强组织实施	（一）加强党的全面领导。把党的全面领导贯穿城乡建设绿色发展各方面各环节，不折不扣贯彻落实中央决策部署。**建立省负总责、市县具体负责的工作机制**，地方各级党委和政府要充分认识推动城乡建设绿色发展的重要意义，加快形成党委统一领导、党政齐抓共管的工作格局。各省（自治区、直辖市）要根据本意见确定本地区推动城乡建设绿色发展的工作目标和重点任务，加强统筹协调，推进解决重点难点问题。**市、县作为工作责任主体，要制定具体措施，切实抓好组织落实。** 　　（二）完善工作机制。 　　（三）健全支撑体系。 　　（四）加强培训宣传

 **典型习题**

3-11（2023-6）根据中共中央办公厅 国务院办公厅《关于推动城乡建设绿色发展的意见》，城市体检评估工作的主体是（B）。

A. 省政府 B. 城市政府

C. 城市自然资源主管部门 D. 城市住房和城乡建设主管部门

第四章　国土空间规划体系

【考点 1】《中共中央　国务院关于建立国土空间规划体系并监督实施的若干意见》

学习提示	国土空间规划重要性文件，建议句句精读，每年考题分值为 3～5 分	
概述	建立国土空间规划体系并监督实施，将**主体功能区规划、土地利用规划、城乡规划**等空间规划融合为统一的国土空间规划，实现"多规合一"#考查角度：国土空间规划包括哪些内容	
	强化国土空间规划对各专项规划的指导约束作用	
重大意义	**原因**	规划类型过多、内容重叠冲突，审批流程复杂、周期过长、地方规划、朝令夕改等问题
	目标	科学布局生产空间、生活空间、生态空间
总体要求	**指导思想**	做好国土空间规划**顶层**设计，发挥国土空间规划在国家规划体系中的**基础性**作用。【2022 - 6】【★★】考查角度：#单选辨析，顶层设计还是基础设计？关键性还是基础性
		健全国土空间开发保护制度，**体现战略性**：自上而下编制各级国土空间规划，对空间发展作出战略性系统性安排；**提高科学性、强化权威性、加强协调性、注重操作性**。【2020 - 3，2021 - 1】【★★★】#考查角度：多选辨析
	主要目标【★★★】	到 2020 年，基本建立国土空间规划体系，逐步建立"多规合一"的**规划编制审批体系、实施监督体系、法规政策体系和技术标准体系**。【2020 - 81】
		到 2025 年，健全国土空间规划法规政策和技术标准体系；全面实施国土空间监测预警和绩效考核机制；**形成以国土空间规划为基础，以统一用途管制为手段的国土空间开发保护制度**
		到 2035 年，全面提升国土空间治理体系和治理能力现代化水平，基本形成**生产空间集约高效、生活空间宜居适度、生态空间山清水秀**，安全和谐、富有竞争力和可持续发展的国土空间格局

总体框架	**分级分类**	包括**总体规划、详细规划和相关专项规划**。【2020-1】
		国土空间总体规划是详细规划的依据、相关专项规划的基础；相关专项规划要相互协同，并与详细规划做好衔接。【★★★★★】【2020-2，2021-1】 ＃单选题辨析：详细规划是相关专项规划的基础＃
	各级编制重点	全国国土空间规划是对全国国土空间作出的全局安排，是全国国土空间保护、开发、利用、修复的政策和总纲，**侧重战略性，由自然资源部会同相关部门组织编制，由党中央、国务院审定后印发。**【2020-13，2021-2】
		省级国土空间规划是对全国国土空间规划的落实，指导市县国土空间规划编制，**侧重协调性，**由省级政府组织编制，经同级人大常委会审议后报国务院审批
		市县和乡镇国土空间规划是本级政府对上级国土空间规划要求的细化落实，是对本行政区域开发保护作出的具体安排，**侧重实施性**
		需报国务院审批的城市国土空间总体规划，**由市政府组织编制，经同级人大常委会审议后，由省级政府报国务院审批**
		其他市县及乡镇国土空间规划由**省级政府**根据当地实际，明确规划编制审批内容和程序要求
		各地可因地制宜，将市县与乡镇国土空间规划**合并编制**，也可以几个乡镇为单元编制乡镇级国土空间规划。【★★★★★】＃考查角度：单选辨析
	强化对专项规划的指导约束	专项规划及跨行政区域或流域的国土空间规划，由**所在区域或上一级自然资源主管部门牵头组织**编制，报**同级政府**审批
		涉及空间利用的某一领域专项规划由相关主管部门组织编制
		在城镇开发边界外的乡村地区，以一个或几个行政村为单元，由**乡镇政府组织**编制"多规合一"的实用性村庄规划，作为详细规划，报**上一级政府**审批【★★★★★】 ＃考查角度：单选辨析
	在市县及以下编制详细规划	详细规划是对具体地块用途和开发建设强度等作出的实施性安排，**是开展国土空间开发保护活动、实施国土空间用途管制、核发城乡建设项目规划许可、进行各项建设等的法定依据**
		在城镇开发边界内的详细规划，**由市县自然资源主管部门组织编制，报同级政府审批**
		在城镇开发边界外的乡村地区，**以一个或几个行政村为单元，由乡镇政府组织编制"多规合一"的实用性村庄规划，作为详细规划，报上一级政府审批。**【★★★★★】 ＃考查角度：单选辨析

编制要求		①体现战略性；②提高科学性；③加强协调性；④注重操作性　【★】 ＃多选题记忆，注意，没有权威性的选项＃
实施与监管	强化规划权威	下级国土空间规划要服从上级国土空间规划，**相关专项规划、详细规划要服从总体规划**
		坚持不在国土空间规划体系之外另设其他空间规划
		须先经规划审批机关同意后，方可按法定程序进行修改
		对国土空间规划编制和实施过程中的违规违纪违法行为，要严肃追究责任
	改进规划审批	按照谁审批、谁监管的原则，分级建立国土空间规划审查备案制度
		精简规划审批内容，管什么就批什么，大幅缩减审批时间
	健全用途管制制度	在城镇开发边界内的建设，实行**"详细规划＋规划许可"**的管制方式【2020-5】
		在城镇开发边界外的建设，按照主导用途分区，实行**"详细规划＋规划许可"**和**"约束指标＋分区准入"**的管制方式【2022-5】＃容易将边界内与边界外混淆
		对以国家公园为主体的自然保护地、重要海域和海岛、重要水源地、文物等**实行特殊保护制度**。因地制宜制定用途管制制度，为地方管理和创新活动留有空间。【2022-3】【★★★★★】＃考查角度：单选辨析，是特殊保护不是专项保护，不是备案保护
	监督规划实施	依托国土空间基础信息平台，建立健全国土空间规划动态监测评估预警和实施监管机制
		建立国土空间规划定期评估制度
	放管服	优化现行建设项目用地（海）预审、规划选址以及建设用地规划许可、建设工程规划许可等审批流程
法规政策与技术保障		完善法规政策体系
		完善技术标准体系
		完善国土空间基础信息平台。以自然资源调查监测数据为基础，采用**国家统一的测绘基准和测绘系统**，整合各类空间关联数据，建立全国统一的国土空间基础信息平台

💬 典型习题

4-1（2022-3）根据《中共中央　国务院关于建立国土空间规划体系并监督实施的若干意见》，下列关于健全国土空间规划分区分类实施用途管制的说法，正确的是（A）。

A. 对以国家公园为主体的自然保护地实施特殊保护制度

B. 在城镇开发边界内的建设实行"分区准入＋规划许可"制度

C. 对重要水源地实行"约束指标＋规划许可"制度

D. 在城镇开发边界外，建设范围采用"约束指标＋分区准入"制度

4-2（2022-6）按照《中共中央　国务院关于建立国土空间规划体系监督实施的若干意见》中高质量发展要求，做好国土空间规划顶层设计，发挥国土空间规划在国家规划体系中的（B）性作用，为国家发展规划落地实施提供空间保障。

A. 关键性　　　　　B. 基础性　　　　　C. 协调性　　　　　D. 操作性

4-3（2021-1）根据《中共中央　国务院关于建立国土空间规划体系并监督实施的若干意见》，下列关于相关专项规划的说法，不准确的是（B）。

A. 自然保护地等专项规划及跨行政区域或流域的国土空间规划，由所在区域或上一级自然主管部门牵头组织编制，报同级政府审批

B. 相关专项规划要服从总体规划、详细规划

C. 相关专项规划要遵循国土空间总体规划，不得违背总体规划强制性内容，其主要内容要纳入详细规划

D. 不同层级、不同地区的专项规划应结合实际，选择编制的类型和精度

【考点2】《关于建立以国家公园为主体的自然保护地体系的指导意见》

学习提示	1. 重要文件，需要认真掌握，每年1～2分。 　2. 扩展：中国十大国家公园：①三江源国家公园；②福建武夷山国家公园；③大熊猫国家公园；④海南热带雨林国家公园；⑤东北虎豹国家公园；⑥云南普达措国家公园；⑦湖北神农架国家公园；⑧湖南南山国家公园；⑨浙江钱江源国家公园；⑩祁连山国家公园。＃考查角度：辨析哪个不属于	
总体目标	到2025年，健全国家公园体制，完成自然保护地整合归并优化，完善自然保护地体系的法律法规、管理和监督制度，提升自然生态空间承载力，初步建成以国家公园为主体的自然保护地体系	
	到2035年，显著提高自然保护地管理效能和生态产品供给能力，自然保护地规模和管理达到世界先进水平，全面建成中国特色自然保护地体系。**自然保护地占陆域国土面积18%以上。**【2023-10】 【★★】＃注意目标数据记忆	
构建科学合理的自然保护地体系	明确功能定位	自然保护地是由各级政府依法划定或确认，对重要的自然生态系统、自然遗迹、自然景观及其所承载的自然资源、生态功能和文化价值实施长期保护的陆域或海域
		要将生态功能重要、生态环境敏感脆弱以及其他有必要严格保护的各类自然保护地纳入生态保护红线管控范围

构建科学合理的自然保护地体系	科学划定自然保护地类型	按照自然生态系统**原真性、整体性、系统性**及其内在规律，依据管理目标与效能并借鉴国际经验，将**自然保护地按生态价值和保护强度高低依次分为 3 类【2020 - 25】** ＃单选题考点＃ （1）**国家公园**：是指以保护具有国家代表性的自然生态系统为主要目的，实现自然资源科学保护和合理利用的特定陆域或海域，是我国自然生态系统中最重要、自然景观最独特、自然遗产最精华、生物多样性最富集的部分，保护范围大，生态过程完整，具有全球价值、国家象征，国民认同度高。＃单选题考定义＃ （2）**自然保护区**：是指保护典型的自然生态系统、珍稀濒危野生动植物种的天然集中分布区、有特殊意义的自然遗迹的区域。具有较大面积，确保主要保护对象安全，维持和恢复珍稀濒危野生动植物种群数量及赖以生存的栖息环境。＃单选题考定义＃ （3）**自然公园**：是指保护重要的自然生态系统、自然遗迹和自然景观，具有生态、观赏、文化和科学价值，可持续利用的区域。确保森林、海洋、湿地、水域、冰川、草原、生物等珍贵自然资源，以及所承载的景观、地质地貌和文化多样性得到有效保护。包括森林公园、地质公园、海洋公园、湿地公园等各类自然公园。 **逐步形成以国家公园为主体、自然保护区为基础、各类自然公园为补充的自然保护地分类系统。**＃单选题考定义＃
	确立主体地位	确保国家公园在保护**最珍贵、最重要生物多样性集中分布区中**的主导地位
		确定国家公园保护价值和生态功能在全国自然保护地体系中的主体地位
		国家公园建立后，**在相同区域一律不再保留或设立其他自然保护地类型**
	编制规划	落实国家发展规划提出的国土空间开发保护要求，依据国土空间规划，编制自然保护地规划，明确自然保护地发展目标、规模和划定区域，**将生态功能重要、生态系统脆弱、自然生态保护空缺的区域规划为重要的自然生态空间，纳入自然保护地体系。【★★】【2022 - 9】** ＃单选题考辨析＃
	整合交叉重叠	以保持生态系统完整性为原则，遵从**保护面积不减少、保护强度不降低、保护性质不改变**的总体要求【2020 - 46】
		其他各类自然保护地**按照同级别保护强度优先、不同级别低级别服从高级别的原则进行整合**，做到一个保护地、一套机构、一块牌子
	归并优化	制定自然保护地整合优化办法，明确整合归并规则，严格报批程序

建立统一规范高效的管理体制	统一管理自然保护地
	分级行使自然保护地管理职责：将国家公园等自然保护地分为**中央直接管理、中央地方共同管理和地方管理 3 类**
	合理调整自然保护地范围并勘界立标
	推进自然资源资产确权登记
	实行自然保护地差别化管控：国家公园和自然保护区实行**分区管控，原则上核心保护区内禁止人为活动，一般控制区内限制人为活动**。自然公园原则上按一般控制区管理，限制人为活动。结合历史遗留问题处理，分类分区制定管理规范
创新自然保护地建设发展机制	加强自然保护地建设：以自然恢复为主，辅以必要的人工措施　‖注意：不是以人工措施为主
	分类有序解决历史遗留问题
	创新自然资源使用制度
	探索全民共享机制

 典型习题

4-4（2022-9）根据《关于建立以国家公园为主体的自然保护地体系的指导意见》，关于自然保护地规划说法正确的是，下列关于自然保护地规划的说法，正确的是（ D ）。

A. 将耕地和基本农田的区域规划为重要的自然生态空间，纳入自然保护地体系

B. 将具有生态功能的区域规划为重要的自然生态空间，纳入自然保护地体系

C. 将所有生态系统的区域规划为重要的自然生态空间，纳入自然保护地体系

D. 将生态功能重要，生态体系脆弱，自然生态保护空缺的区域规划为重要的自然生态空间，纳入自然保护地体系

【考点3】《关于在国土空间规划中统筹划定落实三条控制线的指导意见》

学习提示		复习此文件中三线的划定，除了在法规管理选择题中是重点，需要积累重点语句在实务考试中使用
总体要求	基本原则	底线思维，保护优先。以**资源环境承载能力和国土空间开发适宜性评价**为基础
		多规合一，协调落实。按照统一底图、统一标准、统一规划、统一平台要求，科学划定落实三条控制线，做到不交叉不重叠不冲突
		统筹推进，分类管控。坚持**陆海统筹、上下联动、区域协调**

科学有序划定	生态保护红线	**按照生态功能划定生态保护红线。** （1）生态保护红线是指在生态空间范围内具有特殊重要生态功能、必须强制性严格保护的区域。 （2）优先将具有**重要水源涵养、生物多样性维护、水土保持、防风固沙、海岸防护等功能的生态功能极重要区域，以及生态极敏感脆弱的水土流失、沙漠化、石漠化、海岸侵蚀**等区域划入生态保护红线。【★★】 **＃单选题考定义、实务考点＃** （3）其他经评估目前虽然不能确定但**具有潜在重要生态价值的区域也划入生态保护红线。对自然保护地进行调整优化，评估调整后的自然保护地应划入生态保护红线；**【2021 - 5】【★★★】 **＃单选题考定义、实务考点＃** （4）自然保护地发生调整的，生态保护红线相应调整。生态保护红线内，自然保护地核心保护区原则上禁止人为活动，其他区域严格禁止开发性、生产性建设活动，在符合现行法律法规前提下，除国家重大战略项目外，仅允许对生态功能不造成破坏的有限人为活动【2020 - 26】
	永久基本农田	**按照保质保量要求划定永久基本农田。** （1）永久基本农田是为保障国家粮食安全和重要农产品供给，实施永久特殊保护的耕地。依据耕地现状分布，根据耕地质量、粮食作物种植情况、土壤污染状况，在严守耕地红线基础上，按照一定比例，将达到质量要求的耕地依法划入。 （2）确保永久基本农田**面积不减、质量提升、布局稳定**
	城镇开发边界	**按照集约适度、绿色发展要求划定城镇开发边界。** （1）城镇开发边界是在一定时期内因城镇发展需要，可以集中进行城镇开发建设、以城镇功能为主的区域边界，涉及城市、建制镇以及各类开发区等。城镇开发边界划定以城镇开发建设现状为基础，综合考虑资源承载能力、人口分布、经济布局、城乡统筹、城镇发展阶段和发展潜力，框定总量，限定容量，防止城镇无序蔓延。 （2）科学预留一定比例的留白区，为未来发展留有开发空间。城镇建设和发展不得违法违规侵占河道、湖面、滩地
协调解决冲突		统一数据基础
		自上而下、上下结合实现三条控制线落地
	协调边界矛盾	三条控制线出现矛盾时，生态保护红线要保证生态功能的系统性和完整性，确保生态功能不降低、面积不减少、性质不改变。【★★★】【2020 - 47】 **＃注意：根据《中共中央 国务院关于做好 2022 年全面推进乡村振兴重点工作的意见》（2022 年）按照耕地和永久基本农田、生态保护红线、城镇开发边界的顺序，统筹划定落实三条控制线，实务考点＃**

协调解决冲突	协调边界矛盾	永久基本农田要保证适度合理的规模和稳定性，确保数量不减少、质量不降低
		城镇开发边界要避让重要生态功能，不占或少占永久基本农田
		目前已划入自然保护地核心保护区的永久基本农田、镇村、矿业权逐步有序退出【2020-56】
		已划入自然保护地一般控制区的，根据对生态功能造成的影响确定是否退出，其中，造成明显影响的逐步有序退出，不造成明显影响的可采取依法依规相应调整一般控制区范围等措施妥善处理
		协调过程中退出的永久基本农田在县级行政区域内同步补划，确实无法补划的在市级行政区域内补划【2021-4】
强化保障措施	严格实施管理	三条控制线是国土空间用途管制的基本依据，涉及生态保护红线、永久基本农田占用的，报国务院审批
		对于生态保护红线内允许的对生态功能不造成破坏的有限人为活动，由省级政府制定具体监管办法；城镇开发边界调整报国土空间规划原审批机关审批

 **典型习题**

4-5（2021-4）根据《关于在国土空间规划中统筹划定落实三条控制线的指导意见》，目前已划入自然保护地核心保护区的永久基本农田、镇村、矿业权逐步有序退出，协调过程中退出的永久基本农田在（B）级行政区域内同步补划。

A. 乡镇　　　　　　B. 县　　　　　　C. 市　　　　　　D. 省

4-6（2021-5）根据《关于在国土空间规划中统筹划定落实三条控制线的指导意见》，下列关于生态保护红线的说法中，不正确的是（B）。

A. 生态保护红线是指在生态空间范围内具有特殊重要生态功能、必须强制性严格保护的区域

B. 其他经评估具有潜在重要生态价值但目前不能确定的区域，不能划入生态保护红线

C. 对自然保护地进行调整优化，评估调整后的自然保护地应划入生态保护红线

D. 生态保护红线内，自然保护地核心保护区原则上禁止人为活动，其他区域严格禁止开发性、生产性建设活动

【考点4】《自然资源部关于全面开展国土空间规划工作的通知》

学习提示	国土空间规划报批审查要点需要重点掌握

全面启动国土空间规划编制，实现"多规合一"	按照自上而下、上下联动、压茬推进的原则，抓紧启动编制全国、省级、市县和乡镇国土空间规划
	各地不再新编和报批主体功能区规划、土地利用总体规划、城镇体系规划、城市（镇）总体规划、海洋功能区划等。已批准的规划期至 2020 年后的省级国土规划、城镇体系规划、主体功能区规划，城市（镇）总体规划，以及原省级空间规划试点和市县"多规合一"试点等，要按照新的规划编制要求，将既有规划成果融入新编制的同级国土空间规划中
做好过渡期内现有空间规划的衔接协同	一致性处理不得突破土地利用总体规划确定的 2020 年建设用地和耕地保有量等约束性指标，不得突破生态保护红线和永久基本农田保护红线，不得突破土地利用总体规划和城市（镇）总体规划确定的禁止建设区和强制性内容，不得与新的国土空间规划管理要求矛盾冲突
	今后工作中，主体功能区规划、土地利用总体规划、城乡规划、海洋功能区划等统称为"国土空间规划"
明确国土空间规划报批审查的要点 #重点掌握	按照"管什么就批什么"的原则，对省级和市县国土空间规划，侧重控制性审查，重点审查目标定位、底线约束、控制性指标、相邻关系等，并对规划程序和报批成果形式做合规性审查
	省级国土空间规划审查要点包括：①国土空间开发保护目标；②国土空间开发强度、建设用地规模，生态保护红线控制面积、自然岸线保有率，耕地保有量及永久基本农田保护面积，用水总量和强度控制等指标的分解下达；③主体功能区划分，城镇开发边界、生态保护红线、永久基本农田的协调落实情况；④城镇体系布局，城市群、都市圈等区域协调重点地区的空间结构；⑤生态屏障、生态廊道和生态系统保护格局，重大基础设施网络布局，城乡公共服务设施配置要求；⑥体现地方特色的自然保护地体系和历史文化保护体系；⑦乡村空间布局，促进乡村振兴的原则和要求；⑧保障规划实施的政策措施；⑨对市县级规划的指导和约束要求等。【★★★】【2020 - 21，2020 - 96】
	国务院审批的市级国土空间总体规划审查要点，除对省级国土空间规划审查要点的深化细化外，还包括：①市域国土空间规划分区和用途管制规则；②重大交通枢纽、重要线性工程网络、城市安全与综合防灾体系、地下空间、邻避设施等设施布局，城镇政策性住房和教育、卫生、养老、文化体育等城乡公共服务设施布局原则和标准；③城镇开发边界内，城市结构性绿地、水体等开敞空间的控制范围和均衡分布要求，各类历史文化遗存的保护范围和要求，通风廊道的格局和控制要求；城镇开发强度分区及容积率、密度等控制指标，高度、风貌等空间形态控制要求；④中心城区城市功能布局和用地结构等 #考查角度：将省级国土空间审查要点与市级国土空间审查内容进行对比

改进规划报批审查方式	简化报批流程，取消规划大纲报批环节【2022-16】♯考查角度：辨析，是否为优化规划大纲报批环节
	压缩审查时间，省级国土空间规划和国务院审批的市级国土空间总体规划，自审批机关交办之日起，一般应在90天内完成审查工作，上报国务院审批【2020-14】
做好近期相关工作	做好规划编制基础工作。本次规划编制统一采用第三次全国国土调查数据作为规划现状底数和底图基础，统一采用2000国家大地坐标系和1985国家高程基准作为空间定位基础，各地要按此要求尽快形成现状底数和底图基础【2019-2】♯考查角度：辨析，不是西安2000坐标系
	编制"多规合一"的实用性村庄规划，有条件、有需求的村庄应编尽编

典型习题

4-7（2022-16）根据《自然资源部关于全面开展国土空间规划工作的通知》，下列关于国土空间规划报批审查的说法，错误的是（C）。

A. 国土空间规划，按照"管什么，就批什么"的原则报批审查

B. 对省级和市县国土空间规划侧重控制性审查，重点审查目标定位；底线约束控制性指标相邻关系

C. 简化报批流程，优化规划大纲报批环节

D. 省级国土空间规划自审批机关交办之日起，一般应在90天内完成审查工作，上报国务院审批

4-8（2019-2）根据《自然资源部关于全面开展国土空间规划工作的通知》，下列对国土空间规划编制的近期相关工作要求，不正确的是（B）。

A. 同步构建国土空间规划"一张图"实施监督信息系统

B. 统一采用第三次全国国土调查数据、西安2000坐标系和1985国家高程基准

C. 科学评估生态保护红线永久基本农田城镇开发边界等重要控制线划定情况进行必要的调整完善

D. 开展资源环境承载能力和国土空间开发适宜性评价工作

【考点5】《自然资源部办公厅关于加强村庄规划促进乡村振兴的通知》

学习提示	重点结合2022年和2023年的一号文中对于乡村振兴的政策展开考察，同时需要关注这些政策在实务第七题的考查
总体要求	规划定位	村庄规划是法定规划，是国土空间规划体系中乡村地区的详细规划，是开展国土空间开发保护活动、实施国土空间用途管制、核发乡村建设项目规划许可、进行各项建设等的法定依据
		要整合村土地利用规划、村庄建设规划等乡村规划，实现土地利用规划、城乡规划等有机融合，编制"多规合一"的实用性村庄规划
		村庄规划范围为村域全部国土空间，可以一个或几个行政村为单元编制

总体要求	**工作原则**	（1）坚持先规划后建设，通盘考虑土地利用、产业发展、居民点布局、人居环境整治、生态保护和历史文化传承。 （2）坚持农民主体地位，尊重村民意愿，反映村民诉求。【2020-22】 （3）坚持节约优先、保护优先，实现绿色发展和高质量发展。 （4）坚持因地制宜、突出地域特色，防止乡村建设"千村一面"。 （5）坚持有序推进、务实规划，防止一哄而上，片面追求村庄规划快速全覆盖
	工作目标	暂时没有条件编制村庄规划的，应在县、乡镇国土空间规划中明确村庄国土空间用途管制规则和建设管控要求，作为实施国土空间用途管制、核发乡村建设项目规划许可的依据【2020-57】
主要任务		（1）统筹村庄发展目标。 （2）统筹生态保护修复。 （3）统筹耕地和永久基本农田保护。 （4）统筹历史文化传承与保护。 （5）统筹基础设施和基本公共服务设施布局。 （6）统筹产业发展空间。除少量必需的农产品生产加工外，一般不在农村地区安排新增工业用地。【2020-23，2023-74】【★★】 （7）统筹农村住房布局。 （8）统筹村庄安全和防灾减灾。 （9）明确规划近期实施项目【2020-88】 ♯考查角度：多选辨析，同时注意实务考点
政策支持	**优化调整**	（1）优化调整用地布局。 （2）允许在不改变县级国土空间规划主要控制指标情况下，优化调整村庄各类用地布局。 （3）涉及永久基本农田和生态保护红线调整的，严格按国家有关规定执行，调整结果依法落实到村庄规划中【2020-24】
	留白机制	（1）各地可在乡镇国土空间规划和村庄规划中预留不超过5%的建设用地机动指标，村民居住、农村公共公益设施、零星分散的乡村文旅设施及农村新产业新业态等用地可申请使用。 （2）对一时难以明确具体用途的建设用地，可暂不明确规划用地性质。 （3）机动指标使用不得占用永久基本农田和生态保护红线。【2023-73】【★★★】 ♯考查角度：多选辨析，同时注意实务考点

编制要求	主体主导	(1) 强化村民主体和村党组织、村民委员会主导。 (2) 在调研访谈、方案比选、公告公示等各个环节积极参与村庄规划编制，协商确定规划内容。村庄规划在报送审批前应在村内公示 30 日，报送审批时应附村民委员会审议意见和村民会议或村民代表会议讨论通过的决议。村民委员会要将规划主要内容纳入村规民约
	因地制宜	(1) 根据村庄定位和国土空间开发保护的实际需要，编制能用、管用、好用的实用性村庄规划。 (2) 要抓住主要问题，聚焦重点，内容深度详略得当，不贪大求全。 (3) 对于重点发展或需要进行较多开发建设、修复整治的村庄，编制实用的综合性规划。 (4) 对于不进行开发建设或只进行简单的人居环境整治的村庄，可只规定国土空间用途管制规则、建设管控和人居环境整治要求作为村庄规划。 (5) 对于综合性的村庄规划，可以分步编制，分步报批，先编制近期急需的人居环境整治等内容，后期逐步补充完善。对于紧邻城镇开发边界的村庄，可与城镇开发边界内的城镇建设用地统一编制详细规划。各地可结合实际，合理划分村庄类型，探索符合地方实际的规划方法
	简明成果表达	(1) 规划成果要吸引人、看得懂、记得住，能落地、好监督。 #错误做法：应编尽编，强调详细到乡村的方方面面。 (2) 鼓励采用"前图后则"（即规划图表＋管制规则）的成果表达形式。 (3) 规划批准之日起 20 个工作日内，规划成果应通过"上墙、上网"等多种方式公开。【2022－19】。 (4) 30 个工作日内，规划成果逐级汇交至省级自然资源主管部门，叠加到国土空间规划"一张图"上

 **典型习题**

4-9（2022-19）根据《自然资源部办公厅关于加强村庄规划促进乡村振兴的通知》，下列关于村庄规划编制的说法，错误的是（C）。

A. 村庄规划因地制宜，分类编制

B. 村庄规划在上报前在村内公示

C. 村庄规划通过审批后在 30 个工作日内，以"上网、上墙"方式公开

D. 村庄规划通过审批后在 30 个工作日内，汇交至省级自然资源主管部门

4-10（2020-22）根据《自然资源部办公厅关于加强村庄规划促进乡村振兴的通知》，下列关于村庄规划编制原则的表述，错误的是（C）。

A. 坚持先规划后建设

B. 坚持节约优先、保护优先，实现绿色发展和高质量发展

C. 坚持村委会主体地位，尊重村民意愿，反映村民诉求

D. 坚持因地制宜、突出地域特色

【考点 6】《关于以"多规合一"为基础推进规划用地"多审合一、多证合一"改革的通知》

学习提示	**需要背诵，用于备考实务第七题的程序题**
合并规划选址和用地预审	（1）**将建设项目选址意见书、建设项目用地预审意见合并，自然资源主管部门统一核发建设项目用地预审与选址意见书，不再单独核发建设项目选址意见书、建设项目用地预审意见。** （2）涉及新增建设用地，用地预审权限在自然资源部的，建设单位向地方自然资源主管部门提出用地预审与选址申请，由地方自然资源主管部门受理；经省级自然资源主管部门报自然资源部通过用地预审后，地方自然资源主管部门向建设单位核发建设项目用地预审与选址意见书。用地预审权限在省级以下自然资源主管部门的，由省级自然资源主管部门确定建设项目用地预审与选址意见书办理的层级和权限。 （3）使用已经依法批准的建设用地进行建设的项目，不再办理用地预审；需要办理规划选址的，由地方自然资源主管部门对规划选址情况进行审查，核发建设项目用地预审与选址意见书。 （4）建设项目用地预审与选址意见书**有效期为三年**，自批准之日起计算。**【2021 - 11】【★★★★】** ＃**考查角度：单选辨析，同时注意实务考点**
合并建设用地规划许可和用地批准	（1）**将建设用地规划许可证、建设用地批准书合并，自然资源主管部门统一核发新的建设用地规划许可证，不再单独核发建设用地批准书。【2021 - 75，2022 - 15】** （2）以划拨方式取得国有土地使用权的，建设单位向所在地的市、县自然资源主管部门提出建设用地规划许可申请，经有建设用地批准权的人民政府批准后，市、县自然资源主管部门向建设单位同步核发建设用地规划许可证、国有土地划拨决定书。 （3）以出让方式取得国有土地使用权的，市、县自然资源主管部门依据规划条件编制土地出让方案，经依法批准后组织土地供应，将规划条件纳入国有建设用地使用权出让合同。建设单位在签订国有建设用地使用权出让合同后，市、县自然资源主管部门向建设单位核发建设用地规划许可证。**【★★★★】** ＃**考查角度：单选辨析，同时注意实务考点**
推进多测整合、多验合一	以统一规范标准、强化成果共享为重点，将建设用地审批、城乡规划许可、规划核实、竣工验收和不动产登记等多项测绘业务整合，归口成果管理，推进"**多测合并、联合测绘、成果共享**"

典型习题

4-11（2021-11）根据《自然资源部关于以"多规合一"为基础推进规划用地"多审合一、多证合一"改革的通知》，建设项目用地预审与选址意见书的期限为（ C ）年。

A. 1　　　　　　　　B. 2　　　　　　　　C. 3　　　　　　　　D. 5

4-12（2022-15）根据《自然资源部关于以"多规合一"为基础推进规划用地"多审合一、多证合一"改革的通知》，将建设用地规划许可证、建设用地批准书合并，自然资源主管部门统一核发新的（ B ）。

A. 建设项目选址意见书　　　　　　　　B. 建设用地规划许可证

C. 建设用地批准和规划许可证　　　　　D. 建设用地批准书

4-13（2021-75）根据《自然资源部关于以"多规合一"为基础推进规划用地"多审合一、多证合一"改革的通知》，下列文件中不属于改革后建设项目用地管理有效文件的是（ C ）。

A. 建设项目用地预审与选址意见书　　　B. 建设用地规划许可证

C. 建设用地批准书　　　　　　　　　　D. 国有土地划拨决定书

【考点7】《自然资源部办公厅关于国土空间规划编制资质有关问题的函》

学习提示	时效性已过，考的概率不高
概述	为深入贯彻落实《中共中央、国务院关于建立国土空间规划体系并监督实施的若干意见》，加强国土空间规划编制的资质管理，提高国土空间规划编制质量，我部正加快研究出台新时期的规划编制单位资质管理规定。新规定出台前，**对承担国土空间规划编制工作的单位资质暂不作强制要求，原有规划资质可作为参考**【2020-59】

 典型习题

4-14（2020-59）根据《自然资源部办公厅关于国土空间规划编制资质有关问题的函》，下列表述正确的是（ C ）。

A. 编制国土空间规划，必须具有乙级以上规划资质

B. 编制国土空间规划的规划编制单位资质管理规定由住房和城乡建设部制定

C. 编制国土空间规划，新规定出来后需要满足规划资质要求

D. 原有城乡规划编制单位资质不具有参考价值

【考点8】《省级国土空间规划编制指南》（试行）

学习提示		重点掌握，同时可用于备考原理科目的考试
总体要求	适用范围	本指南规定了省级国土空间规划的定位、编制原则、任务、内容、程序、管控和指导要求等。 本指南适用于**各省、自治区、直辖市**国土空间规划编制。**跨省级行政区域、流域和城市群、都市圈**等区域性国土空间规划可参照执行。**直辖市国土空间总体规划**，可结合本指南和《市级国土空间总体规划编制指南》有关要求编制。【★★】 ♯考查角度：单选辨析
	规划定位	省级国土空间规划是对全国国土空间规划纲要的**落实和深化**，是一定时期内省域国土空间保护、开发、利用、修复的**政策和总纲**，是编制省级相关专项规划、市县等下位国土空间规划的**基本依据**。 在国土空间规划体系中发挥承上启下、统筹协调作用，具有**战略性、协调性、综合性和约束性**
	编制原则	①生态优先、绿色发展；②以人民为中心、高质量发展；③区域协调、融合发展；④因地制宜、特色发展；⑤数据驱动、创新发展；⑥共建共治、共享发展
	范围期限	**包括省级行政辖区内全部陆域和管理海域国土空间。** 规划目标年为2035年，近期目标年为2025年，远景展望至2050年
	编制主体和程序	规划编制主体为**省级人民政府**，由**省级自然资源主管部门会同相关部门**开展具体编制工作。 编制程序包括**准备工作、专题研究、规划编制、规划多方案论证、规划公示、成果报批、规划公告**等
	成果要求	包括**规划文本、附表、图件、说明和专题研究报告**，以及基于国土空间基础信息平台的**国土空间规划"一张图"**等。【★★】 ♯考查角度：单选辨析
基础准备	数据	以**第三次国土调查成果数据**为基础，形成统一的工作底数
	重大战略	按照**主体功能区战略、区域协调发展战略、乡村振兴战略、可持续发展战略**等国家战略部署，以及省级党委政府有关发展要求，梳理相关重大战略对省域国土空间的具体要求，作为编制省级国土空间规划的重要依据【2020-82】

基础准备	**评价评估**	通过资源环境承载能力和国土空间开发适宜性评价，分析区域资源环境禀赋特点，识别省域重要生态系统，明确生态功能重要和极脆弱区域，提出农业生产、城镇发展的承载规模和适宜空间
	专题研究	各地可结合实际，开展国土空间开发保护重大问题研究。**量水而行，以水定城、以水定地、以水定人、以水定产**，形成与水资源、水环境、水生态、水安全相匹配的国土空间布局【2020-87】【★】 #考查角度：单选辨析
重点管控性内容	**目标战略**	目标定位：落实国家重大战略，按照全国国土空间规划纲要的主要目标、管控方向、重大任务等，结合省域实际，明确省级国土空间发展的总体定位，确定国土空间开发保护目标。落实全国国土空间规划纲要确定的省级国土空间规划指标要求，完善指标体系
		空间战略：按照空间发展的总体定位和开发保护目标，立足省域资源环境禀赋和经济社会发展需求，针对国土空间开发保护突出问题，制定省级国土空间开发保护战略，推动形成主体功能约束有效、科学适度有序的国土空间布局体系
	开发保护格局	(1) **主体功能区：**落实全国国土空间规划纲要确定的国家级主体功能区。各地可结合实际，完善和细化省级主体功能区，按照主体功能定位划分政策单元，确定协调引导要求，明确管控导向。 (2) **生态空间：优先保护以自然保护地体系为主的生态空间，明确省域国家公园、自然保护区、自然公园等各类自然保护地布局、规模和名录。** (3) **农业空间：**将全国国土空间规划纲要确定的耕地和永久基本农田保护任务严格落实，**确保数量不减少、质量不降低、生态有改善、布局有优化。以水平衡为前提，**优先保护平原地区水土光热条件好、质量等级高、集中连片的优质耕地，实施"小块并大块"，推进现代农业规模化发展；在山地丘陵地区因地制宜发展特色农业。 (4) **城镇空间：**提出城市群、都市圈、城镇圈等区域协调重点地区**多中心、网络化、集约型、开放式**的空间格局，引导大中小城市和小城镇协调发展。按照城镇人口规模**300万以下、300万～500万、500万～1000万、1000万～2000万、2000万以上**等层级，分别确定城镇空间发展策略，促进集中集聚集约发展。【2020-52】【★★】 #单选题记忆# (5) **网络化空间组织：**以**重要自然资源、历史文化资源等要素**为基础、以**区域综合交通和基础设施网络**为骨架，以**重点城镇和综合交通枢纽**为节点，加强生态空间、农业空间和城镇空间的有机互动，实现人口、资源、经济等要素优化配置，促进形成省域国土空间网络化。 (6) **统筹三条控制线：**将**生态保护红线、永久基本农田、城镇开发边界三条控制线**（以下简称三条控制线）作为调整经济结构、规划产业发展、推进城镇化不可逾越的红线。【★★】#三线记忆#

重点管控性内容	资源要素保护与利用	（1）**自然资源**：严格保护耕地和永久基本农田，对水土光热条件好的优质耕地，要优先划入永久基本农田。建立永久基本农田储备区制度。各项建设要尽量不占或少占耕地，特别是永久基本农田。以**严控增量、盘活存量、提高流量**为基本导向，确定水、土地、能源等资源节约集约利用的目标、指标与实施策略。 （2）**历史文化和自然景观资源**：落实国家文化发展战略，深入挖掘历史文化资源，系统建立包括国家文化公园、世界遗产、各级文物保护单位、历史文化名城名镇名村、传统村落、历史建筑、非物质文化遗产、未核定公布为文物保护单位的不可移动文物、地下文物埋藏区、水下文物保护区等在内的历史文化保护体系，编撰名录。全面评价山脉、森林、河流、湖泊、草原、沙漠、海域等自然景观资源，保护自然特征和审美价值
	区域协调与规划传导	（1）**省际协调**：做好与相邻省份在生态保护、环境治理、产业发展、基础设施、公共服务等方面协商对接，确保省际之间生态格局完整、环境协同共治、产业优势互补，基础设施互联互通，公共服务共建共享。 （2）**省域重点地区协调**：明确省域重点区域的引导方向和协调机制，按照**内涵式、集约型、绿色化**的高质量发展要求，加大存量建设用地盘活力度，提高经济发展优势区域的经济和人口承载能力。 （3）**市县规划传导。** （4）**专项规划指导约束**
附录A	国土空间	国家主权与主权权利管辖下的地域空间，**包括陆地国土空间和海洋国土空间**
	国土空间用途管制	**以总体规划、详细规划为依据，对陆海所有国土空间的保护、开发和利用活动，按照规划确定的区域、边界、用途和使用条件等，核发行政许可、进行行政审批等**
	主体功能区	**以资源环境承载能力、经济社会发展水平、生态系统特征以及人类活动形式的空间分异为依据，划分出具有某种特定主体功能、实施差别化管控的地域空间单元**
	城市群	依托发达的交通通信等基础设施网络所形成的空间组织紧凑、经济联系紧密的城市群体
	都市圈	以中心城市为核心，与周边城镇在日常通勤和功能组织上存在密切联系的一体化地区，**一般为一小时通勤圈**，是区域产业、生态和设施等空间布局一体化发展的重要空间单元 【2020-44】

附录 A	城镇圈	以多个重点城镇为核心,空间功能和经济活动紧密关联、分工合作可形成小城镇整体竞争力的区域,**一般为半小时通勤圈**,是空间组织和资源配置的基本单元,体现城乡融合和跨区域公共服务均等化。【2020-53】 ♯辨析对比:都市圈是1小时通勤圈,城镇圈是半小时通勤圈
	生态单元	具有特定生态结构和功能的生态空间单元,体现区域(流域)生态功能系统性、完整性、多样性、关联性等基本特征
附录 C	主体功能分区类型	全国主体功能区由国家级主体功能区和省级主体功能区组成,省级主体功能区包括省级城市化发展区、农产品主产区和重点生态功能区,以及省级自然保护地、战略性矿产保障区、特别振兴区等重点区域名录

附录 D

· 规划指标体系见表 D.1,即表 4-1【2020-45,2022-57】【★★】

表 4-1 规划指标体系表

序号	类型	名称	单位	属性
1	生态保护类	生态保护红线面积	km²	约束性
2		用水总量	亿 m³	约束性
3		林地保有量	km²(万亩)	约束性
4		基本草原面积	km²(万亩)	约束性
5		湿地面积	km²(万亩)	约束性
6		新增生态修复面积	km²	预期性
7		自然岸线保有率(大陆自然海岸线保有率、重要河湖自然岸线保有率)	%	约束性
8	农业发展类	耕地保有量 (永久基本农田保护面积)	km²(万亩)	约束性
9		规模化畜禽养殖用地	km²(万亩)	预期性
10		海水养殖用海区面积	万亩	预期性
11	区域建设类	国土开发强度	%	预期性
12		城乡建设用地规模	km²	约束性
13		"1/2/3 小时"交通圈人口覆盖率	%	预期性
14		公路与铁路网密度	km/km²	预期性
15		单位 GDP 使用建设用地(用水)下降率	%	约束性

♯辨析约束性与预期性,关注类型与名称的对应【2023-27】

附录 D	指标含义	（1）用水总量：国家确定的规划水平年流域、区域用水总量控制性约束指标。【2020 - 54】 （2）**自然岸线保有率**：大陆自然海岸线保有率是指辖区内大陆自然海岸线长度与总长度的比例；重要河湖自然岸线保有率是指辖区内重要河湖自然岸线长度与总长度的比例。 （3）**国土开发强度**：建设用地总规模占行政区陆域面积的比例，建设用地总规模是指城乡建设用地、区域基础设施用地和其他建设用地规模之和。 （4）**"1/2/3 小时"交通圈人口覆盖率**：指以省级城市群为主要对象，其中，都市圈 1 小时通勤圈、城市群 2 小时商务圈以及主要城市 3 小时高铁交通圈的覆盖人口与总人口的比例 **#注意：主要城市 3 小时，不是所有城市 3 小时**
附录 F	成果构成	规划成果包括：**规划文本、规划图集、规划说明、专题研究报告**及其他材料【2020 - 86】
附录 H	空间参照系统	国土空间规划图件的平面坐标系统采用**"2000 国家大地坐标系"，高程系统采用"1985 国家高程基准"**。比例尺大于 1∶100 万时，采用高斯克吕格投影系统（6°分带），比例尺小于等于 1∶100 万时，采用双标准纬线等面积割圆锥投影系统（兰伯特投影），中央经线和标准纬线根据各区域辖区范围和形状确定。辖区面积小的区域可采用高斯克吕格投影（3°分带）

 典型习题

4-15（2021-14）根据《省级国土空间规划编制指南（试行）》，下列不属于区域协调和规划传导的重点管控性内容的是（ A ）。

A. 国家协调　　　　　　　　　　　B. 省际协调

C. 省域重点地区协调　　　　　　　D. 市县规划传导

4-16（2022-57）根据《省级国土空间规划编制指南（试行）》，下列属于省级国土空间规划中预期性指标（ B ）。

A. 生态保护面积　　　B. 海水养殖用海区面积

C. 湿地　　　　　　　D. 单位 GDP 使用建设用地下降率

4-17（2022-70）根据《省级国土空间规划编制指南（试行）》，下列不属于全国和省级战略性矿产集聚区名录的是（ C ）。

A. 国家规划矿区　　　B. 能源资源基地

C. 传统工矿城市地区　D. 重点勘查开采区

【考点9】《资源环境承载能力和国土空间开发适宜性评价指南（试行）》

学习提示	这部分考得很精细，考生记忆不准确，不容易得分
术语定义	**资源环境承载能力**：基于特定发展阶段、经济技术水平、生产生活方式和生态保护目标，一定地域范围内资源环境要素能够支撑农业生产、城镇建设等人类活动的最大合理规模
评价目标	分析区域资源禀赋予环境条件，研判国土空间开发利用问题和风险，识别**生态保护极重要区（含生态系统服务功能极重要区和生态极脆弱区）**，明确农业生产、城镇建设的最大合理规模和适宜空间，为编制国土空间规划，优化国土空间开发保护格局，完善区域主体功能定位，划定三条控制线，实施国土空间生态修复和国土综合整治重大工程提供基础性依据，促进形成以生态优先、绿色发展为导向的高质量发展新路子
工作流程	评价统一采用2000**国家大地坐标系**(CGCS2000)，**高斯 - 克吕格投影**。【★】 ♯考查角度：单选辨析 · 陆域部分采用1985**国家高程基准**。 · 海域部分采用**理论深度基准面高程基准**。【2020 - 77】 编制**县级以上**国土空间总体规划，应**先行开展"双评价"**，形成专题成果，随同级国土空间总体规划一并论证报批入库。【2020 - 60】 本底评价：针对**生态保护、农业生产（种植、畜牧、渔业）、城镇建设**三大核心功能开展本底评价【2020 - 89】
成果要求	评价成果包括**报告、表格、图件、数据集**等
成果应用	（1）支撑国土空间格局优化。 （2）支撑完善主体功能分区。 （3）支撑划定三条控制线。 （4）支撑规划指标确定和分解。 （5）支撑重大工程安排。 （6）支撑高质量发展的国土空间策略。 （7）支撑编制空间类专项规划【2020 - 100】 ♯考查角度：多选辨析

附录A	生态保护重要性评价【★】	**A.1.1 生态系统服务功能重要性** 评价水源涵养、水土保持、生物多样性维护、防风固沙、海岸防护等生态系统服务功能重要性，**取各项结果的最高等级作为生态系统服务功能重要性等级。**【2020-78】#辨析：不是平均等级 **A.1.1.1 水源涵养功能重要性** 通过降水量减去蒸散量和地表径流量得到的水源涵养量，评价生态系统水源涵养功能的相对重要程度。降水量大于蒸散量较多，且地表径流量相对较小的区域，水源涵养功能重要性较高。森林、灌丛、草地和湿地生态系统质量较高的区域，由于地表径流量小，水源涵养功能相对较高。一般地，将**累积水源涵养量最高的前50%区域**确定为水源涵养极重要区。在此基础上，结合大江大河源头区、饮用水水源地等边界进行适当修正。 **A.1.1.2 水土保持功能重要性** 通过生态系统类型、植被覆盖度和地形特征的差异，评价生态系统土壤保持功能的相对重要程度。一般地，森林、灌丛、草地生态系统土壤保持功能相对较高，植被覆盖度越高、坡度越大的区域，土壤保持功能重要性越高。**将坡度不小于25度（华北、东北地区可适当降低）且植被覆盖度不小于80%的森林、灌丛和草地确定为水土保持极重要区；在此范围外，将坡度不小于15度且植被覆盖度不小于60%的森林、灌丛和草地确定为水土保持重要区。**不同地区可对分级标准进行适当调整，同时结合水土保持相关规划和专项成果，对结果进行适当修正。 **A.1.1.3 生物多样性维护功能重要性** 生物多样性维护功能重要性在生态系统、物种和遗传资源三个层次进行评价。#考查角度：多选辨析 **在生态系统层次**，将原真性和完整性高，需优先保护的森林、灌丛、草地、内陆湿地、荒漠、海洋等生态系统评定为生物多样性维护极重要区；其他需保护的生态系统评定为生物多样性维护重要区。 **在物种层次，参考国家重点保护野生动植物名录、世界自然保护联盟（IUCN）濒危物种及中国生物多样性红色名录，确定具有重要保护价值的物种为保护目标，**将极危、濒危物种的集中分布区域、极小种群野生动植物的主要分布区域，确定为生物多样性维护极重要区；将省级重点保护物种等其他具有重要保护价值物种的集中分布区域，确定为生物多样性维护重要区。 **在遗传资源层次**，将重要野生的农作物、水产、畜牧等种质资源的主要天然分布区域，确定为生物多样性维护极重要区。 **A.1.1.4 防风固沙功能重要性** 通过干旱、半干旱地区生态系统类型、大风天数、植被覆盖度和土壤砂粒含量，评价生态系统防风固沙功能的相对重要程度。**一般地，森林、灌丛、草地生态系统防风固沙功能相对较高，大风天数较多、植被覆盖度较高、土壤砂粒含量高的区域，防风固沙功能重要性较高。**

	生态保护重要性评价【★】	**A.1.1.5　海岸防护功能重要性** 通过识别沿海防护林、红树林、盐沼等生物防护区域以及基岩、砂质海岸等物理防护区域，评价海岸防护功能的相对重要程度。 **A.1.2　生态脆弱性** 评价水土流失、石漠化、土地沙化、海岸侵蚀及沙源流失等生态脆弱性，取各项结果的最高等级作为生态脆弱性等级。#单选题辨析，最高等级还是平均等级？# 利用水土流失、石漠化、土地沙化专项调查监测的最新成果，按照以下规则确定不同的脆弱性区域：水力侵蚀强度为剧烈和极强烈的区域确定为水土流失极脆弱区，强烈和中度的区域确定为脆弱区；石漠化监测成果为重度及以上的区域确定为石漠化极脆弱区，中度区域确定为脆弱区；风力侵蚀强度为剧烈和极强烈的区域确定为土地沙化极脆弱区，强烈和中度的区域确定为脆弱区。 #这部分考的很精细，考生记忆不准确，不容易得分#
附录A	农业生产适宜性评价	**A.2.1　种植业生产适宜性** 以水、土、光、热组合条件为基础，结合土壤环境质量、气象灾害等因素，评价种植生产适宜程度。一般地，水资源丰度越高，地势越平坦，土壤肥力越好，光热越充足，土壤环境质量越好，气象灾害风险越低，盐渍化程度越低，且地块规模和连片程度越高，越适宜种植业生产。各地可根据当地条件确定种植业生产适宜区的具体判别标准。 原则上，将干旱（多年平均降水量低于200mm，云贵高原等蒸散力较强的区域可根据干旱指数，西北等农业供水结构中过境水源占比较大的区域可根据用水总量控制指标确定干旱程度），地形坡度大于25°（山区梯田可适当放宽），土壤肥力很差（粉砂含量大，或有机质少，或土壤厚度太薄难以耕种），光热条件不能满足作物一年一熟需要（大于等于0℃积温小于1500℃），土壤污染物含量大于风险管控值的区域，确定为种植业生产不适宜区。 **A.2.2　畜牧业生产适宜性** 畜牧业分为放牧为主的牧区畜牧业和舍饲为主的农区畜牧业。年降水量400mm等值线或10℃以上积温3200℃等值线是牧区和农区的分界线。根据当地自然地理条件，确定其畜牧业类型并开展适宜性评价。 牧区畜牧业主要分布在干旱、半干旱地区，受自然条件约束大。一般地，草原饲草生产能力越高（优质草原），雪灾、风灾等气象灾害风险越低，地势越平坦和相对集中连片，越适宜牧区畜牧业生产。 农区畜牧业主要分布在湿润、半湿润地区，受自然条件约束相对较小，主要制约因素是饲料供给能力、环境容量等。一般地，可将农区内种植生产适宜区全部确定为畜牧业适宜区。 **A.2.3　渔业生产适宜性** 按渔业捕捞、渔业养殖两类（含淡水和海水）评价渔业生产适宜性。

附录A	农业生产适宜性评价	渔业捕捞适宜程度主要取决于可捕获渔业资源、鱼卵和幼稚鱼数量、天然饵料供给能力等因素。**一般地，捕捞对象的资源量越丰富、鱼卵和幼稚鱼越多、天然饵料基础越好，渔业捕捞适宜程度越高。渔业资源再生产能力退化水域确定为渔业捕捞不适宜区。** 渔业养殖适宜程度主要取决于水域环境、自然灾害等因素。一般地，水质优良、自然灾害风险低的水域确定为渔业养殖适宜区。水质不达标或环境污染严重的水域确定为渔业养殖不适宜区
	城镇建设适宜性评价	**A.3.1 城镇建设不适宜区** 一般地，将**水资源短缺，地形坡度大于25°，海拔过高，地质灾害、海洋灾害危险性极高的区域**，确定为城镇建设不适宜区。**【2020-90】** 各地可根据当地实际细化或补充城镇建设限制性因素并确定具体判别标准。 海洋开发利用主要考虑港口、矿产能源等功能，将海洋资源条件差、生态风险高的区域，确定为海洋开发利用不适宜区

 典型习题

4-18（2021-26）下列评价工作中，不属于"双评价"本底评价的是（B）。

A. 生态保护重要性评价　　　　　B. 规划环境影响评价

C. 农业生产适宜性评价　　　　　D. 城镇建设适宜性评价

4-19（2022-20）《资源环境承载能力和国土空间开发适宜性评价指南（试行）》关于生态空间，农业空间，城镇空间，不准确的是（B）。

A. 明确农业生产城镇建设的最大合理规模和适宜空间是"双评价"工作的目标之一

B. 生态保护极重要区，重点识别的用地冲突类型有永久基本农田，公益林建设用地以及用海活动等

C. 农业生产适宜性评价中，若省级评价内容和精度可满足市县要求，市县评价可在省级，基础上综合分析

D. 建设适应性评价可结合实际，针对矿产资源，历史文化和自然景观，资源等开展必要的补充评价

【考点10】《自然资源部办公厅关于加强国土空间规划监督管理的通知》

学习提示	**此文件难度适用，考题以单选题为主，一般考1分**

规范规划编制审批	**建立健全国土空间规划"编""审"分离机制。**规划编制实行**编制单位终身负责制**；规划审查应充分发挥规划委员会的作用，实行参编单位专家回避制度，推动开展第三方独立技术审查。**【2020-48，2021-13】** **下级国土空间规划不得突破上级国土空间规划确定的约束性指标，不得违背上级国土空间规划的刚性管控要求。**各地不得违反国土空间规划约束性指标和刚性管控要求审批其他各类规划，不得以其他规划替代国土空间规划作为各类开发保护建设活动的规划审批依据
严格规划许可管理	坚持先规划、后建设。 严格依据规划条件和建设工程规划许可证开展规划核实。**无规划许可或违反规划许可的建设项目不得通过规划核实，不得组织竣工验收。【2020-58】** 农村地区要有序推进"多规合一"的实用性村庄规划编制和规划用地"多审合一、多证合一"，加强用地审批和乡村建设规划许可管理，坚持农地农用
实行规划全周期管理	加快建立完善国土空间基础信息平台，形成国土空间规划"一张图"，作为统一国土空间用途管制、实施建设项目规划许可、强化规划实施监督的依据和支撑。 建立规划编制、审批、修改和实施监督全程留痕制度，要在国土空间规划"一张图"实施监督信息系统中设置自动强制留痕功能；**尚未建成系统的，必须落实人工留痕制度，**确保规划管理行为全过程可回溯、可查询。**【2022-17】** 加强规划实施监测评估预警，按照**"一年一体检、五年一评估"**要求开展城市体检评估并提出改进规划管理意见

 典型习题

4-20（2021-13）根据《关于加强国土空间规划监督管理的通知》，下列说法不正确的是（A）。

A. 国土空间规划编制实行首席专家终身负责

B. 规划审查应充分发挥规划委员会的作用，实行参编单位专家回避制度，推动开展第三方独立技术审查

C. 规划修改必须严格落实法定程序要求，深入调查研究，征求利害关系人意见，组织专家论证，实行集体决策

D. 下级国土空间规划不得突破上级国土空间规划确定的约束性指标

4-21（2022-17）根据《自然资源部办公厅关于加强国土空间规划监督管理的通知》，下列关于土地规划编制实施管理的说法错误的是（D）。

A. "多规合一"基础上全面推进"多审合一、多证合一"

B. 编制单位终身负责制

C. 参编单位专家推动开展第三方独立技术审查

D. 尚未建立"一张图"实施监督体系不得人工留痕

第五章 国土空间规划相关规范文件

【考点1】《国土空间规划"一张图"建设指南（试行）》

学习提示	重点关注不同层级的平台建设的建设模式及统筹主体，具体建设细节可做一般性了解	
建设要求	建设目标	建设完善省、市、县各级国土空间基础信息平台，以第三次全国国土调查成果为基础，整合国土空间规划编制所需的各类空间关联数据，形成**坐标一致、边界吻合、上下贯通**的一张底图，作为国土空间规划编制的工作基础
		基于平台，同步推动**省、市、县各级国土空间规划"一张图"实施监督信息系统建设**，为建立健全国土空间规划动态监测评估预警和实施监管机制提供信息化支撑
	建设主体	**县以上地方各级人民政府**对本级平台和系统建设发挥领导统筹作用。 **县以上地方各级自然资源**主管部门是本级平台和系统建设的责任主体
加快推进国土空间基础平台建设	建设模式【★】	省级以下平台建设由省级自然资源主管部门统筹。 　　可采取省内统一建设模式，**建立省市县共用的统一平台**；也可以采用独立建设模式，**省市县分别建立本级平台**；或采用统分结合的建设模式，省市县部分统一建立、部分独立建立本级平台。【2022-94】 　　采取省级集中建设方式时，可基于互联网、业务网和涉密网应用，分类推进互联网版、政务版和涉密版平台建设，按照"成熟一个，接入一个"的原则，推进各级平台的对接
	形成一张底图	采用国家统一的测绘基准和测绘系统（**统一采用2000国家大地坐标系和1985国家高程基准作为空间定位基础**）在坐标一致、边界吻合、上下贯通的前提下，可整合集成遥感影像（高分辨率影像）、基础地理、基础地质、地理国情普查等现状类数据，共享发改、环保、住建、交通、水利、农业等部门国土空间相关信息，开展地类细化调查和补充调查，依托平台，形成一张底图，支撑国土空间规划编制
应用	①资源浏览；②专题图制作；③对比分析；④查询统计；⑤成果共享　#考查角度：多选辨析	

 典型习题

5-1（2022-94）根据《国土空间规划"一张图"建设指南（试行)》，下列关于国土空间基础信息平台的说法，正确的有（ ACDE ）。

A. 省级以下平台建设，由省级自然资源主管部门统筹
B. 省级以下平台建设，由国家自然资源主管部门统筹
C. 可以采取省内统一建设模式，建立省市县共用的统一平台
D. 可以采用独立建设模式，省市县分别建立本级平台
E. 可以采用统分结合的建设模式，省市县部分统一建立，部分独立建立本级平台

【考点 2】《第三次全国国土调查技术规程》

学习提示	考题非常细致，数据多，不容易得分
调查精度	4.3.1 农村土地利用现状调查采用优于 1m 分辨率覆盖全国的遥感影像资料；城镇内部土地利用现状调查，采用优于 0.2m 分辨率的航空遥感影像资料 4.3.2　最小上图图斑面积【★★】 　　调查最小上图图斑面积应符合下列要求：建设用地和设施农用地实地面积 200m²；农用地（不含设施农用地）实地面积 400m²；其他地类实地面积 600m²，荒漠地区可适当减低精度，但不应低于 1500m²。【2021-40】
调查界线及控制面积确定	5.1　界线组成：调查界线以国界线、零米等深线（即经修改的低潮线）和各级行政区界线为基础组成。调查界线仅用于面积统计汇总，与之不相符的权属界线予以保留 5.2　界线来源 5.2.1　国界采用国家确定的界线。 5.2.2　香港和澳门特别行政区界、台湾省界采用国家确定的界线。 5.2.3　零米等深线采用国家确定的界线。 5.2.4　海岸线即陆海分界线以大潮平均高潮线为准。 5.2.5　县级及县级以上行政区域界线采用全国陆地行政区域勘界成果确定的界线。乡镇级行政区域界线采用各县（市、区）最新确定的界线

DOM	7.1　遥感数据选取要求【★★】 遥感数据选取满足下列要求： 　a）光学数据单景云雪量一般不应超过 10%（特殊情况不应超过 20%），且云雪不能覆盖重点调查区域；【2021-34】 　b）成像侧视角一般小于 15°，最大不应超过 25°，山区不超过 20°； 　c）调查区内不出现明显噪声和缺行； 　d）灰度范围总体呈正态分布，无灰度值突变现象； 　e）相邻景影像间的重叠范围不应少于整景的 2%【2020-42】

 典型习题

5-2（2021-34）根据《第三次全国国土调查技术规程》，光学数据单景云雪量覆盖率一般不超过（ A ）。

A. 10%　　　　　　　　B. 15%　　　　　　　　C. 20%　　　　　　　　D. 30%

5-3（2021-40）根据《第三次全国国土调查技术规程》的技术要求表述，错误的是（ C ）。

A. 国家统一制作优于 1m 分辨率的数字正射影像图，统一开展图斑比对

B. 城镇内部土地利用现状调查采用优于 0.2m 分辨率的航空遥感影像资料

C. 建设用地和设施农用地最小上图图斑面积 100m^2

D. 调查比例尺由"二调"的 1∶10000 提高到 1∶5000

5-4（2020-42）根据《第三次全国国土调查技术规程》的技术要求表述，错误的是（ C ）。

A. 遥感数据成像视角一般小于 15°

B. 灰度范围总体呈正态分布，无灰度值突变现象

C. 相邻景影像间的重叠范围不应少于整景的 5%

D. DOM 以县级辖区为制作单元

【考点3】《关于规范和统一市县国土空间规划现状基数的通知》

学习提示	**题干会给出具体情形，考查具体的处理规则**
规划现状基数分类转换规则	一、规划现状基数矢量图斑和矢量成果专项用于国土空间规划编制，经审核后纳入国土空间规划"一张图"。不得更改"三调"成果数据。不得通过基数转换擅自将违法用地、用海合法化。 　二、尊重建设用地合法权益，在符合相关政策要求和规划管理规定的前提下，对已审批未建设的用地、用海等五种情形分类进行转换，具体详见附件1。【2022-18】

附件 1

规划现状基数分类转换规则

类别	具体情形	处理规则	"三调"地类情况
一、已审批未建设的用地	①已完成农转用审批手续(含增减挂钩建新用地手续),但尚未供地的	按照农转用审批范围和用途认定为建设用地	"三调"为非建设用地
	②已办理供地手续,但尚未办理土地使用权登记的	按土地出让合同或划拨决定书的范围和用途认定为建设用地	
	③已办理土地使用权登记的	按登记的范围和用途认定为建设用地	
二、未审批已建设的用地	"二调"以来新增的未审批建设的用地("二调"为非建设用地)	2020年1月1日以来已补办用地手续的,按照"三调"地类认定,其余按照"二调"地类认定	"三调"为建设用地
三、已拆除建筑物、构筑物的原建设用地	因低效用地再开发、原拆原建、矿山关闭后再利用等原因已先行拆除的	"二调"或年度变更调查结果为建设用地且合法的(取得合法审批手续或1999年以前调查为建设用地的),按照拆除前地类认定	"三调"为非建设用地
四、已审批未建设的用海	已取得用海批文或办理海域使用权登记的,允许继续填海的	按照用海批文或登记的范围和用途认定(用途为建设用地的认定为建设用地,用途为农用地的认定为农用地)	位于0米线之上,"三调"为非建设用地
五、未确权用海	围填海历史遗留问题清单中未确权已填海已建设的	按照围填海现状调查图斑范围和报自然资源部备案的省级人民政府围填海历史遗留问题处置方案认定(处置意见为拆除的,按照填海前分类认定;处置意见为保留的,按照"三调"地类认定)	位于0米线之上,"三调"为建设用地

典型习题

5 - 5(2022 - 18)根据《自然资源部办公厅关于规范和统一市县国土空间规划现状基数的通知》,对于已办土地出让手续,但尚未办理土地使用权登记的,如何认定建设用地(B)。

A. 农转程序的范围时间　　B. 土地出让合同或划拨合同的范围和用途

C. 国土空间开发适宜性评价　　D. 三类调地

【考点4】《第三次全国国土调查成果国家级核查方案（2018年）》

学习提示	**一般性文件，了解即可**
技术方法	充分运用**遥感（RS）、地理信息系统（GIS）、全球导航卫星系统（GNSS）和国土调查云**等技术手段，采用计算机自动比对与人机交互检查相结合，全面检查和抽样检查相结合，内业核查、"互联网＋"在线核查和外业实地核查相结合的技术方法，检查"三调"成果数据与遥感影像、举证照片和实地现状的一致性和准确性。【2020-37】 　1）自动比对。利用地理信息系统（GIS）自动叠加处理技术，实现多源矢量数据的快速叠加处理，遵循相应的逻辑规则，自动筛查错误图斑。 　2）内业核查。利用高分辨率遥感正射影像图、实地举证照片，与国土调查数据库中相关土地利用数据叠加套合，全面对比检查调查地类与影像及照片的一致性和准确性。 　3）外业核查。采用"互联网＋"云计算、卫星导航定位等技术，通过外业核查人员现场定位，数据、照片（视频）实时传输和动态调度，开展在线举证及外业实地核查

 典型习题

5-6（2020-37）未被《第三次全国国土调查成果国家级核查方案》明确采用的技术是（ D ）。

A. 遥感（RS）　　　　　　　　B. 地理信息系统（GIS）

C. 全球导航卫星系统（GNSS）　　D. 城市信息模型（CIM）基础平台

【考点5】《城镇开发边界划定指南》

学习提示	**重要文件，结合实务科目考试进行复习，注意城镇开发边界划线与相关政策**
基本概念	（1）**城镇开发边界**：如图5-1所示，城镇开发边界内可分为城镇集中建设区、城镇弹性发展区和特别用途区。城市、建制镇应划定城镇开发边界。【★★★】♯《城乡规划实务》科目考试必考 　（2）**城镇集中建设区**。 　（3）**城镇弹性发展区**。 　（4）**特别用途区**：主要包括与城镇关联密切的生态涵养、休闲游憩、防护隔离、自然和历史文化保护等地域空间。特别用途区原则上禁止任何城镇集中建设行为，实施建设用地总量控制，原则上不得新增除市政基础设施、交通基础设施、生态修复工程、必要的配套及游憩设施外的其他城镇建设用地

基本概念	 图 5-1 城镇开发边界
划定原则	（1）**不宜划入城镇开发边界的情况**： 1）基本农田。 2）法律法规或上位规划要求保护的区域，包括世界遗产、风景名胜区、自然保护区、森林公园、地质公园和水源保护地，以及其他生态脆弱或敏感性较高的区域。 3）活动地震断裂带，以及滑坡、泥石流、崩塌点、洪水淹没区等灾害易发区或地质危险区。 4）其他需要控制、预留或不宜建设的区域。 5）"开天窗"：无法划出城市开发边界的生态敏感区，灾害隐患点或其他禁止建设的区域，应明确保护范围或避让距离。 （2）**特殊情况下，城市开发边界可按下列方式划定**： 1）空间上邻近但不宜连片发展的城市，开发边界应避免重合，以预留生态隔离区域。 2）建设用地已经基本连片，上位规划明确为一体化发展的城市，可统一划定城市开发边界。 3）多中心、组团式发展的城市，城市开发边界可以为相互分离的多个闭合的范围
工作组织	（1）**划定主体**。城镇开发边界由**市、县人民政府在组织编制市县国土空间规划**中划定，具体工作由市、县自然资源主管部门负责。 （2）**职责分工**。 1）省、自治区人民政府应在省级国土空间规划中提出城镇体系格局，明确城镇定位、规模指标等控制性要求，提出省域范围内的城镇开发边界划定的总体目标、要求和原则，统筹协调城市群、都市圈的城镇开发边界划定工作，组织指导市县城镇开发边界划定工作。 2）市人民政府应依照上一级国土空间规划确定的城镇定位、规模指标等控制性要求，结合地方发展实际，明确市域范围内城镇开发边界划定的总体目标、完善城镇功能的重点区域、划定要求和原则；组织划定市辖区城镇开发边界；统筹指导所辖县的城镇开发边界划定工作，并提出县人民政府所在地镇（街道）、各类开发区的城镇开发边界指导方案。 3）县人民政府应依据市人民政府提出的指导方案，划定县域范围内的城镇开发边界，包括县人民政府所在地镇（街道）、其他建制镇、各类开发区等

划定技术流程	边界初划	**1) 规划期限。**城镇开发边界期限原则上与国土空间规划相一致。特大、超大城市以及资源环境超载的城市，应划定永久性开发边界。 **2) 城镇集中建设区。** ①结合城镇发展定位和空间格局，依据国土空间规划中确定的规划城镇建设用地规模，将规划集中连片、规模较大、形态规整的地域确定为城镇集中建设区、现状建成区，规划集中连片的城镇建设区和城中村、城边村，依法合规设立的各类开发区，国家、省、市确定的重大建设项目用地等应划入城镇集中建设区。 ②以**县（区）**为统计单元，划入城镇集中建设区的规划城镇建设用地原则上应高于县（区）域规划城镇建设用地总规模的**90%**。 **3) 城镇弹性发展区。** ①在与城镇集中建设区充分衔接、关联的基础上，在适宜进行城镇开发的地域空间合理划定城镇弹性发展区，做到规模适度、设施支撑可行。 ②城镇弹性发展区面积原则上不得超过**城镇集中建设区面积**15%，其中特大城市、超大城市的城镇弹性发展区面积原则上不得超过**城镇集中建设区面积的** 8%。 **4) 特别用途区。**根据地方实际，特别用途区应包括对城镇功能和空间格局有重要影响、与城镇空间联系密切的山体、河湖水系、生态湿地、风景游憩空间、防护隔离空间、农业景观、古迹遗址等地域空间。要做好与城镇集中建设区的蓝绿空间衔接，形成完整的城镇生态网络
	界划定入库	**1) 明晰边界。**尽量利用国家有关基础调查明确的边界、各类地理边界线、行政管辖边界、保护地界、权属边界、交通线等界线，将城镇开发边界落到实地，做到清晰可辨、便于管理。城镇开发边界由一条或多条连续闭合线组成，范围应尽量规整、少"开天窗"，单一闭合线围合面积原则上不小于$30hm^2$。 **2) 三线协调。**城镇开发边界应尽可能避让生态保护红线、永久基本农田。出于城镇开发边界完整性及特殊地形条件约束的考虑，零散分布或确需划入开发边界的生态保护红线和永久基本农田，可以"开天窗"形式不计入城镇开发边界面积，并按照生态保护红线、永久基本农田的保护要求进行管理。 **3) 上图入库。** ①划定成果矢量数据采用 2000 国家大地坐标系（CGCS2000），在第三次全国国土调查成果基础上，结合高分辨率卫星遥感影像图、地形图等基础地理信息数据，和国土空间规划成果一同上图入库，并纳入全国统一的自然资源部国土空间规划"一张图"。 ②已形成第三次国土调查成果并经认定的，可直接作为工作底数底图。相关调查数据存在冲突的，以过去 5 年真实情况为基础，根据功能合理性进行统一核定

划定技术流程	界划定入库	③三条控制线出现矛盾时，生态保护红线要保证生态功能的系统性和完整性，确保生态**功能不降低、面积不减少、性质不改变**；永久基本农田要保证适度合理的规模和稳定性，确保数量不减少、质量不降低；城镇开发边界要避让重要生态功能，不占或少占永久基本农田。目前已划入自然保护地核心保护区的永久基本农田、镇村、矿业权**逐步有序退出**；已划入自然保护地一般控制区的，根据对生态功能造成的影响确定是否退出，其中，造成明显影响的逐步有序退出，不造成明显影响的可采取依法依规相应调整一般控制区范围等措施妥善处理。协调过程中退出的永久基本农田在县级行政区域内同步补划，确实无法补划的在市级行政区域内补划。**【★★★】#实务考试必考**
	边界内管理	1）在城镇开发边界内建设，实行"详细规划＋规划许可"的管制方式，并加强与水体保护线、绿地系统线、基础设施建设控制线、历史文化保护线等控制线的协同管控。在不突破规划城镇建设用地规模的前提下，城镇建设用地布局可在城镇弹性发展范围内进行调整，同时相应核减城镇集中建设区用地规模。调整方案由国土空间规划审批机关的同级自然资源主管部门同意后，及时纳入自然资源部国土空间规划监测评估预警管理系统实施动态监管，调整原则上一年不超过一次。未调整为城镇集中建设区的城镇弹性发展区不得编制详细规划。 2）特别用途区原则上禁止任何城镇集中建设行为，实施建设用地总量控制，不得新增城镇建设用地。根据实际功能分区，在市县国土空间规划中明确用途管制方式

【考点6】《生态保护红线划定指南（2017年）》

学习提示	**重要文件，结合实务科目进行复习，注意生态红线划线与相关政策**
术语定义	**生态保护红线**：指在生态空间范围内具有特殊重要生态功能、必须强制性严格保护的区域，是保障和维护国家生态安全的底线和生命线，通常包括具有重要水源涵养、生物多样性维护、水土保持、防风固沙、海岸生态稳定等功能的生态功能重要区域，以及水土流失、土地沙化、石漠化、盐渍化等生态环境敏感脆弱区域。 **重点生态功能区**：指生态系统十分重要，关系全国或区域生态安全，需要在国土空间开发中限制进行大规模高强度工业化城镇化开发，以保持并提高生态产品供给能力的区域，主要类型包括水源涵养区、水土保持区、防风固沙区和生物多样性维护区。 **生态环境敏感脆弱区**：指生态系统稳定性差，容易受到外界活动影响而产生生态退化且难以自我修复的区域。 **禁止开发区域**：指依法设立的各级各类自然文化资源保护区，以及其他禁止进行工业化城镇化开发、需要特殊保护的重点生态功能区

Continued table

管控要求	（1）**功能不降低**。生态保护红线内的自然生态系统结构保持相对稳定，退化生态系统功能不断改善，质量不断提升。 （2）**面积不减少**。生态保护红线边界保持相对固定，生态保护红线面积只能增加，不能减少。 （3）**性质不改变**。严格实施生态保护红线国土空间用途管制，严禁随意改变用地性质
划定技术流程	**校验划定范围**：根据科学评估结果，将评估得到的生态功能极重要区和生态环境极敏感区进行叠加合并，并与以下保护地进行校验，形成生态保护红线空间叠加图，确保划定范围涵盖国家级和省级禁止开发区域，以及其他有必要严格保护的各类保护地。 （1）国家级和省级禁止开发区域：①国家公园；②自然保护区；③森林公园的生态保育区和核心景观区；④风景名胜区的核心景区；⑤地质公园的地质遗迹保护区；⑥世界自然遗产的核心区和缓冲区；⑦湿地公园的湿地保育区和恢复重建区；⑧饮用水水源地的一级保护区；⑨水产种质资源保护区的核心区；⑩其他类型禁止开发的核心保护区域。【★】 位于生态空间以外或人文景观类的禁止开发区域，不纳入生态保护红线。 （2）其他各类保护地
生态保护红线与自然保护地及其其他禁止开发区的关系（图5-2）	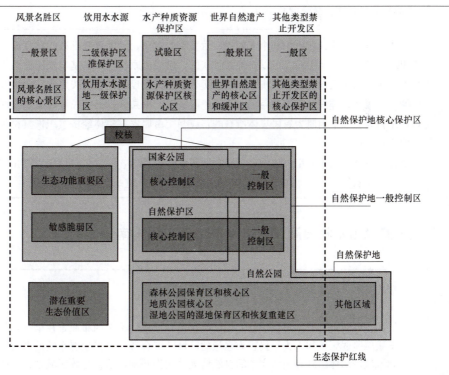 图5-2 生态保护红线与自然保护地及其其他禁止开发区的关系

97

 典型习题

5-7（2021-67）下列应划入生态保护红线的是（ C ）。

A. 海水养殖区   B. 永久基本农田

C. 饮用水一级保护区   D. 地下文物埋藏区

【考点 7】《基本农田保护条例》

学习提示	重要文件，结合实务科目进行复习，注意基本农田保护红线划线与相关政策
划定	**第十条** 下列耕地应当划入基本农田保护区，严格管理：【★★】 （一）经国务院有关主管部门或者县级以上地方人民政府批准确定的粮、棉、油生产基地内的耕地； （二）有良好的水利与水土保持设施的耕地，正在实施改造计划以及可以改造的中、低产田； （三）蔬菜生产基地； （四）农业科研、教学试验田
保护	**第十八条** 禁止任何单位和个人闲置、荒芜基本农田。经国务院批准的重点建设项目占用基本农田的，满 1 年不使用而又可以耕种并收获的，应当由原耕种该幅基本农田的集体或者个人恢复耕种，也可以由用地单位组织耕种；**1 年以上未动工建设的**，应当按照省、自治区、直辖市的规定缴纳闲置费；**连续 2 年未使用的**，经国务院批准，由县级以上人民政府无偿收回用地单位的土地使用权；该幅土地原为农民集体所有的，应当交由原农村集体经济组织恢复耕种，重新划入基本农田保护区。 承包经营基本农田的单位或者个人连续 2 年弃耕抛荒的，原发包单位应当终止承包合同，收回发包的基本农田

【考点 8】《山水林田湖草生态保护修复工程指南（试行）》

学习提示	一般性文件，了解即可
实施范围	依据国土空间规划及生态保护修复规划等相关专项规划确定的布局，在生态功能重要区域、生态环境敏感脆弱区域和人为干扰较为强烈的区域，综合考虑自然生态系统的系统性、完整性，以江河湖流域、山体山脉等相对完整的自然地理单元为基础，结合行政区域划分，科学合理确定工程实施范围和规模。**实施范围内可由一个或多个相互独立又有关联的子项目组成，工程实施范围应明确到所在的地（市）、县（市）、乡（镇）、村（组）**

修复要求	5.2.1 **自然保护地核心保护区**。按照禁止开发区域管控要求，加大封育力度，因病虫害、外来物种入侵、维持主要保护对象生存环境、森林防火等特殊情况，经批准可以开展重要生态修复工程，以及物种重引入、增殖放流、病害动植物清理等生态保护修复活动。 5.2.2 **生态保护红线内其他区域**。按照禁止开发区域管控要求，尽量减少人为扰动，除必要的地质灾害防治、防洪防护等安全工程和生态廊道建设、重要栖息地恢复和废弃修复工程外，原则上不安排人工工程。 5.2.3 **一般生态空间**。按照限制开发区域管控要求，调整优化土地利用结构布局，开展生态保护修复活动，鼓励探索陆域、海域复合利用，发挥生态空间的生态农业、生态牧业、生态旅游、生态文化等多种功能

 典型习题

5-8（2022-76）根据《山水林田湖草生态保护修复工程指南（试行）》，下列关于修复工程实施范围的表述，不准确的是（D）。

A. 在生态功能重要区域、生态环境敏感脆弱区域和人为干扰较为强烈的区域，综合考虑自然生态系统的系统性和完整性

B. 以江河湖流域、山体山脉等相对完整的自然地理单元为基础，结合行政区划分

C. 实施范围内可由一个或者多个相互独立又有关联的子项目组成

D. 明确到所在的地（市）县（市）、乡（镇）

【考点9】《国务院关于加强滨海湿地保护严格管控围填海的通知》

学习提示	一般性文件，了解即可，可结合实务科目进行复习
定义	**滨海湿地（含沿海滩涂、河口、浅海、红树林、珊瑚礁等）**是近海生物重要栖息繁殖地和鸟类迁徙中转站，是珍贵的湿地资源，具有重要的生态功能
严控新增围填海造地	（1）完善围填海总量管控，取消围填海地方年度计划指标，除国家重大战略项目外，全面停止新增围填海项目审批。 （2）新增围填海项目要同步强化生态保护修复，边施工边修复，最大程度避免降低生态系统服务功能。 （3）未经批准或骗取批准的围填海项目，由相关部门严肃查处，责令恢复海域原状，依法从重处罚

严格审批制度	党中央、国务院、中央军委确定的国家重大战略项目涉及围填海的，由国家发展改革委、自然资源部按照严格管控、生态优先、节约集约的原则，会同有关部门提出选址、围填海规模、生态影响等审核意见，按程序**报国务院**审批
加强海洋生态保护修复	（1）严守生态保护红线。对已经划定的海洋生态保护红线实施最严格的保护和监管，全面清理非法占用红线区域的围填海项目，确保海洋生态保护红线面积不减少、大陆自然岸线保有率标准不降低、海岛现有砂质岸线长度不缩短。 （2）加强滨海湿地保护。全面强化现有沿海各类自然保护地的管理，选划建立一批海洋自然保护区、海洋特别保护区和湿地公园。将天津大港湿地、河北黄骅湿地、江苏如东湿地、福建东山湿地、广东大鹏湾湿地等亟需保护的重要滨海湿地和重要物种栖息地纳入保护范围。 （3）强化整治修复。制定滨海湿地生态损害鉴定评估、赔偿、修复等技术规范。坚持自然恢复为主、人工修复为辅，加大财政支持力度，积极推进"蓝色海湾""南红北柳""生态岛礁"等重大生态修复工程，支持通过退围还海、退养还滩、退耕还湿等方式，逐步修复已经破坏的滨海湿地
建立长效机制	（1）健全调查监测体系。统一湿地技术标准，**结合第三次全国土地调查；对包括滨海湿地在内的全国湿地进行逐地块调查，对湿地保护、利用、权属、生态状况及功能等进行准确评价和分析，并建立动态监测系统，进一步加强围填海情况监测，及时掌握滨海湿地及自然岸线的动态变化。** （2）严格用途管制。坚持陆海统筹，将滨海湿地保护纳入国土空间规划进行统一安排，加强国土空间用途管制，提高环境准入门槛，严格限制在生态脆弱敏感、自净能力弱的海域实施围填海行为，严禁国家产业政策淘汰类、限制类项目在滨海湿地布局，实现山水林田湖草整体保护、系统修复、综合治理

【考点 10】《天然林保护修复制度方案》

学习提示	**一般性文件，了解即可**
目标任务	加快完善天然林保护修复制度体系，确保天然林面积逐步增加、质量持续提高、功能稳步提升。到 2035 年，天然林面积保有量稳定在**2 亿公顷**左右。到本世纪中叶，全面建成以**天然林**为主体的健康稳定、布局合理、功能完备的森林生态系统　#记忆数据

完善天然林管护制度	遵循天然林演替规律，**以自然恢复为主、人工促进为辅。** **对全国所有天然林实行保护，禁止毁林开垦、将天然林改造为人工林以及其他破坏天然林及其生态环境的行为。** 依据国土空间规划划定的**生态保护红线以及生态区位重要性、自然恢复能力、生态脆弱性、物种珍稀性**等指标，确定天然林保护重点区域，分区施策，分别采取封禁管理，自然恢复为主、人工促进为辅或其他复合生态修复措施
建立天然林用途管制制度	（1）**建立天然林休养生息制度。全面停止天然林商业性采伐。** 对纳入保护重点区域的天然林，除森林病虫害防治、森林防火等维护天然林生态系统健康的必要措施外，禁止其他一切生产经营活动。开展天然林抚育作业的，必须编制作业设计，经林业主管部门审查批准后实施。依托国家储备林基地建设，培育大径材和珍贵树种，维护国家木材安全。 （2）**严管天然林地占用。** 严格控制天然林地转为其他用途，除国防建设、国家重大工程项目建设特殊需要外，禁止占用保护重点区域的天然林地。在不破坏地表植被、不影响生物多样性保护前提下，可在天然林地适度发展生态旅游、休闲康养、特色种植养殖等产业
健全天然林修复制度	（1）建立退化天然林修复制度。 （2）强化天然林修复科技支撑。 （3）完善天然林保护修复效益监测评估制度

【考点 11】《国务院办公厅关于加强草原保护修复的若干意见》

学习提示	**一般性文件，了解即可**
主要目标	到 2025 年，草原保护修复制度体系基本建立，草畜矛盾明显缓解，草原退化趋势得到根本遏制，草原综合植被盖度稳定在57%左右，草原生态状况持续改善。 到 2035 年，草原保护修复制度体系更加完善，基本实现草畜平衡，退化草原得到有效治理和修复，草原综合植被盖度稳定在60%左右【2022 - 11】
工作措施	（1）**建立草原调查体系**。完善草原调查制度，整合优化草原调查队伍，健全草原调查技术标准体系。在第三次全国国土调查基础上，适时组织开展草原资源专项调查，全面查清**草原类型、权属、面积、分布、质量以及利用状况等底数**，建立草原管理基本档案。（自然资源部、国家林草局负责）。

工作措施	（2）**加大草原保护力度**。落实基本草原保护制度，把维护国家生态安全、保障草原畜牧业健康发展所需最基本、最重要的草原划定为基本草原，实施更加严格的保护和管理，确保基本草原面积不减少、质量不下降、用途不改变。严格落实生态保护红线制度和国土空间用途管制制度。加大执法监督力度，建立健全草原联合执法机制，严厉打击、坚决遏制各类非法挤占草原生态空间、乱开滥垦草原等行为。（国家林草局、自然资源部、生态环境部、农业农村部等按职责分工负责）。 （3）**完善草原自然保护地体系**。整合优化建立草原类型自然保护地，实行**整体保护、差别化管理**。开展自然保护地自然资源确权登记，**在自然保护地核心保护区，原则上禁止人为活动**；在自然保护地一般控制区和草原自然公园，实行负面清单管理，规范生产生活和旅游等活动，增强草原生态系统的完整性和连通性，为野生动植物生存繁衍留下空间，有效保护生物多样性（国家林草局、自然资源部、生态环境部等按职责分工负责）。**【2022-64】** （4）**加快推进草原生态修复**。实施草原生态修复治理，加快退化草原植被和土壤恢复，提升草原生态功能和生产功能。 （5）**统筹推进林草生态治理**。在干旱半干旱地区，坚持以水定绿，采取以草灌为主、林草结合方式恢复植被，增强生态系统稳定性

 典型习题

5-9（2022-11）《国务院办公厅关于加强草原保护修复的若干意见》中关于草原保护主要目标，说法，错误的是（B）。

A. 到 2025 年制度体系基本建立

B. 到 2025 年草原修复覆盖度稳定在 45%

C. 到 2035 年草原修复覆盖度稳定在 60%

D. 退化草原基本治理

5-10（2022-64）根据《国务院办公厅关于加强草原保护修复的若干意见》，下列错误的是（D）。

A. 整合优化建立草原类型自然保护地，实行整体保护、差别化管理

B. 实施草原生态修复治理，加快退化草原植被和土壤恢复，提升草原生态功能和生产功能

C. 在干旱半干旱地区，坚持以水定绿，采取以草灌为主、林草结合方式恢复植被，增强生态系统稳定性

D. 草原自然公园原则上严禁人类活动

【考点 12】《国家级公益林区划界定办法》

学习 提示	**一般性文件，了解即可**
总则	第五条　国家级公益林应当**在林地范围内进行区划，并将森林（包括乔木林、竹林和国家特别规定的灌木林）**作为主要的区划对象
区划 范围 和标 准	第七条　国家级公益林的区划范围。 　　（一）江河源头——重要江河干流源头，自源头起向上以分水岭为界，向下延伸 20 公里、汇水区内江河两侧最大 20 公里以内的林地；流域面积在 10000 平方公里以上的一级支流源头，自源头起向上以分水岭为界，向下延伸 10 公里、汇水区内江河两侧最大 10 公里以内的林地。其中，**三江源区划范围为自然保护区核心区内的林地**。 　　（三）**森林和陆生野生动物类型的国家级自然保护区以及列入世界自然遗产名录的林地**。 　　（四）**湿地和水库——重要湿地和水库周围 2 公里以内从林缘起，为平地的向外延伸 2 公里、为山地的向外延伸至第一重山脊的林地**。重要湿地是指同时符合以下标准的湿地：【★】 　　（1）列入《中国湿地保护行动计划》重要湿地名录和湿地类型国家级自然保护区的湿地。 　　（2）**长江以北地区面积在 8 万公顷以上、长江以南地区面积在 5 万公顷以上的湿地**。 　　（3）有林地面积占该重要湿地陆地面积 50％以上的湿地。 　　（4）流域、山体等类型除外的湿地
	第九条　按照本办法第七条标准和区划界定程序认定的国家级公益林，**保护等级分为两级**。 　　（一）属于林地保护等级一级范围内的国家级公益林，划为一级国家级公益林。林地保护等级一级划分标准执行《县级林地保护利用规划编制技术规程》。 　　（二）一级国家级公益林以外的，划为二级国家级公益林

【考点 13】《国家级公益林管理办法》

学习 提示	**一般性文件，了解即可**
条文	第三条　国家级公益林管理遵循**"生态优先、严格保护，分类管理、责权统一，科学经营、合理利用"**的原则
	第八条　县级以上林业主管部门或者其委托单位应当与林权权利人签订管护责任书或管护协议，明确国家级公益林管护中各方的权利、义务，约定管护责任。

条文	权属为国有的国家级公益林，管护责任单位为国有林业局（场）、自然保护区、森林公园及其他国有森林经营单位。 　　权属为集体所有的国家级公益林，管护责任单位主体为集体经济组织。 权属为个人所有的国家级公益林，管护责任由其所有者或者经营者承担。无管护能力、自愿委托管护或拒不履行管护责任的个人所有国家级公益林，可由县级林业主管部门或者其委托的单位，对其国家级公益林进行统一管护，代为履行管护责任
	第九条　严格控制勘查、开采矿藏和工程建设使用国家级公益林地
	第十二条　一级国家级公益林原则上不得开展生产经营活动，严禁打枝、采脂、割漆、剥树皮、掘根等行为
	第十五条　对国家级公益林实行"总量控制、区域稳定、动态管理、增减平衡"的管理机制
	第十七条　国家级公益林的调出，以不影响整体生态功能、保持集中连片为原则，一经调出，不得再次申请补进

 典型习题

5-11（2020-86）下列关于国家级公益林的说法不正确的是（ BCE ）。

A. 权属为国有的国家级公益林，管护责任单位为国有林业局（场）、自然保护区、森林公园及其他国有森林经营单位

B. 权属为集体所有的国家级公益林，管护责任单位主体为县级人民政府

C. 一级国家级公益林，不得开展任何形式的生产经营活动

D. 国家级公益林实行"总量控制、区域稳定、动态管理、增减平衡"的管理机制

E. 国家级公益林不得调出

【考点 14】《"十四五"海洋生态环境保护规划（2022 年)》

学习提示	**注意指标数据的记忆**
目标指标	远景目标。展望 2035 年，沿海地区绿色生产生活方式广泛形成，海洋生态环境根本好转，美丽海洋建设目标基本实现。①海洋环境质量短板全面补齐，海洋生态系统质量和稳定性明显提升，海洋生物多样性得到有效保护；②80％以上的大中型海湾基本形成"水清滩净、鱼鸥翔集、人海和谐"的美丽海湾，人民群众对优美海洋生态环境的需要得到满足；③海洋生态环境治理体系和治理能力基本实现现代化

目标 指标	"十四五"规划目标。锚定 2035 年远景目标，"十四五"时期全国海洋生态环境保护的主要目标是：①海洋环境质量持续稳定改善；②海洋生态保护修复取得实效；③美丽海湾建设稳步推进；④海洋生态环境治理能力不断提升
	"十四五"规划主要指标。①近海海域水质优良（一、二类）比例达到 79％左右；②国控河流入海断面劣 V 类水质比例基本消除；③自然岸线保有率＞35％；④整治修复岸线长度≥400千米；⑤整治修复滨海湿地面积≥2 万公顷；⑥推进美丽海湾建设数量 50 个左右【★】♯记忆数据

【考点 15】《省级海岸带综合保护与利用规划编制指南（试行）》（2021 年）

学习 提示	注意不同概念的辨析，对于海洋功能区类型需要重点掌握，特别可能在实务科目出现
术语	（1）海岸线。海岸线为海陆分界线，在我国系指多年大潮平均高潮位时海陆分界痕迹线。♯考查角度：概念，注意不是平均低潮位 （2）自然岸线。指海陆相互作用形成的海岸线，包括砂质岸线、淤泥质岸线、基岩岸线、生物岸线等原生岸线。整治修复后具有自然海岸形态特征和生态功能的海岸线纳入自然岸线管控目标管理。♯考查概念 （3）滨海湿地。指沿海滩涂、河口三角洲、沙滩、红树林和珊瑚礁等典型生态系统集中分布区域，以及近海生物重要栖息繁殖地和鸟类迁徙中转站。 （4）限制利用岸线。指自然形态保持基本完整、生态功能与资源价值较好、开发利用程度较低的岸线。 （5）严格保护岸线。指优质沙滩、典型地质地貌景观、重要滨海湿地、红树林、珊瑚礁等自然形态保持完好、生态功能与资源价值显著的岸线。 （6）公众亲海空间。指具有观海、亲海功能且向公众无条件开放，不需依据特殊途径即可便利到达的海岸活动区域，主要包括优质开放式沙滩、滨海浴场、滨海公园、沿海观景廊道、慢行步栈道及其他具有亲海功能的海岸带空间区域，其所在岸线为亲海岸线
规划 定位	海岸带规划是国土空间规划的专项规划，是陆海统筹的专门安排，是海岸带高质量发展的空间蓝图。省级海岸带规划是全国海岸带规划的落实，是对省级国土空间总体规划的补充与细化，在国土空间总体规划确定的主体功能定位以及规划分区基础上，统筹协调海岸带资源节约集约利用、生态保护修复、产业布局优化、人居环境品质提升等开发保护活动，有效传导到下位总体规划和详细规划

（1）海洋功能分区。根据海域区位、资源和生态环境等属性，基于"双评价"结果，继承和优化原海洋功能区划分区体系，结合新时期海洋空间管控要求以及产业海需求等，划定海洋功能区，并将海洋发展区细分为渔业用海区、交通运输用海区工矿通信用海区、游憩用海区、特殊用海区和海洋预留区等功能区，具体包括 3 类一级区、8 类二级区。其中，海洋发展区可根据地方实际情况，细分至 19 类三级区，具体见表 5-1 和表 5-2。【★★★】

＃考查哪些是一级区，哪些是二级区

表 5-1   海 洋 功 能 区 类 型

目标	序号	一级区	序号	二级区
保护与保留	1	生态保护区	1	生态保护区
	2	生态控制区	2	生态控制区
开发与利用	3	海洋发展区	3	渔业用海区
			4	交通运输用海区
			5	工矿通信用海区
			6	游憩用海区
			7	特殊用海区
			8	海洋预留区

表 5-2   海 洋 发 展 区 类 型

目标	序号	二级区	序号	三级区
海洋发展区	1	渔业用海区	1	渔业基础设施区
			2	增养殖区
			3	捕捞区
	2	交通运输用海区	4	港口区
			5	航运区
			6	路桥隧道区
	3	工矿通信用海区	7	工业用海区
			8	盐田用海区
			9	固体矿产用海区
			10	油气用海区
			11	可再生能源用海区
			12	海底电缆管道用海区
	4	游憩用海区	13	风景旅游用海区
			14	文体休闲娱乐用海区
	5	特殊用海区	15	军事用海区
			16	水下文物保护区
			17	海洋倾倒区
			18	其他特殊用海区
	6	海洋预留区	19	海洋预留区

规划分区

规划分区	(2) 利用方式。明确功能区利用方式控制要求，可根据资源环境条件和开发利用现状，采用逻辑判别和指标加权等方法将利用方式按照禁止改变海域自然属性、严格限制改变海域自然属性、允许适度改变海域自然属性三类确定。用海方式控制要求可参照以下 3 个级别制定： 1) 禁止改变海域自然属性。 2) 严格限制改变海域自然属性。 3) 允许适度改变海域自然属性
资源分类管控	(1) 岸线分类保护与利用。根据自然资源条件和开发程度，将海岸线划分为**严格保护、限制开发和优化利用三个类别**，结合自然地理单元进行岸线分段和编号，分类分段明确管控要求，强化岸线两侧陆海统筹管控，实现岸线精细化管理。**将优质沙滩、典型地质地貌景观、重要滨海湿地、红树林、珊瑚礁等所在海岸线划为严格保护岸线；将自然形态保持基本完整、生态功能与资源价值较好、开发利用程度较低的海岸线划为限制开发岸线；将港口航运、临海工业等所在岸线划为优化利用岸线。** (2) 加强海岛严管严控。**将领海基点所在海岛及领海基点保护范围内海岛、国防用途海岛、自然保护地内海岛以及具有珍稀濒危野生动植物及栖息地、重要自然遗迹等特殊保护价值和未开发利用的无居民海岛原则上划入生态保护红线，纳入生态保护区；将生态保护区以外的已开发利用无居民海岛纳入海洋发展区，其他无居民海岛纳入生态控制区，限制开发利用**

海岸带规划指标体系

(1) 指标性质。规划指标分为约束性指标、预期性指标。

(2) 指标体系。见表 5-3。

表 5-3　　　　海岸带规划指标体系

指标类型	序号	主要指标		属性	基期数据	2025 年目标	2035 年目标
生态保护修复	1	海洋生态空间面积（km²）		**约束性**			
	2	生态保护红线面积（km²）		**约束性**			
	3	大陆自然岸线保有率（%）		**约束性**			
	4	新增生态修复空间	修复岸线长度（km）	预期性			
			修复滨海湿地面积（km²）	预期性			
			营造防护林面积（km²）	预期性			
			修复无居民海岛个数（个）	预期性			
	5	退围还滩还海面积（km²）		预期性			
	6	近岸海域优良水质比例（%）		**约束性**			
资源开发利用	7	产业园区工业用地固定资产投入强度（万元/公顷）		预期性			
	8	沿海港口岸线利用效率（t/km）		预期性			
	9	深水远岸养殖面积占比（%）		预期性			
	10	淡化水资源配置量（亿 m³）		预期性			

指标类型	序号	主要指标	属性	基期数据	2025年目标	2035年目标
海岸带规划指标体系						
人居环境提升	11	亲海岸线长度（km）	预期性			
	12	人均应急避难场所面积（m²）	预期性			
	13	海岸带生态文明创建	美丽海湾（个）	预期性			
			美丽渔村（个）	预期性			
			和美海岛（个）	预期性			

注：指标统计范围为规划研究范围。

（3）指标解释。

1）**生态保护红线面积：陆海生态保护红线总面积。**

2）**大陆自然岸线保有率：辖区内大陆自然海岸线保有量（长度）占大陆海岸线总长度的百分比**

数据库	保护成效评估台账是以**县级**行政区为基本单元 数据库内容。生态保护红线监管台账数据库主要以生态保护红线监管台账要素为核心，包括生态保护红线面积要素、红线性质要素、红线功能要素、红线管理要素、特色指标要素、遥感影像要素、基础地理要素等。 要素分类与编码。本标准采用线分类法和分层次编码方法，将生态保护红线监管台账数据库要素分为大类、中类和小类三类

【考点16】《关于加快推进永久基本农田核实整改补足和城镇开发边界划定工作的函（2021年）》

学习提示	**一般性文件，了解即可**
永久基本农田核实整改补足规则	**永久基本农田核实整改补足规则**	工作任务：以现有永久基本农田为基础，开展核实整改补足工作。充分运用三调成果和最新卫星遥感影像，组织对本省（区、市）永久基本农田进行全面核实，掌握利用现状。落实永久基本农田保护任务（另行下达），**将现状永久基本农田中的非耕地、不稳定利用耕地等实事求是调出，在稳定利用耕地中补足**
		在统筹城镇开发边界划定与永久基本农田核实整改补足过程中，重点把握几点：**一是通过对永久基本农田核实整改补足，优先划定永久基本农田；二是以现有永久基本农田为基础，在稳定利用耕地中补足；三是城镇开发边界划定时，涉及永久基本农田的，以"开天窗"的形式予以保留；四是纳入国土空间总体规划的线性基础设施范围同步调整补足**

永久基本农田核实整改补足规则	整改补足规则	1）在现有永久基本农田保护范围内，三调调查为长期稳定利用耕地的，原则上继续保留。属于下列情形的，应当调出：①三调调查为非耕地和 25 度以上坡耕地、河道耕地、湖区耕地、林区耕地、牧区耕地、沙漠化耕地、石漠化耕地、盐碱耕地等不稳定利用的耕地；②位于生态保护红线内按要求需退出的耕地；③经国务院同意，已纳入生态退耕规划范围的耕地；④土壤污染详查为严格管控类、经论证无法恢复治理的耕地；⑤纳入市县国土空间总体规划的线性基础设施占用的耕地，但调整时同步补足；⑥三调时为耕地，三调后新增的建设占用、植树造林等，经论证确需保留的。【★★】 2）依据永久基本农田保护任务，在长期稳定利用耕地中，按照以下质量优先序，调整补足永久基本农田：①未划入永久基本农田的已建和在建高标准农田；②有良好水利与水土保持设施的集中连片优质耕地；③土地综合整治新增加的耕地；④未划入永久基本农田的黑土区耕地
城镇开发边界划定规则	总体要求	一是统筹发展与安全，坚持保护优先，在确保粮食安全、生态安全等资源环境底线约束的基础上，划定城镇开发边界，确保"三条控制线"不交叉冲突；二是坚持节约集约、紧凑发展，通过划定城镇开发边界，改变以用地规模扩张为主的发展模式，推动城市发展由外延扩张式向内涵提升式转变；三是因地制宜，基于自然地理格局和城市发展规律，结合当地实际划定城镇开发边界，引导促进城镇空间结构和功能布局优化，避免城镇开发边界碎片化，为城市未来发展留有合理的弹性空间
	划定规则	1）守住自然生态安全边界。城镇开发边界不得侵占和破坏山水林田湖草沙的自然空间格局。 2）将资源环境承载能力和国土空间开发适宜性评价（简称"双评价"）结果作为划定城镇开发边界的重要基础。避让地质灾害风险区、蓄滞洪区等不适宜建设区域。 3）贯彻"以水定城、以水定地、以水定人、以水定产"的原则，根据水资源约束底线和利用上限，引导人口、产业利用的合理规模和布局。 4）"三调"的现状城镇集中建成区应划入城镇开发边界。 5）落实生态保护红线划定方案和耕地保护任务，统筹推进永久基本农田核实整改补足和城镇开发边界划定工作。涉及长期稳定利用耕地的，以"开天窗"的形式予以标注，不计入城镇开发边界面积。 6）发挥好城市周边重要生态功能空间和永久基本农田对城市"摊大饼"式扩张的阻隔作用。重视区域协调发展，促进形成多中心、网络化、组团式的空间布局。 7）划定城镇开发边界不预设比例，不与城镇建设用地规模指标挂钩。应基于城镇的发展潜力、用地条件、空间分布特点等划定城镇开发边界，体现城镇功能的整体性和开发建设活动的关联性。 8）对于近五年来城镇常住人口规模减小的、存在大量批而未建或闲置土地的市、县（区），预留的弹性空间应从严控制。 9）城镇开发边界由一条或多条连续闭合的包络线组成。边界划定应充分利用河流、山川、交通基础设施等自然地理和地物边界，形态尽可能完整，便于识别、便于管理

【考点 17】《市级国土空间总体规划编制指南（试行）》

学习提示		重点掌握文件，需要精读。特别是规划分区部分、强制性内容部分，实务科目必考
总体要求	适用范围	适用于**市级**(包括副省级和地级城市)国土空间总体规划（以下简称市级总规）编制。**地区、州、盟**可参照执行。 **直辖市**可结合本指南和《省级国土空间规划编制指南》(试行)有关要求编制
	规划定位	是市域国土空间**保护、开发、利用、修复和指导**各类建设的行动纲领。 市级总规要体现**综合性、战略性、协调性、基础性和约束性**，落实和深化上位规划要求，为**编制下位国土空间总体规划、详细规划、相关专项规划和开展各类开发保护建设活动、实施国土空间用途管制提供基本依据**
	工作原则	(1) 贯彻新时代新要求。坚持**底线思维**，在习近平生态文明思想和总体国家安全观指导下编制规划，将城市作为有机生命体，探索**内涵式、集约型、绿色化**的高质量发展新路子。 (2) 突出公共政策属性。坚持体现市级总规的**公共政策属性，坚持问题导向、目标导向、结果导向相结合，坚持以战略为引领**，按照"**问题-目标-战略-布局-机制**"的逻辑，针对性地制定规划方案和实施政策措施，确保规划能用、管用、好用，更好发挥规划在空间治理能力现代化中的作用。 (3) 创新规划工作方法。**强化城市设计、大数据、人工智能**等技术手段对规划方案的辅助支撑作用，提升规划编制和管理水平
	规划范围期限和层次	规划范围包括市级行政辖区内**全部陆域和管辖海域国土空间**。 市级总规一般包括**市域和中心城区**两个层次。**市域要统筹全域全要素规划管理，侧重国土空间开发保护的战略部署和总体格局；中心城区要细化土地使用和空间布局，侧重功能完善和结构优化；市域与中心城区要落实重要管控要素的系统传导和衔接** ♯考查角度：多选辨析，总体规划的两个层次
	编制主体与程序	规划编制应坚持**党委领导、政府组织、部门协同、专家领衔、公众参与**的工作方式。**市级人民政府负责市级总规组织编制工作，市级自然资源主管部门会同相关部门承担具体编制工作。**♯注意搭配。领导、组织、领衔、参与的主语不能错误。 工作程序主要包括**基础工作、规划编制、规划设计方案论证、规划公示、成果报批、规划公告**等
	成果形式	规划成果包括**规划文本、附表、图件、说明、专题研究报告、国土空间规划"一张图"**相关成果等

基础工作	统一底图底数	统一采用**2000国家大地坐标系和1985国家高程基准**作为空间定位基础，形成坐标一致、边界吻合、上下贯通的工作底图。沿海地区要增加所辖海域海岛底图底数
主要内容		按照**以水定城、以水定地、以水定人、以水定产原则**，优化生产、生活、生态用水结构和空间布局，重视雨水和再生水等资源利用，建设节水型城市【2020-19】

附录A 名词解释和说明

(1) **都市圈**：以中心城市为核心，与周边城乡在日常通勤和功能组织上存在密切联系的一体化地区，一般为**一小时通勤圈**，是带动区域产业、生态和服务设施等一体化发展的空间单元。

(2) **城镇圈**：以重点城镇为核心，空间服务功能和经济社会活动紧密关联的城乡一体化区域，一般为**半小时通勤圈**，是统筹城乡空间组织和资源配置的基础单元，体现城乡融合和公共服务的共建共享。

(3) **城乡生活圈**：按照以人为核心的城镇化要求，围绕全年龄段人口的居住、就业、游憩、出行、学习、康养等全面发展的生活需要，在一定空间范围内，形成日常出行尺度的功能复合的城乡生活共同体。对应不同时空尺度，城乡生活圈可分为都市生活圈、城镇生活圈、社区生活圈等；其中，**社区生活圈应作为完善城乡服务功能的基本单元**。

(4) **中心城区**：市级总规关注的重点地区，根据实际和本地规划管理需求等确定，**一般包括城市建成区及规划扩展区域，如核心区、组团、市级重要产业园区等；一般不包括外围独立发展、零星散布的县城及镇的建成区**。

(5) **城市体检评估**：依据市级总规等国土空间规划，按照**"一年一体检、五年一评估"**，对城市发展体征及规划实施情况定期进行的分析和评价，是促进和保障国土空间规划有效实施的重要工具

附录B 规划分区

• **分区类型**：划分区分为一级规划分区和二级规划分区，见表5-4。【★★★】♯非常重要《城乡规划法规》和《城乡规划实务》两个科目都会考

表5-4　　　　　　　　　　　规 划 分 区 建 议

一级规划分区	二级规划分区	含义
生态保护区		具有特殊重要生态功能或生态敏感脆弱、必须强制性严格保护的陆地和海洋自然区域，包括陆域生态保护红线、海洋生态保护红线集中划定的区域
生态控制区		生态保护红线外，需要予以保留原貌、强化生态保育和生态建设、限制开发建设的陆地和海洋自然区域
农田保护区		永久基本农田相对集中需严格保护的区域

一级规划分区	二级规划分区		含义
城镇发展区	城镇集中建设区		城镇开发边界围合的范围，是城镇集中开发建设并可满足城镇生产、生活需要的区域
		居住生活区	以住宅建筑和居住配套设施为主要功能导向的区域
		综合服务区	以提供行政办公、文化、教育、医疗以及综合商业等服务为主要功能导向的区域
		商业商务区	以提供商业、商务办公等就业岗位为主要功能导向的区域
		工业发展区	以工业及其配套产业为主要功能导向的区域
		物流仓储区	以物流仓储及其配套产业为主要功能导向的区域
		绿地休闲区	以公园绿地、广场用地、滨水开敞空间、防护绿地等为主要功能导向的区域
		交通枢纽区	以机场、港口、铁路客货运站等大型交通设施为主要功能导向的区域
		战略预留区	在**城镇集中建设区**中，为城镇重大战略性功能控制的留白区域
	城镇弹性发展区		为应对城镇发展的不确定性，在满足特定条件下方可进行城镇开发和集中建设的区域
	特别用途区		为完善城镇功能，提升人居环境品质，保持城镇开发边界的完整性，根据规划管理需划入开发边界内的重点地区，主要包括与城镇关联密切的生态涵养、休闲游憩、防护隔离、自然和历史文化保护等区域
乡村发展区			农田保护区外，为满足农林牧渔等农业发展以及农民集中生活和生产配套为主的区域
	村庄建设区		**城镇开发边界外**，规划重点发展的村庄用地区域
	一般农业区		以农业生产发展为主要利用功能导向划定的区域
	林业发展区		以规模化林业生产为主要利用功能导向划定的区域
	牧业发展区		以草原畜牧业发展为主要利用功能导向划定的区域
海洋发展区			允许集中开展开发利用活动的海域，以及允许适度开展开发利用活动的无居民海岛
	渔业用海区		以渔业基础设施建设、养殖和捕捞生产等渔业利用为主要功能导向的海域和无居民海岛
	交通运输用海区		以港口建设、路桥建设、航运等为主要功能导向的海域和无居民海岛
	工矿通信用海区		以临海工业利用、矿产能源开发和海底工程建设为主要功能导向的海域和无居民海岛
	游憩用海区		以开发利用旅游资源为主要功能导向的海域和无居民海岛
	特殊用海区		以污水达标排放、倾倒、军事等特殊利用为主要功能导向的海域和无居民海岛
	海洋预留区		规划期内为重大项目用海用岛预留的控制性后备发展区域

附录B 规划分区

一级规划分区	二级规划分区	含义
矿产能源 发展区		为适应国家能源安全与矿业发展的重要陆域采矿区、战略性矿产 储量区等区域

规划指标体系表见表 5-5。

表 5-5   **规划指标体系表**

编号	指标项	指标属性	指标层级
一、空间底线			
1	生态保护红线面积（km²）	约束性	市域
2	用水总量（亿 m³）	约束性	市域
3	永久基本农田保护面积（km²）	约束性	市域
4	耕地保有量（km²）	约束性	市域
5	建设用地总面积（km²）	约束性	市域
6	城乡建设用地面积（km²）	约束性	市域
7	林地保有量（km²）	约束性	市域
8	基本草原面积（km²）	约束性	市域
9	湿地面积（km²）	约束性	市域
10	大陆自然海岸线保有率（%）【2021-48】	约束性	市域
11	自然和文化遗产（处）	预期性	市域
12	地下水水位（m）	建议性	市域
13	新能源和可再生能源比例（%）	建议性	市域
14	本地指示性物种种类（本地指示性物种种类不降低）	建议性	市域
二、空间结构与效率			
15	常住人口规模（万人）	预期性	市域、中心城区
16	常住人口城镇化率（%）	预期性	市域
17	人均城镇建设用地面积（m²）	约束性	市域、中心城区
18	人均应急避难场所面积（m²）	预期性	中心城区
19	道路网密度（km/km²）	约束性	中心城区
20	轨道交通站点 800m 半径服务覆盖率（%）	建议性	中心城区
21	都市圈 1 小时人口覆盖率（%）	建议性	市域
22	每万元 GDP 水耗（m³）	预期性	市域
23	每万元 GDP 地耗（m²）	预期性	市域
三、空间品质			
24	公园绿地、广场步行 5min 覆盖率（%）	约束性	中心城区
25	卫生、养老、教育、文化、体育等社区公共服务设施 步行 15min 覆盖率（%）	预期性	中心城区
26	城镇人均住房面积（m²）	预期性	市域
27	每千名老年人养老床位数（张）	预期性	市域
28	每千人口医疗卫生机构床位数（张）	预期性	市域

附录
B
规划
分区

附录
E
规划
指标
体系

编号	指标项	指标属性	指标层级
29	人均体育用地面积（m²）	预期性	中心城区
30	人均公园绿地面积（m²）	预期性	中心城区
31	绿色交通出行比例（％）	预期性	中心城区
32	工作日平均通勤时间（min）	建议性	中心城区
33	降雨就地消纳率（％）	预期性	中心城区
34	城镇生活垃圾回收利用率（％）	预期性	中心城区
35	农村生活垃圾处理率（％）	预期性	市域

注：各地可因地制宜增加相应指标。

附录E 规划指标体系

• **自然和文化遗产**：由各级政府和部门依法认定公布的自然和文化遗产数量。一般包括：世界遗产、国家文化公园、风景名胜区、文化生态保护区、历史文化名城名镇名村街区、传统村落、文物保护单位和一般不可移动文物、历史建筑，以及其他经行政认定公布的遗产类型。

• **新能源和可再生能源比例**：在消费的各种能源中，新能源和可再生能源折算标准量累计后占能源消费总量的比例。

• **常住人口规模**：实际经常居住半年及以上的人口数量。

• **常住人口城镇化率**：城镇常住人口占常住人口的比例。

• **人均城镇建设用地面积**：城市、建制镇范围内的建设用地面积与城镇常住人口规模的比值。

• **轨道交通站点800m半径服务覆盖率**：轨道交通站点800m半径范围内覆盖的人口与就业岗位占总人口与就业岗位的比例。

• **公园绿地、广场步行5min覆盖率**：400m²以上公园绿地、广场用地周边5min步行范围覆盖的居住用地占所有居住用地的比例。

• **卫生、养老、教育、文化、体育等社区公共服务设施步行15min覆盖率**：卫生、养老、教育、文化、体育等各类社区公共服务设施周边15min步行范围覆盖的**居住用地占所有居住用地的比例**（分项计算）【2022-79】

附录F 强制性内容

• 市级总规中强制性内容应包括：【★★★】♯重要内容

（1）约束性指标落实及分解情况，如生态保护红线面积、用水总量、永久基本农田保护面积等；

（2）生态屏障、生态廊道和生态系统保护格局，自然保护地体系；

（3）生态保护红线、永久基本农田和城镇开发边界三条控制线；

（4）涵盖各类历史文化遗存的历史文化保护体系，历史文化保护线及空间管控要求；

（5）中心城区范围内结构性绿地、水体等开敞空间的控制范围和均衡分布要求；

（6）城乡公共服务设施配置标准，城镇政策性住房和教育、卫生、养老、文化体育等城乡公共服务设施布局原则和标准；

（7）重大交通枢纽、重要线性工程网络、城市安全与综合防灾体系、地下空间、邻避设施等设施布局

		边界初划：【★★】
附录 G 城镇开发边界划定要求	边界初划	（1）**城镇集中建设区。**结合城镇发展定位和空间格局，依据国土空间规划中确定的规划城镇建设用地规模，将规划集中连片、规模较大、形态规整的地域确定为城镇集中建设区。现状建成区，规划集中连片的城镇建设区和城中村、城边村，依法合规设立的各类开发区，国家、省、市确定的重大建设项目用地等应划入城镇集中建设区。 　　市级总规在市辖区划定的城镇开发边界内，划入城镇集中建设区的规划城镇建设用地一般**不少于市辖区规划城镇建设用地总规模的 80%**。县级总规按照市级总规提出的区县指引要求划定县（区）域的全部城镇开发边界后，以县（区）为统计单元，划入城镇集中建设区的规划城镇建设用地一般应不少于县（区）域规划城镇建设用地总规模的 90%。 （2）**城镇弹性发展区。**在与城镇集中建设区充分衔接、关联的基础上，合理划定城镇弹性发展区，做到规模适度、设施支撑可行。城镇弹性发展区面积原则上**不超过城镇集中建设区面积的 15%**，其中现状城区常住人口 300 万以上城市的城镇弹性发展区面积原则上不超过城镇集中建设区面积的 10%，现状城区常住人口 500 万以上城市、收缩城镇及人均城镇建设用地显著超标的城镇，应进一步收紧弹性发展区所占比例，原则上不超过城镇集中建设区面积的 5%。 　　对于开发边界围合面积超过城镇集中建设区面积 **1.5** 倍的，对其合理性及必要性应当予以特殊说明
	划定入库	（1）明晰边界。尽量利用国家有关基础调查明确的边界、各类地理边界线、行政管辖边界等界线，将城镇开发边界落到实地，做到清晰可辨、便于管理。城镇开发边界由一条或多条连续闭合线组成，单一闭合线围合面积原则上**不小于 30 公顷**。 （2）上图入库。划定成果矢量数据采用 2000 **国家大地坐标系和** 1985 **国家高程基准**，在"三调"成果基础上，结合高分辨率卫星遥感影像图、地形图等基础地理信息数据，作为国土空间规划成果一同汇交入库

 典型习题

5-12（2021-100）根据《市级国土空间总体规划编制指南（试行）》，下列分区类型属于一级规划分区的有 （ ACD ）。

A. 城镇发展区　　　B. 特别用途发展区　　　C. 乡村发展区　　　D. 矿产能源发展区

E. 交通运输发展区

5-13（2022-79）根据《市级国土空间总体规划编制指南》，服务设施十五分钟覆盖率的定义（ A ）。

A. 居住用地的比例　　　　　　　　　　B. 建筑用地的比例

C. 建筑户数的比例　　　　　　　　　　D. 人口的比例

5-14（2021-48）下列关于沿海城市国土空间总体规划编制内容的表述，错误的是（ A ）。

A. 将大陆自然海岸线保有率设为预期性指标

B. 合理安排集约化海水养殖和现代化海洋牧场空间布局

C. 按照陆海统筹原则确定生态保护红线

D. 应对因气候变暖造成的海平面上升等灾害

【考点18】《市级国土空间总体规划制图规范（试行）》

学习提示		重点文件，但细节太多，不容易拿分
一般规定	空间参照系统和比例尺	正式图件的平面坐标系统采用"**2000国家大地坐标系**"，高程基准面采用"**1985国家高程基准**"，投影系统采用"**高斯—克吕格**"投影，分带采用"**国家标准分带**"。 市级国土空间总体规划中，市域图件挂图的比例尺一般为 **1：10万**。 市级国土空间总体规划中，中心城区图件挂图的比例尺一般为**1：1万～1：2.5万**
	图件种类	市级国土空间总体规划的图件包括**调查型图件、管控型图件和示意型图件**三类【2021-79】
管控型图件制图要求	市域国土空间控制线规划图	**必选要素**：①城镇开发边界；②永久基本农田；③生态保护红线。 **可选要素**：①历史文化保护线；②洪涝风险控制线；③矿产资源控制线【2021-80】
	中心城区综合防灾减灾规划图	**必选要素**：①消防站；②应急避难场所；③防灾指挥中心；④主要疏散通道；⑤洪涝风险控制线；⑥灾害风险分区。 **可选要素**。可根据实际情况，增设消防责任分区、消防训练基地、医疗救护中心等要素。【2022-59】

典型习题

5-15（2021-79）根据《**市级国土空间总体规划制图规范**》，图件类型正确的是（ B ）。

A. 调查型图件、分析型图件、示意型图件　　B. 调查型图件、管控型图件、示意型图件

C. 调查型图件、分析型图件、管控型图件　　D. 分析型图件、示意型图件、管控型图件

5-16（2021-80）根据《**市级国土空间总体规划制图规范**》，**市域国土空间控制线规划图，不是可选要素的是**（ D ）。

A. 历史文化保护线　　　　　　　　　　　B. 洪涝风险控制线

C. 矿产资源控制线　　　　　　　　　　　D. 生态廊道控制线

5-17（2022-59）根据《**市级国土空间总体规划制图规范（试行）**》，下列关于中心城区综合防灾减灾规划图的选择要素中，**不是必选要素的是**（ B ）。

A. 消防站　　　　B. 医疗救护中心　　　　C. 应急避难场所　　　　D. 防灾指挥中心

【考点 19】《城区范围确定规程》（TD/T 1064—2021）

学习提示	一般性文件，了解即可
术语	（1）城区范围：指在市辖区和不设区的市，区、市政府驻地的实际建设连接到的居民委员会所辖区域和其他区域，一般是指实际已开发建设、市政公用设施和公共服务设施基本具备的建成区域范围。 （2）城区实体地域范围：指城区实际建成的空间范围，是城市实际开发建设、市政公用设施和公共服务设施基本具备的空间地域范围。 （3）城区最小统计单元：指城区范围划定过程中涉及的街道办事处（镇）所辖区域。 （4）图斑：地图上被行政区、城镇、村庄等调查界线、土地权属界线、功能界线以及其他特定界线分割的单一地类地块
数据准备	（1）基础数据。城区实体地域范围的确定过程需要以下两种基础数据作为支撑：①影像数据：最新的行政区内**不低于 2m** 分辨率的遥感影像；②矢量数据：最新的行政区划矢量边界数据、全国国土调查或年度变更调查数据（主要包括地类图斑、城镇村等用地、行政区、村级调查区等数据）等。 （2）**数学基础**。城区实体地域范围的确定过程中涉及的基础数据需满足：①投影：**高斯-克吕格投影 3°分带**；②坐标系统：**2000 国家大地坐标系**；③高程基准：**1985 国家高程基准**
确定方法	（1）特殊情况判断。对于已是城市的重要组成部分且承担必要城市功能的地类图斑，若通过上述步骤无法纳入城区实体地域范围的，**分以下四类进行判断**。【2022-97】 1）与国家或城市未来发展战略对应的各类国家级或省级开发区、工业园区：经过国家、省两级自然资源主管部门参与审定确定的建成或部分建成并运行的，其建成运行部分纳入城区实体地域范围； 2）重大交通基础设施：直接与城市交通干线连通，已建成且承担旅客、物流运输等城市经济发展功能的交通枢纽，如以市级行政区划地名命名的机场、火车站、港口等，纳入城区实体地域范围； 3）已建成的城市级或为更大范围内区域服务的功能区、市政公用设施：纳入城区实体地域范围； 4）承担城市必要功能且不可被城区实体地域范围具备同类功能的区域替代的相邻镇区，可结合城市体检评估佐证，局部或整体纳入城区实体地域范围，原则上不超过两处。 以上新纳入的地类图斑仅考虑集中连片的图斑，不纳入散落在集中连片之外的零星建成区，且均不参与迭代。 （2）边界核查。**城区实体地域范围不得跨越市级行政区边界**，不得与生态保护红线、永久基本农田界线冲突，不宜超出城镇开发边界。【2023-47】 迭代更新判断，**不应参与迭代的有**：【2022-97】 1）通过 5.3.2 至 5.3.3 纳入城区实体地域范围中的湿地、林地、草地、水域及水利设施用地图斑； 2）铁路用地、轨道交通用地、公路用地、城镇村道路用地、管道运输用地、沟渠等线状特征图斑； 3）城区初始范围内部的空洞。 城区初始范围中独立在外且小的图斑不宜参与迭代

城区范围确定技术方法	具备市政公用设施和公共服务设施数据的城市，具备市政公用设施和公共服务设施数据的城市，按下述方法判定形成城区范围：叠加城区最小统计单元管辖范围数据和城区实体地域范围，将区、市政府驻地所在城区最小统计单元、城区实体地域范围边界内的城区最小统计单元直接纳入城区范围；**筛选出城区实体地域范围边界上的城区最小统计单元作为待纳入城区范围的单元，并按下述步骤进行判断。①若该城区最小统计单元中城区实体地域范围面积占比小于20％，则不纳入城区范围。②若该城区最小统计单元中城区实体地域范围面积占比大于或等于50％，则将其直接纳入城区范围。③对于城区实体地域范围面积占比小于50％且大于或等于20％的城区最小统计单元，开展市政公用设施和公共服务设施建设情况调查**

 典型习题

5-18（2022-97）根据《城区范围确定规程》，下列不应参与城市实体地域范围迭代更新的有（ABC）。

A. 确定纳入城区实体地域范围中的湿地，林地，草地，水域及水利设施用地斑块

B. 铁路用地，轨道交通用地，公路用地，城镇村道路用地，管道运输用地沟渠等线状特征图斑

C. 城区初始范围内的空洞

D. 具备城市居住功能的区域

E. 承担城市休闲休憩、自然和历史保护功能的区域

【考点20】《国土空间规划城市体检评估规程》（TD/T 1063—2021）

学习提示	重点关注体检评估指标体系
术语和定义	（1）国土空间规划城市体检评估："**一年一体检、五年一评估**"。 （2）年度体检：聚焦当年度规划实施的关键变量和核心任务，对国土空间总体规划实施情况进行的年度监测和评价。 （3）五年评估：对照国土空间总体规划确定的总体目标、阶段目标和任务措施等，系统分析城市发展趋势，对规划实施情况进行的阶段性综合评估
时间安排	年度体检宜结合年度国土变更调查每年开展，五年评估原则上与国民经济和社会发展五年规划周期保持一致。开展五年评估的当年不单独开展年度体检。体检评估工作应于每年第一季度启动，成果应与最新年度国土变更调查数据、相关统计数据发布成果衔接，争取于当年第二季度完成。因重大战略实施或规划实施中的重大调整等确需体检评估的，可适时开展
体检评估内容	①总体要求；②战略定位；③底线管控；④规模结构；⑤空间布局；⑥支撑系统 **成果构成**：年度体检成果由体检报告及附件组成。报告主要包括总体结论，规划实施成效、存在问题及原因分析，对策建议等。**附件包括城市体检指标表（必选项）、年度重点任务完成清单（自选项）、年度规划实施分析图（必选项）、年度规划实施社会满意度评价报告（自选项）、年度体检基础数据库建设情况说明（必选项）**等。【2022-80】

体检评估指标体系见表 5 - 6【2022 - 65，2022 - 79】

表 5 - 6　　　　　体 检 评 估 指 标 体 系

一级	二级	编号	指标项	指标类别
安全	底线管控	A - 01	生态保护红线面积（km²）	基本
		A - 02	生态保护红线范围内城乡建设用地面积（km²）	基本
		A - 03	城镇开发边界范围内城乡建设用地面积（km²）	基本
		B - 01	三线范围外建设用地面积（km²）	推荐
	粮食安全	A - 04	永久基本农田保护面积（万亩）	基本
		A - 05	耕地保有量（万亩）	基本
		B - 02	高标准农田面积占比（%）	推荐
	水安全	A - 06	湿地面积（km²）	基本
		A - 07	河湖水面率（%）	基本
		A - 08	用水总量（亿 m²）	基本
		A - 09	水资源开发利用率（%）	基本
		A - 10	重要江河湖泊水功能区水质达标率（%）	基本
		B - 03	地下水供水量占总供水量比例（%）	推荐
		B - 04	人均年用水量（m²）	推荐
		B - 05	再生水利用率（%）	推荐
		B - 06	地下水水位（m）	推荐
	防灾减灾与城市韧性	A - 11	人均应急避难场所面积（m²）	基本
		A - 12	消防救援 5min 可达覆盖率（%）	基本
		B - 07	年平均地面沉降量（mm）	推荐
		B - 08	经过治理的地质灾害隐患点数量（处）	推荐
		B - 09	防洪堤防达标率（%）	推荐
		B - 10	降雨就地消纳率（%）	推荐
		B - 11	综合减灾示范社区比例（%）	推荐
		B - 12	超高层建筑数量（幢）	推荐
创新	创新投入产出	B - 13	研究与试验发展经费投入强度（%）	推荐
		B - 14	万人发明专利拥有量（件）	推荐
		B - 15	科研用地占比（%）	推荐
		B - 16	社会劳动生产率（万元/人）	推荐
	创新环境	B - 17	在校大学生数量（万人）	推荐
		B - 18	高技术制造业增长率（%）	推荐

附录 B

一级	二级	编号	指标项	指标类别
协调	城乡融合	A-13	建设用地总面积（km²）	基本
		A-14	城乡建设用地面积（km²）	基本
		A-15	常住人口数量（万人）	基本
		B-19	实际服务管理人口数量（万人）	推荐
		A-16	常住人口城镇化率（%）	基本
		A-17	人均城镇建设用地面积（m²）	基本
		A-18	人均村庄建设用地面积（m²）	基本
		B-20	城区常住人口密度（万人/km²）	推荐
		A-19	存量土地供应比例（%）	基本
		B-21	等级医院交通30min行政村覆盖率（%）	推荐
		B-22	行政村等级公路通达率（%）	推荐
		B-23	农村自来水普及率（%）	推荐
		B-24	城乡居民人均可支配收入比（%）	推荐
	陆海统筹	B-25	海洋生产总值占GDP比重（%）	推荐
		A-20	大陆自然海岸线保有率（自然岸线保有率）（%）	基本
	地上地下统筹	B-26	人均地下空间面积（m²）	推荐
绿色	生态保护	A-21	森林覆盖率（%）	基本
		B-27	林地保有量（hm²）	推荐
		B-28	基本草原面积（km²）	推荐
		B-29	本地指示性物种种类（种）	推荐
		B-30	新增生态修复面积（km²）	推荐
		A-22	近岸海域水质优良（一、二类）比例（%）	基本
	绿色生产	A-23	每万元GDP地耗（m²）	基本
		B-31	单位GDP二氧化碳排放降低比例（%）	推荐
		B-32	每万元GDP能耗（tce）	推荐
		A-24	每万元GDP水耗（m²）	基本
		B-33	工业用地地均增加值（亿元/km²）	推荐
		B-34	新增城市更新改造用地面积（km²）	推荐
		B-35	综合管廊长度（km）	推荐
		B-36	新能源和可再生能源比例（%）	推荐
	绿色生活	A-25	城镇生活垃圾回收利用率（%）	基本
		A-26	农村生活垃圾处理率（%）	基本
		B-37	绿色交通出行比例（%）	推荐

附录 B

一级	二级	编号	指标项	指标类别
开放	网络联通	B-38	定期国际通航城市数量（个）	推荐
		B-39	定期国内通航城市数量（个）	推荐
	对外交往	B-40	国内旅游人数（万人次/年）	推荐
		B-41	入境旅游人数（万人次/年）	推荐
		B-42	机场年旅客吞吐量（万人次）	推荐
		B-43	铁路年客运量（万人次）	推荐
		B-44	城市对外日均人流联系量（万人次）	推荐
		B-45	国际会议、展览、体育赛事数量（次）	推荐
	对外贸易	B-46	港口年集装箱吞吐量（万标箱）	推荐
		B-47	机场年货邮吞吐量（万t）	推荐
		B-48	对外贸易进出口总额（亿元）	推荐
共享	宜居	A-27	道路网密度（km/km²）	基本
		B-49	森林步行15min覆盖率（%）	推荐
		A-28	公园绿地、广场步行5min覆盖率（%）	基本
		A-29	社区卫生服务设施步行15min覆盖率（%）	基本
		A-30	社区小学步行10min覆盖率（%）	基本
		A-31	社区中学步行15min覆盖率（%）	基本
		A-32	社区体育设施步行15min覆盖率（%）	基本
		B-50	足球场地设施步行15min覆盖率（%）	推荐
		B-51	人均体育用地面积（m²）	推荐
		B-52	社区文化活动设施步行15min覆盖率（%）	推荐
		B-53	菜市场（生鲜超市）步行10min覆盖率（%）	推荐
		A-33	每千人口医疗卫生机构床位数（张）	基本
		A-34	市区级医院2km覆盖率（%）	基本
		B-54	城镇人均住房面积（m²）	推荐
		B-55	年新增政策性住房占比（%）	推荐
		A-35	历史文化保护线面积（km²）	基本
		B-56	自然和文化遗产(处)	推荐
		B-57	人均公园绿地面积（m²）	推荐
		B-58	空气质量优良天数（d）	推荐
		B-59	人均绿道长度（m）	推荐
		B-60	每万人拥有的咖啡馆、茶舍等数量（个）	推荐
		B-61	每10万人拥有的博物馆、图书馆、科技馆、艺术馆等文化艺术场馆数量（处）	推荐
		B-62	轨道交通站点800m半径服务覆盖率（%）	推荐

附录 B（表格左侧纵向标注）

续表

一级	二级	编号	指标项	指标类别
		A-36	每千名老年人养老床位数（张）	**基本**
	宜养	B-63	社区养老设施步行 5min 覆盖率（%）	推荐
		B-64	每万人拥有幼儿园班数（班）	推荐
共享		B-65	城镇年新增就业人数（万人）	推荐
	宜业	B-66	工作日平均通勤时间（min）	推荐
		B-67	45min 通勤时间内居民占比（%）	推荐
		B-68	都市圈 1h 人口覆盖率（%）	推荐

（一级列左侧标注"附录 B"）

 典型习题

5-19（2022-79）根据《国土空间规划城市体检评估规程》，下列城市体检评估体系的安全性指标，不属于基本指标的是（ D ）。

A. 耕地保有量　　　　　　　　B. 重要江河湖泊水功能区水质达标率

C. 历史文化保护线面积　　　　D. 超高层建筑数量

5-20（2022-80）根据《国土空间规划城市体检评估规程》，国土空间规划体检评估中，年度体检报告附件的必选内容不包括（ B ）。

A. 指标表　　　　　　　　　　B. 年度重点任务清单

C. 年度规划实施分析图　　　　D. 数据库说明

【考点 21】《关于统筹推进自然资源资产产权制度改革的指导意见》

学习提示	一般性文件，重点关注是哪三权
主要任务	健全自然资源资产产权体系。 落实承包土地**所有权、承包权、经营权**"三权分置"，开展经营权入股、抵押。探索宅基地**所有权、资格权、使用权**"三权分置"。加快推进建设用地地上、地表和地下分别设立使用权，促进空间合理开发利用。【2019-82，2020-92】

 典型习题

5-21（2019-82）根据《关于统筹推进自然资源资产产权制度改革的指导意见》，宅基地"三权分置"是指（ ABC ）分置。

A. 所有权   B. 资格权   C. 使用权   D. 经营权

E. 开发权

5-22（2020-92）根据《关于统筹推进自然资源资产产权制度改革的指导意见》，承包土地的"三权分置"是指（ADE）。

A. 所有权   B. 资格权   C. 使用权   D. 经营权

E. 承包权

【考点22】《关于防止耕地"非粮化"稳定粮食生产的意见（2020年)》

学习 提示	**重点关注如何防止耕地"非粮化"倾向**
重要性	一、充分认识防止耕地"非粮化"稳定粮食生产的重要性紧迫性 （一）坚持把确保国家粮食安全作为"三农"工作的首要任务。 （二）坚持科学合理利用耕地资源。 （三）坚持共同扛起保障国家粮食安全的责任
防止 "非粮 化"	**二、坚持问题导向，坚决防止耕地"非粮化"倾向【2023-14】** **（一）明确耕地利用优先序。** （二）加强粮食生产功能区监管。 **（三）稳定非主产区粮食种植面积。** （四）有序引导工商资本下乡。 **（五）严禁违规占用永久基本农田种树挖塘**
激励 约束	三、强化激励约束，落实粮食生产责任 （一）严格落实粮食安全省长责任制。 （二）完善粮食生产支持政策。 （三）加强耕地种粮情况监测。 （四）加强组织领导

典型习题

5-23（2023-14）根据国务院办公厅《关于防止耕地"非粮化"稳定粮食生产的意见》，下列关于坚决防止耕地"非粮化"倾向的说法中错误的是（C）。

A. 明确耕地利用优先序

B. 有序引导工商资本下乡

C. 逐步调减非主产区粮食种植面积

D. 严禁违规占用永久基本农田种树挖塘

学习提示	重点关注文中"**必须**""**禁止**""**至少**"等关键词
永久基本农田特殊保护	永久基本农田一经划定，任何组织和个人不得擅自占用或者改变用途。确需占用的，应符合《土地管理法》关于重大建设项目范围的规定，并按要求做好占用补划审查论证，补划的永久基本农田**必须是可以长期稳定利用的耕地**。严禁超出法律规定批准占用永久基本农田；**严禁通过擅自调整国土空间规划等方式规避永久基本农田农用地转用或者土地征收审批**
规范耕地占补平衡	实施补充耕地项目，应当依据国土空间规划和生态环境保护要求，禁止在生态保护红线、林地管理、湿地、河道湖区等范围开垦耕地；禁止在严重沙化、水土流失严重、生态脆弱、污染严重难以恢复等区域开垦耕地；**禁止在 25°以上陡坡地、重要水源地 15°以上坡地开垦耕地。对于坡度大于 15°的区域，原则上不得新立项实施补充耕地项目，根据农业生产需要和农民群众意愿确需开垦的，应经县级论证评估、省级复核认定具备稳定耕种条件后方可实施。**【2023-20】 　　各地要坚持以补定占，根据补充耕地能力，统筹安排占用耕地项目建设时序。落实补充耕地任务，**要坚持"以县域自行平衡为主、省域内调剂为辅、国家适度统筹为补充"的原则**，立足县域内自行挖潜补充，坚决纠正平原占用、山区补充的行为；确因后备资源匮乏需要在省域内进行调剂补充的，原则上应为省级以上重大建设项目【2023-85】
严控新增城镇建设用地	省市县各级国土空间规划实施中，要避免"寅吃卯粮"，在城镇开发边界内的增量空间使用上，**为"十五五""十六五"期间至少留下 35%、25%的增量空间**。在年度增量空间使用规模上，**至少为每年保留五年平均规模的 80%**，其余可以用于年度间调剂，但不得突破分阶段控制总量，以便为未来发展预留合理空间

 典型习题

　　5-24（2023-20）根据自然资源部《关于在经济发展用地要素保障工作中严守底线的通知》，下列关于规范耕地占补平衡的说法中，错误的是（ D ）。

A. 禁止在生态保护红线范围开垦耕地　　　　B. 禁止在严重沙化区域开垦耕地

C. 禁止在生态脆弱区域开垦耕地　　　　　　D. 禁止在坡度大于 15°的区域开垦耕地

　　5-25（2023-85）根据自然资源部《关于在经济发展用地要素保障工作中严守底线的通知》，落实补充耕地任务的原则包括（ BDE ）。

A. 乡镇域自行平衡为主　　　　　　　　　　B. 县域自行平衡为主

C. 市区调剂为辅　　　　　　　　　　　　　D. 省内协调为辅

E. 国家适当统筹为补充

【考点 24】《关于加强国土空间详细规划工作的通知》

学习提示	近几年的工作重点从市县国空规划转向详细规划工作，需要重点掌握国空详细规划的政策导向（区分城乡规划法角度下的控制性详细规划与修建性详细规划）
规划要点	城镇开发边界内增量空间要强化单元统筹，防止粗放扩张。要根据人口和城乡高质量发展的实际需要，以规划单元统筹增量空间功能布局、整体优化空间结构，促进产城融合、城乡融合和区域一体协调发展，**避免增量空间无序、低效**。要严格控制增量空间的开发，确需占用耕地的，**应按照"以补定占"原则同步编制补充耕地规划方案**，明确补充耕地位置和规模。**总体规划确定的战略留白用地，一般不编制详细规划，但要加强开发保护的管控**【2023‑22】
加强详细规划组织实施	市县自然资源部门是详细规划的主管部门，省级自然资源部门要加强指导。应当委托具有城乡规划编制资质的单位编制详细规划，并探索建立详细规划成果由注册城乡规划师签字的执业规范。要健全公众参与制度，在详细规划编制中做好公示公开，主动接受社会监督

 典型习题

5‑26（2023‑22）根据自然资源部《关于加强国土空间详细规划工作的通知》，下列关于详细规划编制的说法中，正确的是（ A ）。

A. 要强化对历史文化资源、地域景观资源的保护和合理利用

B. 增量空间开发确需占用耕地的，应按照"以补定占"原则分步编制补充耕地规划方案

C. 总体规划确定的战略留白用地，应编制详细规划

D. 存量空间再开发利用，应尽量避免土地混合开发和空间复合利用

【考点 25】《国土空间规划城市设计指南（报批稿）》

学习提示	文件虽然是报批版，但考试基本是一年一题，以理解为主
一般片区	城市一般片区：重点组织慢行系统、游览线路等公共活动通道，打造开放舒适、生态宜人的行为场所体系

成果内容	总体规划中的城市设计成果内容。 （1）跨区域层面。规划成果包括但不限定于：**区域层面山水 - 城镇的总体格局、区域绿色开放空间体系导控图、历史文化空间体系导控图，自然山水环境与历史文化等方面要素的相关空间组织要求。**【2023 - 67】 （2）乡村层面。可因地制宜、根据实际需要确定。 （3）市/县域层面。规划成果包括但不限定于：市/县域特色空间结构导控图、市/县域绿色开放空间体系导控图、市/县域特色空间体系导控图。 （4）中心城区层面。规划成果包括但不限定于：特色空间结构导控图、城市高度分区导控图、开放空间体系导控图、城市设计重点控制区导控图
特殊地块	在特殊地块开展城市设计的精细化研究：**有特殊要求的地块，可在遵守详细规划的前提下，结合发展意愿、产业布局、用地权属、空间影响性、利害关系人意见等，开展编制面向实施的精细化城市设计，提出建筑和环境景观设计条件**【2023 - 66】
附录	A.2 交通枢纽区：以提升换乘效率、促进站城融合、提升城市形象为主要设计目标。 A.6 滨水地区：以塑造特色滨水空间、提升空间活力为主要设计目标。空间布局和场地设计宜减少对水岸、山地、植被等原生地形地貌的破坏。合理布局各类设施，提升滨水活力。重点对滨水建筑界面、高度、公共空间、视线通廊等提出导控要求，实现城市空间与滨水景观的融合、渗透

 典型习题

5 - 27（2023 - 66）根据《国土空间规划城市设计指南》，下列关于用途管制，涉及城市设计要求的说法中，错误的是（C）。

A. 处理好生态、农业和城镇的空间关系，注重生态景观、地形地貌保护、农田景观塑造、绿色开放空间与活动场所，以及人工建设协调等内容

B. 依据上位规划和设计，可从空间形态风貌协调性和功能适宜性等角度提出建设用地选址引导

C. 有特殊要求的地块，可结合发展意愿、产业布局、用地权属、空间影响、利害关系人意见等编制，面向实施的精细化城市设计，提出详细规划修改意见

D. 规划许可中的城市设计内容宜包括界面、高度、公共空间、交通组织、地下空间、建筑引导、环境设施等，必要时可附加城市设计图则

5 - 28（2023 - 67）根据《国土空间规划城市设计指南》，下列国土空间总体规划的城市设计成果内容中，属于跨区域层面的是（C）。

A. 特定空间结构导控图　　　　　　　　B. 城市高度分区导控图

C. 历史文化空间体系导控图　　　　　　D. 市（县）域绿色开放空间体系的控图

第六章 土地管理专题

【考点 1】《中华人民共和国土地管理法》

学习提示	非常重要的文件，逐字理解，每年考题分值在 5～7 分。同时需要准备实务中的土地题考点
总则	**社会主义公有制** 　　**第二条**　中华人民共和国实行土地的社会主义公有制，即**全民所有制和劳动群众集体所有制。【★】** 　　全民所有，即国家所有土地的所有权由国务院代表国家行使。**任何单位和个人不得侵占、买卖或者以其他形式非法转让土地。土地使用权可以依法转让。【★】** 　　国家依法实行**国有土地有偿使用制度**。但是，国家在法律规定的范围内划拨国有土地使用权的除外
	基本国策 　　**第三条**　**十分珍惜、合理利用土地和切实保护耕地**是我国的基本国策。各级人民政府应当采取措施，全面规划，严格管理，保护、开发土地资源，制止非法占用土地的行为**【2023－28】【★】**
	用途管制 　　**第四条**　**国家实行土地用途管制制度。【2020－17】【★★★】** 　　国家编制土地利用总体规划，规定土地用途，将土地分为**农用地、建设用地和未利用地。严格限制农用地转为建设用地，控制建设用地总量，对耕地实行特殊保护【2020－72，2020－91】【★★★】** 　　前款所称农用地是指直接用于农业生产的土地，**包括耕地、林地、草地、农田水利用地、养殖水面等；**建设用地是指建造建筑物、构筑物的土地，**包括城乡住宅和公共设施用地、工矿用地、交通水利设施用地、旅游用地、军事设施用地等；**未利用地是指农用地和建设用地以外的土地。 　　使用土地的单位和个人必须严格按照土地利用总体规划确定的用途使用土地。 　　**#注意辨析：农用地、耕地、农田（基本农田和一般农田）、永久基本农田、高标准农田的区别**
	负责 　　**第五条**　国务院自然资源主管部门统一负责全国土地的管理和监督工作。**县级以上地方人民政府自然资源主管部门**的设置及其职责，由省、自治区、直辖市人民政府根据国务院有关规定确定**【★】**

土地的所有权和使用权	国家所有	**第九条** 城市市区的土地**属于国家所有**。农村和城市郊区的土地，除由法律规定属于国家所有的以外，**属于农民集体所有；宅基地和自留地、自留山，属于农民集体所有**
	农民集体所有	**第十一条** **农民集体所有的土地依法属于村农民集体所有的**，由村集体经济组织或者村民委员会经营、管理；已经分别属于村内两个以上农村集体经济组织的农民集体所有的，由村内各该农村集体经济组织或者村民小组经营、管理；已经属于乡（镇）农民集体所有的，由乡（镇）农村集体经济组织经营、管理
	土地承包	**第十三条** 农民集体所有和国家所有依法由农民集体使用的耕地、林地、草地，以及其他依法用于农业的土地，**采取农村集体经济组织内部的家庭承包方式承包**，不宜采取家庭承包方式的荒山、荒沟、荒丘、荒滩等，可以采取**招标、拍卖、公开协商**等方式承包，从事种植业、林业、畜牧业、渔业生产。【★】家庭承包的耕地的承包期为**三十年**，草地的承包期为**三十年至五十年**，林地的承包期为**三十年至七十年**；耕地承包期届满后**再延长三十年**，草地、林地承包期届满后依法相应延长
土地利用总体规划	规划期限	**第十五条** 各级人民政府应当依据国民经济和社会发展规划、国土整治和资源环境保护的要求、土地供给能力以及各项建设对土地的需求，组织编制土地利用总体规划。**土地利用总体规划的规划期限由国务院规定**
	编制	**第十六条** 下级土地利用总体规划应当依据**上一级土地利用总体规划编制**。地方各级人民政府编制的土地利用总体规划中的建设用地总量**不得超过上一级土地利用总体规划确定的控制指标**，耕地保有量**不得低于上一级土地利用总体规划确定的控制指标**。省、自治区、直辖市人民政府编制的土地利用总体规划，应当确保本行政区域内耕地总量不减少
	分级审批	**第二十条** **土地利用总体规划实行分级审批。省、自治区、直辖市的土地利用总体规划，报国务院批准。省、自治区人民政府所在地的市、人口在一百万以上的城市以及国务院指定的城市的土地利用总体规划，经省、自治区人民政府审查同意后，报国务院批准。**本条第二款、第三款规定以外的土地利用总体规划，逐级上报省、自治区、直辖市人民政府批准；其中，乡（镇）土地利用总体规划可以由省级人民政府授权的设区的市、自治州人民政府批准。土地利用总体规划一经批准，必须严格执行
	建设用地规模	**第二十一条** 城市建设用地规模应当符合国家规定的标准，充分利用现有建设用地，**不占或者尽量少占农用地。城市总体规划、村庄和集镇规划**，应当与土地利用总体规划相衔接，城市总体规划、村庄和集镇规划中建设用地规模不得超过土地利用总体规划确定的城市和村庄、集镇建设用地规模。在城市规划区内、村庄和集镇规划区内，城市和村庄、集镇建设用地应当符合城市规划、村庄和集镇规划【★★】

耕地保护	耕地补偿制度	**第三十条** 国家保护耕地，严格控制耕地转为非耕地。国家实行占用耕地补偿制度。非农业建设经批准占用耕地的，按照"占多少，垦多少"的原则，由占用耕地的单位负责开垦与所占用耕地的数量和质量相当的耕地；没有条件开垦或者开垦的耕地不符合要求的，应当按照省、自治区、直辖市的规定缴纳耕地开垦费，专款用于开垦新的耕地。省、自治区、直辖市人民政府应当制定开垦耕地计划，监督占用耕地的单位按照计划开垦耕地或者按照计划组织开垦耕地，并进行验收【★★】
	土地改良	**第三十一条** **县级以上地方人民政府**可以要求占用耕地的单位将所占用耕地耕作层的土壤用于新开垦耕地、劣质地或者其他耕地的土壤改良
	总量、质量	**第三十二条** 省、自治区、直辖市人民政府应当严格执行土地利用总体规划和土地利用年度计划，采取措施，确保本行政区域内**耕地总量不减少、质量不降低**
	永久基本农田	**第三十三条** 国家实行永久基本农田保护制度。下列耕地应当根据土地利用总体规划划为永久基本农田，实行严格保护：【2022 - 84】【★★★】 **（一）经国务院农业农村主管部门或者县级以上地方人民政府批准确定的粮、棉、油、糖等重要农产品生产基地内的耕地；** **（二）有良好的水利与水土保持设施的耕地，正在实施改造计划以及可以改造的中、低产田和已建成的高标准农田；** **（三）蔬菜生产基地；** **（四）农业科研、教学试验田；** **（五）国务院规定应当划为永久基本农田的其他耕地。** 各省、自治区、直辖市划定的永久基本农田一般应当占本行政区域内**耕地的百分之八十以上**，具体比例由国务院根据各省、自治区、直辖市耕地实际情况规定【2023 - 29】 ♯多选辨析，同时也是《城乡规划实务》科目的考点
	划定	**第三十四条** 永久基本农田划定以**乡（镇）**为单位进行，由**县级人民政府自然资源主管部门会同同级农业农村主管部门组织实施**。永久基本农田应当落实到地块，纳入国家永久基本农田数据库严格管理。乡（镇）人民政府应当将永久基本农田的位置、范围向社会公告，并设立保护标志【★★★】
	节约使用土地	**第三十七条** 非农业建设必须节约使用土地，**可以利用荒地的，不得占用耕地；可以利用劣地的，不得占用好地**。禁止占用耕地建窑、建坟或者擅自在耕地上建房、挖砂、采石、采矿、取土等。禁止占用永久基本农田发展林果业和挖塘养鱼【★★★】
	禁止闲置荒芜耕地	**第三十八条** 禁止任何单位和个人闲置、荒芜耕地。已经办理审批手续的非农业建设占用耕地，**一年内不用而又可以耕种并收获的**，应当由原耕种该幅耕地的集体或者个人恢复耕种，也可以由用地单位组织耕种；一年以上未动工建设的，应当按照省、自治区、直辖市的规定缴纳闲置费；**连续二年未使用的**，经原批准机关批准，由县级以上人民政府无偿收回用地单位的土地使用权；该幅土地原为农民集体所有的，应当交由原农村集体经济组织恢复耕种。在城市规划区范围内，以出让方式取得土地使用权进行房地产开发的闲置土地，依照《中华人民共和国城市房地产管理法》的有关规定办理【★★】 ♯实务考点

建设用地	**农用地专用审批手续**	**第四十四条** 建设占用土地，涉及农用地转为建设用地的，应当办理农用地转用审批手续。永久基本农田转为建设用地的，由国务院批准。在土地利用总体规划确定的城市和村庄、集镇建设用地规模范围内，为实施该规划而将永久基本农田以外的农用地转为建设用地的，按土地利用年度计划分批次按照国务院规定由原批准土地利用总体规划的机关或者其授权的机关批准。在已批准的农用地转用范围内，具体建设项目用地可以由市、县人民政府批准。在土地利用总体规划确定的城市和村庄、集镇建设用地规模范围外，将永久基本农田以外的农用地转为建设用地的，由国务院或者国务院授权的省、自治区、直辖市人民政府批准
	依法实施征收	**第四十五条** 为了公共利益的需要，有下列情形之一，确需征收农民集体所有的土地的，可以依法实施征收： （一）军事和外交需要用地的； （二）由政府组织实施的能源、交通、水利、通信、邮政等基础设施建设需要用地的； （三）由政府组织实施的科技、教育、文化、卫生、体育、生态环境和资源保护、防灾减灾、文物保护、社区综合服务、社会福利、市政公用、优抚安置、英烈保护等公共事业需要用地的； （四）由政府组织实施的扶贫搬迁、保障性安居工程建设需要用地的； （五）在土地利用总体规划确定的城镇建设用地范围内，经省级以上人民政府批准由县级以上地方人民政府组织实施的成片开发建设需要用地的； （六）法律规定为公共利益需要可以征收农民集体所有的土地的其他情形。 前款规定的建设活动，应当符合国民经济和社会发展规划、土地利用总体规划、城乡规划和专项规划；第（四）项、第（五）项规定的建设活动，还应当纳入国民经济和社会发展年度计划；第（五）项规定的成片开发并应当符合国务院自然资源主管部门规定的标准
	国务院批准征收	**第四十六条** 征收下列土地的，由国务院批准： （一）永久基本农田； （二）永久基本农田以外的耕地超过三十五公顷的； （三）其他土地超过七十公顷的。征收前款规定以外的土地的，由省、自治区、直辖市人民政府批准。征收农用地的，应当依照本法第四十四条的规定先行办理农用地转用审批。其中，经国务院批准农用地转用的，同时办理征地审批手续，不再另行办理征地审批；经省、自治区、直辖市人民政府在征地批准权限内批准农用地转用的，同时办理征地审批手续，不再另行办理征地审批，超过征地批准权限的，应当依照本条第一款的规定另行办理征地审批。【★★★】 ♯100亩＝6.67公顷，考试时可能会出现以亩为单位的换算

建设用地	**划拨有偿使用**	**第五十四条** 建设单位使用国有土地，应当以出让等有偿使用方式取得；但是，下列建设用地，经县级以上人民政府依法批准，可以以划拨方式取得：【2022-21】 **（一）国家机关用地和军事用地；** **（二）城市基础设施用地和公益事业用地；** **（三）国家重点扶持的能源、交通、水利等基础设施用地；** **（四）法律、行政法规规定的其他用地【★★】**
	宅基地	**第六十二条** **农村村民一户只能拥有一处宅基地，其宅基地的面积不得超过省、自治区、直辖市规定的标准。**人均土地少、不能保障一户拥有一处宅基地的地区，县级人民政府在充分尊重农村村民意愿的基础上，可以采取措施，按照省、自治区、直辖市规定的标准保障农村村民实现户有所居。**农村村民住宅用地，由乡（镇）人民政府审核批准；**其中，涉及占用农用地的，依照本法第四十四条的规定办理审批手续。农村村民建住宅，应当符合乡（镇）土地利用总体规划、村庄规划，不得占用永久基本农田，并尽量使用原有的宅基地和村内空闲地【★★】
	工业商业用地	**第六十三条** 土地利用总体规划、城乡规划确定为工业、商业等经营性用途，并经依法登记的集体经营性建设用地，土地所有权人可以通过出让、出租等方式交由单位或者个人使用，并应当签订书面合同，载明土地界址、面积、动工期限、使用期限、土地用途、规划条件和双方其他权利义务。前款规定的集体经营性建设用地出让、出租等，**应当经本集体经济组织成员的村民会议三分之二以上成员或者三分之二以上村民代表的同意。**通过出让等方式取得的集体经营性建设用地使用权可以转让、互换、出资、赠与或者抵押，但法律、行政法规另有规定或者土地所有权人、土地使用权人签订的书面合同另有约定的除外。集体经营性建设用地的出租，集体建设用地使用权的出让及其最高年限、转让、互换、出资、赠与、抵押等，参照同类用途的国有建设用地执行。具体办法由国务院制定
监督检查		**第六十八条** 县级以上人民政府自然资源主管部门履行监督检查职责时，**有权采取下列措施：** （一）要求被检查的单位或者个人提供有关土地权利的文件和资料，进行查阅或者予以复制； （二）要求被检查的单位或者个人就有关土地权利的问题作出说明； （三）进入被检查单位或者个人非法占用的土地现场进行勘测； （四）责令非法占用土地的单位或者个人停止违反土地管理法律、法规的行为【2021-33，2022-85】

6-1（2022-21）根据《土地管理法》，下列不可用划拨方式取得土地所有权的是（C）。

A. 国家机关用地和军事用地

B. 城市基础设施用地和公益事业用地

C. 工业用地

D. 国家重点扶持的能源、交通、水利等基础设施用地

6-2（2022-22）根据《土地管理法》和《土地管理法实施条例》，以下关于永久基本农田划定的说法，错误的是（C）。

A. 永久基本农田划定以乡（镇）为单位进行

B. 由县级人民政府自然资源主管部门会同同级农业农村主管部门组织实施

C. 县级人民政府应当将永久基本农田的位置、范围向社会公告，并设立保护标志

D. 基本农田应当落实到地块，纳入国家永久基本农田数据库严格管理

6-3（2022-84）根据《中华人民共和国土地管理法》下列耕地应当优先划为永久基本农田的是（ABDE）。

A. 依据国务院有关文件或县级以上人民政府批准的粮、棉、油、糖等主要农产品基地

B. 蔬菜生产基地和黑土地深厚土壤性状良好的耕地

C. 位于自然保护地核心保护区的耕地

D. 正在实施改造计划以及可以改造的中、低产田

E. 农业科研教学试验田

6-4（2021-85）根据《土地管理法》，县级以上人民政府自然资源主管部门履行监督检查职责时，采取的下列措施中，正确的是（ABCE）。

A. 要求被检查的单位或者个人提供有关土地权利的文件和资料

B. 要求被检查的单位或者个人就有关土地权利的问题作出说明

C. 责令非法占用土地的单位或者个人停止违反土地管理法律、法规的行为

D. 查封单位或者个人非法占用的土地现场

E. 进入被检查单位或者个人非法占用的土地现场进行勘测

6-5（2020-17）根据现行《中华人民共和国土地管理法》，国家实行（D）用途管制制度。

A. 空间　　　　　　B. 国土　　　　　　C. 国土空间　　　　　　D. 土地

6-6（2021-33）根据《土地管理法》，县级以上人民政府自然资源主管部门履行监督检查职责时，采取的下列措施中，不正确的是（D）。

A. 要求被检查的单位或者个人提供有关土地权利的文件和资料

B. 要求被检查的单位或者个人就有关土地权利的问题作出说明

C. 责令非法占用土地的单位或者个人停止违反土地管理法律、法规的行为

D. 查封单位或者个人非法占用的土地现场

学习提示		重要的文件，逐字理解，近两年考题分值在 3 分
国土空间规划	体系	**第二条**　国家建立国土空间规划体系。土地开发、保护、建设活动应当坚持规划先行。经依法批准的国土空间规划是各类开发、保护、建设活动的基本依据。已经编制国土空间规划的，不再编制土地利用总体规划和城乡规划。在编制国土空间规划前，经依法批准的土地利用总体规划和城乡规划继续执行
	规划内容	**第三条**　国土空间规划应当细化落实国家发展规划提出的国土空间开发保护要求，**统筹布局农业、生态、城镇等功能空间，划定落实永久基本农田、生态保护红线和城镇开发边界。** **国土空间规划应当包括国土空间开发保护格局和规划用地布局、结构、用途管制要求等**内容，明确耕地保有量、建设用地规模、禁止开垦的范围等要求，统筹基础设施和公共设施用地布局，综合利用地上下空间，合理确定并严格控制新增建设用地规模，提高土地节约集约利用水平，保障土地的可持续利用【★★】
	土地调查	**第四条**　土地调查应当包括下列内容：【★★★】 **（一）土地权属以及变化情况；** **（二）土地利用现状以及变化情况；** **（三）土地条件。** ♯多选辨析
	等级评定	**第五条**　国务院自然资源主管部门会同有关部门制定土地等级评定标准。 县级以上人民政府自然资源主管部门应当会同有关部门根据土地等级评定标准，对土地等级进行评定。地方土地等级评定结果经本级人民政府审核，报上一级人民政府自然资源主管部门批准后向社会公布。 根据国民经济和社会发展状况，**土地等级每五年重新评定一次**
耕地保护	耕地补偿	**第八条**　国家实行占用耕地补偿制度。在国土空间规划确定的城市和村庄、集镇建设用地范围内经依法批准占用耕地，以及在国土空间规划确定的城市和村庄、集镇建设用地范围外的能源、交通、水利、矿山、军事设施等建设项目经依法批准占用耕地的，分别由县级人民政府、农村集体经济组织和建设单位负责开垦与所占用耕地的数量和质量相当的耕地；没有条件开垦或者开垦的耕地不符合要求的，应当按照省、自治区、直辖市的规定缴纳耕地开垦费，专款用于开垦新的耕地
	禁止土地开发	**第九条**　禁止任何单位和个人在国土空间规划确定的禁止开垦的范围内从事土地开发活动。 按照国土空间规划，开发未确定土地使用权的国有荒山、荒地、荒滩从事种植业、林业、畜牧业、渔业生产的，应当向土地所在地的县级以上地方人民政府自然资源主管部门提出申请，按照省、自治区、直辖市规定的权限，由县级以上地方人民政府批准

耕地保护	特殊保护	**第十二条** 国家对耕地实行特殊保护，严守耕地保护红线，严格控制耕地转为林地、草地、园地等其他农用地，并建立耕地保护补偿制度，具体办法和耕地保护补偿实施步骤由国务院自然资源主管部门会同有关部门规定。#注意：特殊保护不是备案保护 非农业建设必须节约使用土地，可以利用荒地的，不得占用耕地；可以利用劣地的，不得占用好地。禁止占用耕地建窑、建坟或者擅自在耕地上建房、挖砂、采石、采矿、取土等。禁止占用永久基本农田发展林果业和挖塘养鱼。耕地应当优先用于粮食和棉、油、糖、蔬菜等农产品生产。按照国家有关规定需要将耕地转为林地、草地、园地等其他农用地的，应当优先使用难以长期稳定利用的耕地【★★★】
建设用地	一般规定	**第十四条** 建设项目需要使用土地的，应当符合国土空间规划、土地利用年度计划和用途管制以及节约资源、保护生态环境的要求，并严格执行建设用地标准，**优先使用存量建设用地**，提高建设用地使用效率。从事土地开发利用活动，应当采取有效措施，防止、减少土壤污染，并确保建设用地符合土壤环境质量要求
		第十七条 建设单位使用国有土地，应当以有偿使用方式取得；但是，法律、行政法规规定可以以划拨方式取得的除外。国有土地有偿使用的方式包括： **（一）国有土地使用权出让；** **（二）国有土地租赁；** **（三）国有土地使用权作价出资或者入股。【★★】#多选辨析**
		第二十条 建设项目施工、地质勘查需要临时使用土地的，应当尽量不占或者少占耕地。**临时用地由县级以上人民政府自然资源主管部门批准，期限一般不超过二年；**建设周期较长的能源、交通、水利等基础设施建设使用的临时用地，期限不超过四年；法律、行政法规另有规定的除外。土地使用者应当自临时用地期满之日起一年内完成土地复垦，使其达到可供利用状态，其中占用耕地的应当恢复种植条件
	农用地转用	**第二十三条** 在国土空间规划确定的城市和村庄、集镇建设用地范围内，为实施该规划而将农用地转为建设用地的，由市、县人民政府组织自然资源等部门拟订农用地转用方案，分批次报有批准权的人民政府批准。 农用地转用方案应当重点对建设项目安排、是否符合国土空间规划和土地利用年度计划以及补充耕地情况作出说明。农用地转用方案经批准后，由市、县人民政府组织实施
		第二十四条 建设项目确需占用国土空间规划确定的城市和村庄、集镇建设用地范围外的农用地，涉及占用永久基本农田的，由国务院批准；不涉及占用永久基本农田的，由国务院或者国务院授权的省、自治区、直辖市人民政府批准。具体按照下列规定办理： （一）建设项目批准、核准前或者备案前后，由自然资源主管部门对建设项目用地事项进行审查，提出建设项目用地预审意见。建设项目需要申请核发选址意见书的，应当合并办理建设项目用地预审与选址意见书，核发建设项目用地预审与选址意见书。

建设用地	**农用地转用**	（二）建设单位持建设项目的批准、核准或者备案文件，向市、县人民政府提出建设用地申请。市、县人民政府组织自然资源等部门拟订农用地转用方案，报有批准权的人民政府批准；依法应当由国务院批准的，由省、自治区、直辖市人民政府审核后上报。农用地转用方案应当重点对是否符合国土空间规划和土地利用年度计划以及补充耕地情况作出说明，涉及占用永久基本农田的，还应当对占用永久基本农田的必要性、合理性和补划可行性作出说明。 （三）农用地转用方案经批准后，由市、县人民政府组织实施
	土地征收	**第二十六条** 需要征收土地，县级以上地方人民政府认为符合《土地管理法》第四十五条规定的，应当发布征收土地预公告，并开展拟征收土地现状调查和社会稳定风险评估。征收土地预公告应当包括征收范围、征收目的、开展土地现状调查的安排等内容。征收土地预公告应当采用有利于社会公众知晓的方式，在拟征收土地所在的乡（镇）和村、村民小组范围内发布，预公告时间**不少于十个工作日**。自征收土地预公告发布之日起，任何单位和个人不得在拟征收范围内抢栽抢建；违反规定抢栽抢建的，对抢栽抢建部分不予补偿。 **土地现状调查应当查明土地的位置、权属、地类、面积，以及农村村民住宅、其他地上附着物和青苗等的权属、种类、数量等情况【★★】** **第二十八条** 征地补偿安置方案拟定后，县级以上地方人民政府应当在拟征收土地所在的乡（镇）和村、村民小组范围内公告，**公告时间不少于三十日**。征地补偿安置公告应当同时载明办理补偿登记的方式和期限、异议反馈渠道等内容。多数被征地的农村集体经济组织成员认为拟定的征地补偿安置方案不符合法律、法规规定的，县级以上地方人民政府应当组织听证 **第三十一条** 征收土地申请经依法批准后，县级以上地方人民政府应当自收到批准文件之日起**十五个工作日**内在拟征收土地所在的乡（镇）和村、村民小组范围内发布征收土地公告，公布征收范围、征收时间等具体工作安排，对个别未达成征地补偿安置协议的应当作出征地补偿安置决定，并依法组织实施
	宅基地管理	**第三十四条 农村村民申请宅基地的，应当以户为单位向农村集体经济组织提出申请；没有设立农村集体经济组织的，应当向所在的村民小组或者村民委员会提出申请。宅基地申请依法经农村村民集体讨论通过并在本集体范围内公示后，报乡（镇）人民政府审核批准。涉及占用农用地的，应当依法办理农用地转用审批手续。【★★★】** **第三十五条** 国家允许进城落户的农村村民依法自愿有偿退出宅基地。乡（镇）人民政府和农村集体经济组织、村民委员会等应当将退出的宅基地优先用于保障该农村集体经济组织成员的宅基地需求**【2022-41】**

建设用地	宅基地管理	第三十六条　依法取得的宅基地和宅基地上的农村村民住宅及其附属设施受法律保护。禁止违背农村村民意愿强制流转宅基地，禁止违法收回农村村民依法取得的宅基地，禁止以退出宅基地作为农村村民进城落户的条件，禁止强迫农村村民搬迁退出宅基地
	集体经营性建设用地管理	第三十八条　国土空间规划确定为工业、商业等经营性用途，且已依法办理土地所有权登记的集体经营性建设用地，土地所有权人可以通过出让、出租等方式交由单位或者个人在一定年限内有偿使用。
		第四十一条　土地所有权人应当依据集体经营性建设用地出让、出租等方案，以**招标、拍卖、挂牌或者协议**等方式确定土地使用者，双方应当签订书面合同，载明土地界址、面积、用途、规划条件、使用期限、交易价款支付、交地时间和开工竣工期限、产业准入和生态环境保护要求，约定提前收回的条件、补偿方式、土地使用权届满续期和地上建筑物、构筑物等附着物处理方式，以及违约责任和解决争议的方法等，并报市、县人民政府自然资源主管部门备案。未依法将规划条件、产业准入和生态环境保护要求纳入合同的，合同无效；造成损失的，依法承担民事责任。合同示范文本由国务院自然资源主管部门制定【★★】
		第四十三条　通过出让等方式取得的集体经营性建设用地使用权依法**转让、互换、出资、赠与或者抵押**的，双方应当签订书面合同，并书面通知土地所有权人。【★★】 集体经营性建设用地的出租，集体建设用地使用权的出让及其最高年限、转让、互换、出资、赠与、抵押等，参照同类用途的国有建设用地执行，法律、行政法规另有规定的除外

 典型习题

6-7（2022-41）根据《土地管理法实施条例》，下列关于宅基地管理的说法中，错误的是（C）。

A. 基地申请依法经农村村民集体讨论通过并在本集体范围内公示后，报乡（镇）人民政府审核批准

B. 涉及占用农用地的，应当依法办理农用地转用审批手续

C. 宅基地申请应当报村民委员会审核批准

D. 国家允许进城落户的农村村民依法自愿有偿退出宅基地

6-8（2022-41）根据《土地管理法实施条例》，下列关于宅基地管理的说法中，错误的是（C）。

A. 基地申请依法经农村村民集体讨论通过并在本集体范围内公示后，报乡（镇）人民政府审核批准

B. 涉及占用农用地的，应当依法办理农用地转用审批手续

C. 宅基地申请应当报村民委员会审核批准

D. 国家允许进城落户的农村村民依法自愿有偿退出宅基地

【考点3】《中共中央　国务院关于加强耕地保护和改进占补平衡的意见》

学习提示	一般性文件，了解即可。考题分值在 1 分

总体框架	总体目标	到 2020 年，全国**耕地保有量不少于 18.65 亿亩**，永久基本农田保护面积不少于 15.46 亿亩，确保建成 8 亿亩、力争建成 10 亿亩高标准农田【2019 - 75】【★★】
	严格控制建设占用耕地	**（四）加强土地规划、严格控制建设占用耕地。** 　　管控和用途管制。充分发挥土地利用总体规划的整体管控作用，从严核定新增建设用地规模，优化建设用地布局，从严控制建设占用耕地特别是优质耕地。实行新增建设用地计划安排与土地节约集约利用水平、补充耕地能力挂钩，对建设用地存量规模较大、利用粗放、补充耕地能力不足的区域，适当调减新增建设用地计划。探索建立土地用途转用许可制，强化非农建设占用耕地的转用管控。 **（五）严格永久基本农田划定和保护。** 　　全面完成永久基本农田划定，将永久基本农田划定作为土地利用总体规划的规定内容，在规划批准前先行核定并上图入库、落地到户，并与农村土地承包经营权确权登记相结合，将永久基本农田记载到农村土地承包经营权证书上。粮食生产功能区和重要农产品生产保护区范围内的耕地要优先划入永久基本农田，实行重点保护。永久基本农田一经划定，任何单位和个人不得擅自占用或改变用途。强化永久基本农田对各类建设布局的约束，各地区各有关部门在编制城乡建设、基础设施、生态建设等相关规划，推进多规合一过程中，应当与永久基本农田布局充分衔接，**原则上不得突破永久基本农田边界**。一般建设项目不得占用永久基本农田，重大建设项目选址确实难以避让永久基本农田的，在可行性研究阶段，必须对占用的必要性、合理性和补划方案的可行性进行严格论证，通过国土资源部用地预审；农用地转用和土地征收依法依规报国务院批准。严禁通过擅自调整县乡土地利用总体规划，规避占用永久基本农田的审批
	改进耕地占补平衡管理	**（七）严格落实耕地占补平衡责任。** 　　完善耕地占补平衡责任落实机制。非农建设占用耕地的，建设单位必须依法履行补充耕地义务，无法自行补充数量、质量相当耕地的，应当按规定足额缴纳耕地开垦费。地方各级政府负责组织实施土地整治，通过土地整理、复垦、开发等推进高标准农田建设，增加耕地数量、提升耕地质量，**以县域自行平衡为主、省域内调剂为辅、国家适度统筹为补充**，落实补充耕地任务。各省（自治区、直辖市）政府要依据土地整治新增耕地平均成本和占用耕地质量状况等，制定差别化的耕地开垦费标准。对经依法批准占用永久基本农田的，缴费标准按照当地耕地开垦费最高标准的两倍执行。

总体框架	改进耕地占补平衡管理	**（八）大力实施土地整治。** 落实补充耕地任务。各省（自治区、直辖市）政府负责统筹落实本地区年度补充耕地任务，确保省域内建设占用耕地及时保质保量补充到位。拓展补充耕地途径，统筹实施土地整治、高标准农田建设、城乡建设用地增减挂钩、历史遗留工矿废弃地复垦等，新增耕地经核定后可用于落实补充耕地任务。在严格保护生态前提下，科学划定宜耕土地后备资源范围，禁止开垦严重沙化土地，禁止在 25 度以上陡坡开垦耕地，禁止违规毁林开垦耕地。鼓励地方统筹使用相关资金实施土地整治和高标准农田建设。充分发挥财政资金作用，鼓励采取政府和社会资本合作（PPP）模式、以奖代补等方式，引导农村集体经济组织、农民和新型农业经营主体等，根据土地整治规划投资或参与土地整治项目，多渠道落实补充耕地任务
	推进耕地质量提升和保护	**（十二）大规模建设高标准农田。** 各省（自治区、直辖市）要根据全国高标准农田建设总体规划和全国土地整治规划的安排，逐级分解高标准农田建设任务，统一建设标准、统一上图入库、统一监管考核。建立政府主导、社会参与的工作机制，以财政资金引导社会资本参与高标准农田建设，充分调动各方积极性。加强高标准农田后期管护，按照谁使用、谁管护和谁受益、谁负责的原则，落实高标准农田基础设施管护责任。高标准农田建设情况要统一纳入国土资源遥感监测"一张图"和综合监管平台，实行在线监管，统一评估考核

 典型习题

6 - 9（2019 - 75）《中共中央　国务院关于加强耕地保护和改进占补平衡的意见》中要求，到 2020 年全国（B）保有量不少于 18.65 亿亩。

A. 农地　　　　　　　　　　　　　B. 耕地

C. 永久基本农田　　　　　　　　　D. 生态用地

【考点 4】《节约集约利用土地规定》

学习提示	一般性文件，了解即可。考题分值在 1 分	
总则	部门	**第四条**　县级以上地方自然资源主管部门应当加强与发展改革、财政、环境保护等部门的沟通协调，将土地节约集约利用的目标和政策措施纳入地方经济社会发展总体框架、相关规划和考核评价体系【★★】

规模引导	土地分类	第七条　国家通过土地利用总体规划，确定建设用地的规模、布局、结构和时序安排，对建设用地实行总量控制。土地利用总体规划确定的约束性指标和分区管制规定不得突破。下级土地利用总体规划不得突破上级土地利用总体规划确定的约束性指标【★★★】
	控制	第九条　自然资源主管部门应当通过规划、计划、用地标准、市场引导等手段，有效控制特大城市新增建设用地规模，适度增加集约用地程度高、发展潜力大的地区和中小城市、县城建设用地供给，合理保障民生用地需求
布局优化	划定边界	第十一条　自然资源主管部门应当在土地利用总体规划中划定城市开发边界和禁止建设的边界，实行建设用地空间管制。城市建设用地应当因地制宜采取组团式、串联式、卫星城式布局，避免占用优质耕地特别是永久基本农田
标准控制	用地标准控制	第十五条　国家实行建设项目用地标准控制制度。自然资源部会同有关部门制定工程建设项目用地控制指标、工业项目建设用地控制指标、房地产开发用地宗地规模和容积率等建设项目用地控制标准。地方自然资源主管部门可以根据本地实际，制定和实施更加节约集约的地方性建设项目用地控制标准
市场配置	确定价格	第二十二条　经营性用地应当以招标拍卖挂牌的方式确定土地使用者和土地价格。各类有偿使用的土地供应不得低于国家规定的用地最低价标准。禁止以土地换项目、先征后返、补贴、奖励等形式变相减免土地出让价款
	出让土地	第二十三条　市、县自然资源主管部门可以采取先出租后出让、在法定最高年期内实行缩短出让年期等方式出让土地。采取先出租后出让方式供应工业用地的，应当符合自然资源部规定的行业目录【★★】
	土地利用率	第二十四条　鼓励土地使用者在符合规划的前提下，通过厂房加层、厂区改造、内部用地整理等途径提高土地利用率。在符合规划、不改变用途的前提下，现有工业用地提高土地利用率和增加容积率的，不再增收土地价款【★★】
盘活利用	分解下达新增建设用地	第二十八条　县级以上自然资源主管部门在分解下达新增建设用地计划时，应当与批而未供和闲置土地处置数量相挂钩，对批而未供、闲置土地数量较多和处置不力的地区，减少其新增建设用地计划安排。 自然资源部和省级自然资源主管部门负责城镇低效用地再开发的政策制定。对于纳入低效用地再开发范围的项目，可以制定专项用地政策
	集中连片	第三十条　农用地整治应当促进耕地集中连片，增加有效耕地面积，提升耕地质量，改善生产条件和生态环境，优化用地结构和布局。宜农未利用地开发，应当根据环境和资源承载能力，坚持有利于保护和改善生态环境的原则，因地制宜适度开展

盘活 利用	低效 用地 再开 发	第三十二条　县级以上地方自然资源主管部门在本级人民政府的领导下，会同有关部门建立城镇低效用地再开发、废弃地再利用的激励机制，对**布局散乱、利用粗放、用途不合理、闲置浪费**等低效用地进行再开发，对因采矿损毁、交通改线、居民点搬迁、产业调整形成的废弃地实行复垦再利用，促进土地优化利用。 　　鼓励社会资金参与城镇低效用地、废弃地再开发和利用。鼓励土地使用者自行开发或者合作开发【★★】

【考点5】《自然资源部关于开展全域土地综合整治试点工作的通知》

学习 提示	**一般性文件，了解即可。考题分值在 1 分**
目标 任务	乡镇政府负责组织统筹编制村庄规划，将整治任务、指标和布局要求落实到具体地块，确保整治区域内耕地质量有提升、新增耕地面积不少于原有耕地面积的5%，并做到建设用地总量不增加、生态保护红线不突破
支持 政策	整治区域内涉及永久基本农田调整的，应编制调整方案并按已有规定办理，**确保新增永久基本农田面积不少于调整面积的 5%，调整方案应纳入村庄规划**。整治区域完成整治任务并通过验收后，更新完善永久基本农田数据库。 　　整治验收后腾退的建设用地，在保障试点乡镇农民安置、农村基础设施建设、公益事业等用地的前提下，**重点用于农村一、二、三产业融合发展**。节余的建设用地指标按照城乡建设用地增减挂钩政策，可在省域范围内流转。自然资源部将对试点工作予以一定的计划指标支持
工作 要求	省级自然资源主管部门要发挥牵头作用，制定具体实施办法。要统筹各类项目和资金，整合相关审批事项，建立相关制度和多元化投入机制，发挥农村集体组织作用。要加强实施监管，土地综合整治有关信息要纳入国土空间基础信息平台。禁止违背农民意愿搞大拆大建，禁止破坏生态环境砍树挖山填湖、占用耕地搞人造景观、破坏乡村风貌和历史文脉等，发现问题要及时纠正

【考点6】《中华人民共和国城市房地产管理法》（2019 年修正）

学习 提示	**基础性文件，每年会考察 1 分**

基本规定	**适用范围**	**第二条**　在中华人民共和国城市规划区国有土地（以下简称国有土地）范围内取得房地产开发用地的土地使用权，从事**房地产开发、房地产交易，实施房地产管理**，应当遵守本法。 本法所称房地产交易，包括**房地产转让、房地产抵押和房屋租赁【2021-36】【★★★】**
	主管机关	**第七条**　**国务院建设行政主管部门、土地管理部门依照国务院规定的职权划分**，各司其职，密切配合，管理全国房地产工作。 县级以上地方人民政府房产管理、土地管理部门的机构设置及其职权由省、自治区、直辖市人民政府确定
土地使用权出让	**仅限于国有土地**	**第八条**　土地使用权出让，是指国家将国有土地使用权（以下简称土地使用权）在一定年限内出让给土地使用者，由土地使用者向国家支付土地使用权出让金的行为
		第九条　城市规划区内的集体所有的土地，经依法征收转为国有土地后，该幅国有土地的使用权方可有偿出让，但法律另有规定的除外
	使用权出让	**第十一条**　县级以上地方人民政府出让土地使用权用于房地产开发的，须根据省级以上人民政府下达的控制指标拟订年度出让土地使用权总面积方案，按照国务院规定，报国务院或者省级人民政府批准
		第十二条　土地使用权出让，由市、县人民政府有计划、有步骤地进行。出让的每幅地块、用途、年限和其他条件，由市、县人民政府土地管理部门会同城市规划、建设、房产管理部门共同拟订方案，按照国务院规定，报经有批准权的人民政府批准后，由市、县人民政府土地管理部门实施。 直辖市的县人民政府及其有关部门行使前款规定的权限，由直辖市人民政府规定
	出让方式	**第十三条**　土地使用权出让，可以采取**拍卖、招标或者双方协议**的方式。**【2021-37】【★★★】** 商业、旅游、娱乐和豪华住宅用地，**有条件的，必须采取拍卖、招标方式；没有条件，不能采取拍卖、招标方式的，可以采取双方协议的方式。** 采取双方协议方式出让土地使用权的出让金**不得低于按国家规定所确定的最低价**。
		第十四条　土地使用权出让最高年限由**国务院**规定

土地使用者划拨	概念	**第二十三条** 土地使用权划拨，是指县级以上人民政府依法批准，在土地使用者缴纳补偿、安置等费用后将该幅土地交付其使用，或者将土地使用权无偿交付给土地使用者使用的行为。 依照本法规定以划拨方式取得土地使用权的，除法律、行政法规另有规定外，没有使用期限的限制
	范围	**第二十四条** 下列建设用地的土地使用权，确属必需的，可以由县级以上人民政府依法批准划拨：①国家机关用地和军事用地；②城市基础设施用地和公益事业用地；③国家重点扶持的能源、交通、水利等项目用地；④法律、行政法规规定的其他用地【2021 - 78】【★★】
房地产开发	未动工开发的处罚	**第二十六条** 以出让方式取得土地使用权进行房地产开发的，必须按照土地使用权出让合同约定的土地用途、动工开发期限开发土地。**超过出让合同约定的动工开发日期满一年未动工开发的**，可以征收相当于土地使用权出让金百分之二十以下的土地闲置费；**满二年未动工开发的**，可以无偿收回土地使用权；但是，因不可抗力或者政府、政府有关部门的行为或者动工开发必需的前期工作造成动工开发迟延的除外【2021 - 37】【★★★】
房地产转让		**第三十九条** **以出让方式取得土地使用权的**，转让房地产时，应当符合下列条件：按照出让合同约定已经支付全部土地使用权出让金，并取得土地使用权证书；按照出让合同约定进行投资开发，属于房屋建设工程的，完成开发投资总额的百分之二十五以上，属于成片开发土地的，形成工业用地或者其他建设用地条件。 转让房地产时房屋已经建成的，还应当持有房屋所有权证书
		第四十条 **以划拨方式取得土地使用权的**，转让房地产时，应当按照国务院规定，报有批准权的人民政府审批。有批准权的人民政府准予转让的，应当由受让方办理土地使用权出让手续，并依照国家有关规定缴纳土地使用权出让金。 以划拨方式取得土地使用权的，转让房地产报批时，有批准权的人民政府按照国务院规定决定可以不办理土地使用权出让手续的，转让方应当按照国务院规定将转让房地产所获收益中的土地收益上缴国家或者作其他处理
		第四十三条 以出让方式取得土地使用权的，转让房地产后，其土地使用权的使用年限为原土地使用权出让合同约定的使用年限减去原土地使用者已经使用年限后的剩余，以出让方式取得土地使用权的，转让房地产后，**受让人**改变原土地使用年限。#区分出让人与受让人
		第四十四条 权出让合同约定的土地用途的，必须取得原出让方和市、县人民政府城市规划行政主管部门的同意，签订土地使用权出让合同变更协议或者重新签订土地使用权出让合同，相应调整土地使用权出让金

 典型习题

6-10（2021-36）根据《中华人民共和国城市房地产管理法》，下列（ A ）不属于房地产交易。

A. 房地产评估　　　　B. 房地产转让　　　　C. 房地产抵押　　　　D. 房地产租赁

6-11（2021-78）下列用地类型中，一般应通过出让方式取得的建设用地是（ C ）。

A. 国家机关用地和军事用地

B. 城市基础设施用地和公益事业用地

C. 由政府组织实施的保障性安居工程建设用地

D. 国家重点扶持的能源、交通、水利等基础设施用地

【考点 7】《关于严格耕地用途管制有关问题的通知（2021 年)》

学习提示	一般文件，了解即可
设施农业用地政策	对设施农业用地政策全面收紧，提出从严要求：一是严禁新增占用永久基本农田建设畜禽养殖设施、水产养殖设施和破坏耕作层的种植业设施；二是严格控制新增农村道路、畜禽养殖设施、水产养殖设施和破坏耕作层的种植业设施等农业设施建设用地使用一般耕地。确需使用的，应经批准并符合相关标准
严格管控一般耕地转为其他农用地	（1）不得在一般耕地上挖湖造景、种植草皮。 （2）不得在国家批准的生态退耕规划和计划外擅自扩大退耕还林还草还湿还湖规模。经批准实施的，应当在"三调"底图和年度国土变更调查结果上，明确实施位置，带位置下达退耕任务。 （3）不得违规超标准在铁路、公路等用地红线外，以及河渠两侧、水库周边占用一般耕地种树建设绿化带。 （4）未经批准不得占用一般耕地实施国土绿化。经批准实施的，应当在"三调"底图和年度国土变更调查结果上明确实施位置。 （5）未经批准工商企业等社会资本不得将通过流转获得土地经营权的一般耕地转为林地、园地等其他农用地。 （6）确需在耕地上建设农田防护林的，应当符合农田防护林建设相关标准。建成后，达到国土调查分类标准并变更为林地的，应当从耕地面积中扣除。 （7）严格控制新增农村道路、畜禽养殖设施、水产养殖设施和破坏耕作层的种植业设施等农业设施建设用地使用一般耕地。确需使用的，应经批准并符合相关标准【2023-25】
占用补划	严格永久基本农田占用与补划。已划定的永久基本农田，任何单位和个人不得擅自占用或者改变用途。非农业建设不得"未批先建"

典型习题

6-12（2023-25）根据《关于严格耕地用途管制有关问题的通知》，下列关于一般耕地转为其他农用地严格管控的说法，错误的是（B）。

A. 不得在一般耕地上挖湖造景、种植草皮
B. 畜禽、水产养殖设施用地不得使用一般耕地
C. 通过流转获得土地经营权的一般耕地不得转为林地、园地等其他农用地
D. 确需在耕地上建设农田防护林的，应符合农田防护林建设相关标准

第七章 交 通 专 题

【考点 1】《城市综合交通体系规划标准》（GB/T 51328—2018）

学习提示	非常重要的文件，逐字理解，每年考题分值在 5～6 分。特别需要结合《城乡规划相关知识》科目第二章及《城乡规划原理》科目第五章的考点一起复习，并注意实务考交通大题（需准备语料库备考实务）	
术语	2.0.4 集约型公共交通：为城区中的所有人提供的大众化公共交通服务，且运输能力与运输效率较高的城市公共交通方式，简称公交。**可分为大运量、中运量和普通运量公交。大运量公交指单向客运能力大于 3 万人次/h 的公共交通方式；中运量公交指单向客运能力为 1 万～3 万人次/h 的公共交通方式；普通运量公交指单向客运能力小于 1 万人次/h 的公共交通方式。**【★】#定义辨析 2.0.10 当量小汽车：**以 4～5 座的小客车为标准车**，作为各种类型车辆换算道路交通量的当量车种，单位为 pcu。 #考查角度：概念辨析	
基本规定	概念	3.0.1 **城市综合交通（简称"城市交通"）应包括出行的两端都在城区内的城市内部交通，和出行至少有一端在城区外的城市对外交通（包括两端均在城区外，但通过城区组织的城市过境交通）。按照城市综合交通的服务对象可划分为城市客运与货运交通**【2020 - 28】
	范围	3.0.2 **城市综合交通体系规划的范围与年限应与城市总体规划一致**
	原则	3.0.3 城市综合交通体系应优先**发展绿色、集约**的交通方式，引导城市空间合理布局和人与物的安全、有序流动，并应充分发挥市场在交通资源配置中的作用，保障城市交通的效率与公平，支撑城市经济社会活动正常运行
基本规定	面积	3.0.4 规划的城市道路与交通设施用地面积应占城市规划建设用地面积的 15％～25％，人均道路与交通设施面积不应小于 12m²。城市综合交通体系规划与建设应集约、节约用地，并应优先保障步行、城市公共交通和自行车交通运行空间，合理配置城市道路与交通设施用地资源。【★★】#注意记忆数据

基本规定	规定	3.0.5　城市综合交通体系规划应符合下列规定：【★★】 1 城市内部客运交通中由步行与集约型公共交通、自行车交通承担的出行比例不应低于75%。【2022-11】 2 应为规划范围内所有出行者提供多样化的出行选择，并应保障其交通可达性，满足无障碍通行要求。 3 城市内部出行中，95%的通勤出行的单程时耗，规划人口规模100万及以上的城市应控制在60min以内（规划人口规模超过1000万的超大城市可适当提高），100万以下城市应控制在40min以内
	公交停车	3.0.8　规划人口规模100万及以上城市的地下空间的开发和改造，应优先、统筹考虑公共交通和停车设施
城市交通体系协调	城市客运交通	5.2.1　不同规模城市的客运交通系统规划应符合以下规定，带形城市可按其上一档规划人口规模城市确定。【2022-63】【★★】 1 规划人口规模500万及以上的城市，应确立大运量城市轨道交通在城市公共交通系统中的主体地位，以中运量及多层次普通运量公交为基础，以个体机动化客运交通方式作为中长距离客运交通的补充。规划人口规模达到1000万及以上时，应构建快线、干线等多层次大运量城市轨道交通网络。 2 规划人口规模300万～500万的城市，应确立大运量城市轨道交通在城市公共交通系统中的骨干地位，以中运量及多层次普通运量公交为主体，引导个体机动化交通方式的合理使用。 3 规划人口规模100万～300万的城市，宜以大、中运量公共交通为城市公共交通的骨干，多层次普通运量公交为主体，引导个体机动化客运交通方式的合理使用。 4 规划人口规模50万～100万的城市，客运交通体系宜以中运量公交为骨干，普通运量公交为基础，构建有竞争力的公共交通服务网络。 5 规划人口规模50万以下的城市，客运交通体系应以步行和自行车交通为主体，普通运量公交为基础，鼓励城市公共交通承担中长距离出行 #结合《城乡规划原理》科目考查
城市对外交通	一般规定	7.1.1　城市对外交通衔接应符合以下规定： 1 城市的各主要功能区对外交通组织均应高效、便捷。 2 各类对外客货运系统，应优先衔接可组织联运的对外交通设施，在布局上结合或邻近布置。 3 规划人口规模100万及以上城市的重要功能区、主要交通集散点，以及规划人口规模50万～100万的城市，应能15min到达高、快速路网，30min到达邻近铁路、公路枢纽，并至少有一种交通方式可在60min内到达邻近机场。 7.1.4　承担国家或区域性综合交通枢纽职能的城市，城市主要综合客运枢纽间交通连接转换时间不宜超过1h

城市对外交通	机场	7.2.1　衔接机场的铁路与道路系统布局应与机场的客货运服务腹地范围一致。年旅客吞吐量 2000 万人次及以上的机场宜与城际铁路、高速铁路衔接，年旅客吞吐量 1000 万人次及以上的机场，应布局与主要服务城市之间的机场专用道路，并宜设置城市航站楼。 7.2.2　机场集疏运交通组织应鼓励采用**集约型公共交通方式**。 7.2.3　布局有多个机场的城市，机场之间应设置快捷的联系道路或轨道交通
	铁路	7.3.2　铁路场站之间宜相互连通，布局应符合下列规定：【★★★】#结合《城乡规划原理》科目第五章交通部分复习 　1 规划人口规模 100 万及以上的城市，应根据城市空间布局和对外联系方向均衡布局铁路客运站；其他城市的铁路客运站宜根据城市空间布局和铁路线网合理设置。 　2 高、快速铁路主要客站应布置在**中心城区**内，并宜与普通铁路客运站结合设置，中心城区外规划人口规模 50 万人及以上的城市地区，宜设置高、快速铁路客运站。 　3 城际铁路客运站应靠近中心城镇和城市主要中心设置；承担城市通勤的铁路，其车站布局应与城市用地结合，并应满足城市交通组织的要求。 　4 铁路货运场站应与城市产业布局相协调，宜与公路、港口等货运枢纽和货运节点结合设置，并应具有便捷的集疏运通道。 　5 铁路编组站、动车段（所）等设施宜布局在中心城区边缘或之外。编组站应布置于铁路干线汇合处，并与铁路干线顺畅连接，可与铁路货运站结合设置
	公路	7.4.1　干线公路应与城市主干路及以上等级的道路衔接。规划人口规模 500 万及以上的城市，主要对外高速公路出入口宜根据城市空间布局，靠近城市承担区域服务职能的主要功能区设置。 7.4.2　进入中心城区内的公路，道路横断面除满足对外交通需求外，还应考虑步行、非机动车和城市公共交通的通行要求
	港口	7.5.1　大型货运港口应优先发展铁路、水路集疏运方式，并应规划独立的集疏运道路，集疏运道路应与国家和省级高速公路网络顺畅衔接。 7.5.2　城市客运港口宜与城市公共交通枢纽、公路客运站等交通枢纽结合设置。 7.5.3　宜根据港口运输特征的变化和城市发展状况适时调整港口功能，协调港口与城市建设的关系
客运枢纽	一般规定	8.1.1　城市客运枢纽按其承担的交通功能、客流特征和组织形式分为城市综合客运枢纽和城市公共交通枢纽两类。城市综合客运枢纽服务于航空、铁路、公路、水运等对外客流集散与转换，可兼顾城市内部交通的转换功能。城市公共交通枢纽服务于**以城市公共交通为主**的多种城市客运交通之间的转换。 8.1.2　城市客运枢纽应保障不同客运交通系统的客流安全、有序、高效地集散与转换。 8.1.3　城市客运枢纽应鼓励立体综合开发，充分利用地下空间。在用地紧张地区建设的城市客运枢纽，应适当缩减枢纽用地面积，进行立体开发。 8.1.4　城市客运枢纽中不同功能、方式、线路间的客流服务设施应共享或合并设置

客运枢纽	城市综合客运枢纽	8.2.1 城市综合客运枢纽应依据城市空间布局布置，应便于连接城市对外联系通道，服务城市主要活动中心。 8.2.2 城市综合客运枢纽宜与城市公共交通枢纽结合设置。城市综合客运枢纽必须设置城市公共交通衔接设施，规划有城市轨道交通的城市，主要的城市综合客运枢纽应有城市轨道交通衔接。枢纽内主要换乘交通方式出入口之间旅客步行距离不宜超过 200m。 8.2.3 城市综合客运枢纽中对外交通集散规模超过 5000 人次/d，应规划对外客流集散与转换用地，用地面积（不包括对外交通场站）应符合下列规定。 1 公共汽电车衔接设施面积应按 **100～120m²/标准车** 计算。 2 出租车服务点面积宜按 **26～32m²/辆** 计算。 3 机动车停车场宜按 **15～30m²/标准停车位** 计算。 4 非机动车停车场应**按 1.5～1.8m²/辆** 计算

8.3.2 城市公共交通枢纽高峰小时客流转换规模（不包括城市轨道交通车站内部换乘量）达到 2000 人次/h，应规划城市公共交通枢纽用地。根据高峰小时转换客流规模（不包括城市轨道交通内部换乘量），城市公共交通枢纽用地在城市中心区宜按照 0.5～1m²/人次控制，其他地区宜按照 1～1.5m²/人次控制，且总用地规模宜符合表 8.3.2（即表 7-1）的规定。

表 7-1　　城市公共交通枢纽用地规模【★★】#实务考点

客运枢纽区位	用地规模（m²）
城市中心区	2000～5000
其他地区	2000～10000

注：城市公共交通场站与城市公共交通枢纽合并设置时，城市公共交通场站等非枢纽功能的面积另计。

8.3.3 城市公共交通枢纽衔接交通设施的配置，应符合表 8.3.3（即表 7-2）规定。【2022-100】

表 7-2　　城市公共交通枢纽衔接交通设施配置要求

客运枢纽区位	交通设施配置要求
城市中心区	1. 宜设置城市公共汽电车首末站； 2. 应设置便利的步行交通系统； 3. 宜设置非机动车停车设施； 4. 宜设置出租车和社会车辆上、落客区
其他地区	1. 应设置城市公共汽电车首末站； 2. 应设置便利的步行交通系统； 3. 宜设置非机动车停车设施； 4. 应设置出租车上、落客区； 5. 宜设置社会车辆立体停车设施

#注意辨析城市中心区与其他地区的不同要求

9.1.2 中心城区集约型公共交通服务应符合下列规定：

1 集约型公共交通站点 500m 服务半径覆盖的常住人口和就业岗位，在规划人口规模 100 万以上的城市**不应低于 90%**。【2012-12】

2 采用集约型公共交通方式的通勤出行，单程出行时间宜符合表 9.1.2（即表 7-3）的规定。

表 7-3　采用集约型城市公共交通的通勤出行单程出行时间控制要求

规划人口规模（万人）	采用集约型公交 95% 的通勤出行时间最大值（min）
≥500	60
300～500	50
100～300	45
50～100	40
20～50	35
<20	30

3 城市公共交通不同方式、不同线路之间的换乘距离**不宜大于 200m**，换乘时间宜控制在 10min 以内。【2021-56】

9.1.3 城市公共交通走廊按照高峰小时单向客流量或客流强度可分为**高、大、中与普通客流走廊**四个层级。

1. 各层级城市公共交通走廊客流特征应符合表 9.1.3（即表 7-4）的规定。【★】

表 7-4　城市公共交通走廊层级划分

层级	客流规模	宜选择的运载方式
高客流走廊	高峰小时单向客流量≥6 万人次/h 或客运强度≥3 万人次/（km·d）	城市轨道交通系统
大客流走廊	高峰小时单向客流量 3 万～6 万人次/h 或客运强度 2 万～3 万人次/（km·d）	
中客流走廊	高峰小时单向客流量 1 万～3 万人次/h 或客运强度 1 万～2 万人次/（km·d）	城市轨道交通或快速公共汽车（BRT）或有轨电车系统
普通客流走廊	高峰小时单向客流量 0.3 万～1 万人次/h	公共汽电车系统或有轨车系统

2. 城市公共交通走廊应设置专用公共交通路权

左侧栏：城市公共交通　一般规定

城市公共交通	城市轨道交通	高峰期95%的乘客在轨道交通系统内部（轨道交通站间）单程出行时间不宜大于45min。 9.3.2　城市轨道交通线路分为快线和干线，功能层次划分和运送速度宜符合表9.3.2（即表7-5）的规定。 表7-5　　城市轨道交通线路功能层次划分和运送速度

表7-5　　城市轨道交通线路功能层次划分和运送速度

大类	小类	运送速度（km/h）
快线	A	≥65
	B	45～60
干线	A	30～40
	B	20～30（不含）

9.3.4　城市轨道交通系统布局应符合下列规定：

1 城市轨道交通线路走向应与客流走廊主方向一致。

2 城市轨道交通快线宜布局在中客流及以上等级客流走廊，客流密度不宜小于10万人·km/（km·d）。干线A宜布局在大客流及以上等级客流走廊，干线B宜布局在大、中客流走廊。

3 城市轨道交通线路长度大于50km时，宜选用快线A；30～50km时，宜选用快线B；干线宜布局在中心城区内。【★】

4 根据客流走廊的客流特征和运量等要求，可在同一客流走廊内布设多条轨道交通线路。

9.3.6　城市轨道交通站点周边800m半径范围内应布设高可达、高服务水平的步行交通网络；城市轨道交通站点非机动车停车场选址宜在站点出入口50m内；城市轨道交通站点与公交首末站衔接时，站点出入口与首末站的换乘距离不宜大于100m；与公交停靠站衔接，换乘距离不宜大于50m【2020-97】【★★★】

步行与非机动车交通 | 步行交通

10.2.3　人行道最小宽度不应小于2.0m，且应与车行道之间设置物理隔离。

10.2.4　大型公共建筑和大、中运量城市公共交通站点800m范围内，人行道最小通行宽度不应低于4.0m；城市土地使用强度较高地区，各类步行设施网络密度不宜低于14km/km²，其他地区各类步行设施网络密度不应低于8km/km²。【★】

10.3.3　适宜自行车骑行的城市和城市片区，非机动车道的布局与宽度应符合下列规定：

1 最小宽度不应小于2.5m。

2 城市土地使用强度较高和中等地区各类非机动车道网络密度不应低于8km/km²。

3 非机动车专用路、非机动车专用休闲与健身道、城市主次干路上的非机动车道，以及城市主要公共服务设施周边、客运走廊500m范围内城市道路上设置的非机动车道，单向通行宽度不宜小于3.5m，双向通行不宜小于4.5m，并应与机动车交通之间采取物理隔离。

4 不在城市主要公共服务设施周边及客运走廊500m范围内的城市支路，其非机动车道宜与机动车交通之间采取非连续性物理隔离，或对机动车交通采取交通稳静化措施

城市货运交通	城市对外货运枢纽及其集疏运交通	**11.2.1** 城市对外货运枢纽包括各类对外运输方式的货运枢纽，及其延伸的地区性货运中心和内陆港。其布局应依托港口、铁路和机场货运枢纽或者仓储物流用地设置，并应符合下列规定： 　1 地区性货运中心应临近对外货运交通枢纽，或设置与其相连接的专用货运通道。 　2 内陆港应贴近货源生成地或集散地，并与铁路货运站、水运码头或高速公路衔接便捷。 　3 地区性货运中心和内陆港与居住区、医院、学校等的距离**不应小于 1km。** **11.2.2** 单个地区性货运中心及内陆港的用地面积不宜超过 1km²。 **11.2.3** 城市对外货运枢纽的集疏运系统规划应符合下列规定： 　1 依托航空、铁路、公路运输的城市货运枢纽，应设置高速公路集疏运通道，或设置与高速公路相衔接的城市快速路、主干路集疏运通道。 　2 依托海港、大型河港的城市货运枢纽应加强水路集疏运通道建设，并与高速公路相衔接。高速公路集疏运通道的数量应根据货物属性和吞吐量确定。年吞吐量超亿吨的货运枢纽宜至少与两条高速公路集疏运通道衔接；大型集装箱枢纽、以大宗货物为主的货运枢纽应设置铁路集疏运通道。 　3 油、气、液体货物集疏运宜采用管道交通方式，管道不得通过居住区和人流集中的区域。 　4 城市货运枢纽到达高速公路（或其他高等级公路）通道的时间**不宜超过 20min。** **11.2.4** 过境货运交通禁止穿越城市中心区，**且不宜通过中心城区**

城市道路	一般规定	**12.1.4** 中心城区内道路系统的密度不宜小于 8km/km² 【★★】
	城市道路的功能等级	**12.2.1** 按照城市道路所承担的城市活动特征，**城市道路应分为干线道路、支线道路，以及联系两者的集散道路三个大类；城市快速路、主干路、次干路和支路四个中类和八个小类。**不同城市应根据城市规模、空间形态和城市活动特征等因素确定城市道路类别的构成，并应符合下列规定：【★★★★★】#重点掌握 　1 干线道路应承担城市中、长距离联系交通，集散道路和支线道路共同承担城市中、长距离联系交通的集散和城市中、短距离交通的组织。 　2 应根据城市功能的连接特征确定城市道路中类。城市道路中类划分与城市功能连接、城市用地服务的关系应符合表 12.2.1（即表 7-6）的规定。 表 7-6　　不同连接类型与用地服务特征所对应的城市道路功能等级

用地服务 连接类型	为沿线用地服务很少	为沿线用地服务较少	为沿线用地服务较多	直接为沿线用地服务
城市主要中心之间连接	快速路	主干路	—	—
城市分区（组团）间连接	快速路/主干路	主干路	主干路	—
分区（组团）内连接	—	主干路/次干路	主干路/次干路	—
社区级渗透性连接	—	—	次干路/支路	次干路/支路
社区到达性连接	—	—	支路	支路

续表

城市道路 | 城市道路的功能等级

12.2.2 城市道路小类划分应符合表12.2.2（即表7-7）的规定。**【★★★★★】#重点掌握**

表7-7　　城市道路功能等级划分与规划要求

大类	中类	小类	功能说明	设计速度（km/h）	高峰小时服务交通量推荐（双向pcu）
干线道路	快速路	Ⅰ级快速路	为城市长距离机动车出行提供快速、高效的交通服务	80～100	3000～12000
		Ⅱ级快速路	为城市长距离机动车出行提供快速交通服务	60～80	2400～9600
	主干路	Ⅰ级主干路	为城市主要分区（组团）间的中、长距离联系交通服务	60	2400～5600
		Ⅱ级主干路	为城市分区（组团）间中、长距离联系以及分区（组团）内部主要交通联系服务	50～60	1200～3600
		Ⅲ级主干路	为城市分区（组团）间联系以及分区（组团）内部中等距离交通联系提供辅助服务，为沿线用地服务较多	40～50	1000～3000
集散道路	次干路	次干路	为干线道路与支线道路的转换以及城市内中、短距离的地方性活动组织服务	30～50	300～2000
支线道路	支路	Ⅰ级支路	为短距离地方性活动组织服务	20～30	—
		Ⅱ级支路	为短距离地方性活动组织服务的街坊内道路、步行、非机动车专用路等	—	—

12.2.3 城市道路的分类与统计应符合下列规定：

1 城市快速路统计应仅包含快速路主路，快速路辅路应根据承担的交通特征，**计入Ⅲ级主干路或次干路**。

2 公共交通专用路**应按照Ⅲ级主干路，计入统计**。

3 承担城市景观展示、旅游交通组织等具有特殊功能的道路，**应按其承担的交通功能分级并纳入统计**。

4 Ⅱ级支路应包括可供公众使用的非市政权属的街坊内道路，**根据路权情况计入步行与非机动车路网密度统计，但不计入城市道路面积统计。**

5 中心城区内的公路应按照其承担的城市交通功能分级，**纳入城市道路统计**

城市道路	城市道路网布局	12.3.4 道路交叉口相交道路不宜超过 4 条。 12.3.5 城市中心区的道路网络规划应符合以下规定：【★★★★★】 1 中心区的道路网络应主要承担中心区内的城市活动，并宜以Ⅲ级主干路、次干路和支路为主； 2 城市Ⅱ级主干路及以上等级干线道路不宜穿越城市中心区。 12.3.6 城市规划环路时，应符合下列规定： 1 规划人口规模 100 万及以上规模城市外围可布局外环路，宜以Ⅰ级快速路或高速公路为主，为城市过境交通提供绕行服务。 2 历史城区外围、规划人口规模 100 万及以上城市中心区外围，可根据城市形态布局环路，分流中心区的穿越交通。 3 环路建设标准不应低于环路内最高等级道路的标准，并应与放射性道路衔接良好。 12.3.7 规划人口规模 100 万及以上的城市主要对外方向应有 2 条以上城市干线道路，其他对外方向宜有 2 条城市干线道路；分散布局的城市，各相邻片区、组团之间宜有 2 条以上城市干线道路
	城市道路红线宽度与断面空间分配	12.4.1 城市道路的红线宽度应优先满足城市公共交通、步行与非机动车交通通行空间的布设要求，并应根据城市道路承担的交通功能和城市用地开发状况，以及工程管线、地下空间、景观风貌等布设要求综合确定。 12.4.2 城市道路红线宽度（快速路包括辅路），规划人口规模 50 万及以上城市不应超过 70m，20 万～50 万的城市不应超过 55m，20 万以下城市不应超过 40m。 12.4.7 全方式出行中自行车出行比例高于 10% 的城市，布设主要非机动车通道的次干路宜采用三幅路形式，对于自行车出行比例季节性变化大的城市宜采用单幅路；其他次干路可采用单幅路；支路宜采用单幅路。 12.4.8 城市道路立体交叉用地宜按照枢纽立交 8～12hm^2、一般立交 6～8hm^2 控制，跨河通道和穿山隧道两端主要节点宜按高限控制
	干线道路系统	12.5.1 干线道路规划应以提高城市机动化交通运行效率为原则。干线道路承担的机动化交通周转量（车·km）应符合表 12.5.1（即表 7-8）的规定，带形城市取高值，组团城市取低值。 表 7-8　　　　　干线道路的规模及承担的机动化交通周转量比例

规划人口规模（万人）	<50	50～100	100～300	≥300
周转量（车·km）比例（%）	45～55	50～70	60～75	70～80
干线道路里程比例（%）	10～20	10～20	15～20	15～25

		12.5.2 干线道路选择应满足下列规定:
		1 不同规模城市干线道路的选择宜符合表 12.5.2（即表 7-9）的规定。

表 7-9　　　　　　　　　城市干线道路等级选择要求

规划人口规模（万人）	最高等级干线道路
≥200	Ⅰ级快速路或Ⅱ级快速路
100～200	Ⅱ级快速路或Ⅰ级主干路
50～100	Ⅰ级主干路
20～50	Ⅱ级主干路
≤20	Ⅲ级主干路

**城市
道路**

**干线
道路
系统**

2 带形城市可参照上一档规划人口规模的城市选择。当中心城区长度超过 30km 时，宜规划Ⅰ级快速路；超过 20km 时，宜规划Ⅱ级快速路。

12.5.3 不同规划人口规模城市的干线道路网络密度可按表 12.5.3（即表 7-10）规划。城市建设用地内部的城市干线道路的间距不宜超过 1.5km。

表 7-10　　　　　　　不同规模城市的干线道路网络密度

规划人口规模（万人）	干线道路网络密度（km/km²）
≥200	1.5～1.9
100～200	1.4～1.9
50～100	1.3～1.8
20～50	1.3～1.7
≤20	1.5～2.2

12.5.4 干线道路上的步行、非机动车道应与机动车道隔离。

12.5.5 干线道路不得穿越历史文化街区与文物保护单位的保护范围，以及其他历史地段

**道路
衔接
与交
叉**

12.7.1 城市主要对外公路应与城市干线道路顺畅衔接，规划人口规模 50 万以下的城市可与次干路衔接。

12.7.2 城市道路与公路交叉时，若有一方为封闭路权道路，应采用立体交叉。

12.7.3 支线道路不宜直接与干线道路形成交叉连通

**其他
功能
道路**

12.9.1 承担城市防灾救援通道的道路应符合下列规定：

1 次干路及以上等级道路两侧的高层建筑应根据救援要求确定道路的建筑退线；

2 立体交叉口宜采用下穿式；

3 道路宜结合绿地与广场、空地布局；

城市道路	其他功能道路	4 7度地震设防的城市每个疏散方向**应有不少于 2 条对外放射的城市道路**； 5 承担城市防灾救援的通道应适当增加通道方向的道路数量。 **12.9.2** 城市滨水道路规划应符合下列规定： 1 结合岸线利用规划滨水道路，在道路与水岸之间宜保留一定宽度的自然岸线及绿带； 2 沿生活性岸线布置的城市滨水道路，**道路等级不宜高于Ⅲ级主干路**，并应降低机动车设计车速，优先布局城市公共交通、步行与非机动车空间； 3 通过生产性岸线和港口岸线的城市道路，应按照货运交通需要布局。 **12.9.3** 旅游道路、公交专用路、非机动车专用路、步行街等具有特殊功能的道路，其断面应与承担的交通需求特征相符合。以旅游交通组织为主的道路应减少其所承担的城市交通功能
停车场与公共加油加气站	一般规定	**13.1.1** 停车场是调节机动车拥有与使用的主要交通设施，停车位的供给应结合交通需求管理与城市建设情况，**分区域差异化供给。** **13.1.2** 停车场按停放车辆类型可分为非机动车停车场和机动车停车场；按用地属性可分为建筑物配建停车场和公共停车场。停车位按停车需求可分为**基本车位和出行车位。** **13.1.3** 停车场规划布局与规模应符合城市综合交通体系发展战略，与城市用地相协调，集约、节约用地。 **13.1.4** 机动车停车场应规划电动汽车充电设施。**公共建筑配建停车场、公共停车场应设置不少于总停车位 10%的充电停车位【★★★】**#也是《城乡规划实务》科目的考点
	非机动车停车场	**13.2.1** 非机动车停车场应满足非机动车的停放需求，宜在地面设置，并与非机动车交通网络相衔接。可结合需求设置分时租赁非机动车停车位。 **13.2.2** 公共交通站点及周边，非机动车停车位供给**宜高于其他地区**。 **13.2.3** 非机动车路内停车位应布设**在路侧带内**，但不应妨碍行人通行。 **13.2.4** 非机动车停车场可与机动车停车场结合设置，但进出通道应分开布设。 **13.2.5** 非机动车的单个停车位面积宜**取 1.5～1.8㎡**
	机动车停车场	**13.3.1** 应根据城市综合交通体系协调要求确定机动车基本车位和出行车位的供给，调节城市的动态交通。 **13.3.2** 应分区域差异化配置机动车停车位，公共交通服务水平高的区域，**机动车停车位供给指标应低于公共交通服务水平低的区域。** **13.3.3** 机动车停车位供给应以建筑物配建停车场为主、公共停车场为辅。 **13.3.4** 建筑物配建停车位指标的制定应符合以下规定： 1 住宅类建筑物配建停车位指标应与城市机动车拥有量水平相适应； 2 非住宅类建筑物配建停车位指标应结合建筑物类型与所处区位差异化设置。医院等特殊公共服务设施的配建停车位指标应设置**下限值**，行政办公、商业、商务建筑配建停车位指标应设置**上限值**。

| | | 13.3.5　机动车公共停车场规划应符合以下规定：【2022-64】【★★★】

　　1 规划用地总规模宜按人均0.5～1.0m² 计算，规划人口规模 100 万及以上的城市宜取低值；

　　2 在符合公共停车场设置条件的城市绿地与广场、公共交通场站、城市道路等用地内可采用立体复合的方式设置公共停车场；

　　3 规划人口规模 100 万及以上的城市公共停车场宜以立体停车楼（库）为主，并应充分利用地下空间；

　　4 单个公共停车场规模不宜大于 500 个车位；

　　5 应根据城市的货车停放需求设置货车停车场，或在公共停车场中设置货车停车位（停车区）。

13.3.7　地面机动车停车场用地面积，宜按每个停车位 25～30m² 计。停车楼（库）的建筑面积，宜按每个停车位 30～40m² 计【2020-29】【★★★】 |
|机动车停车场| | |

停车场与公共加油加气站

公共加油加气站及充换电站

13.4.1　公共加油加气站的服务半径宜为1～2km ，公共充换电站的服务半径宜为2.5～4km 。城市土地使用高强度地区、山地城市宜取低值。

13.4.2　公共加油站、加气站宜合建，公共加油加气站用地面积宜符合表 13.4.2（即表 7-11）的规定。城市中心区宜设置三级加油加气站。公共充电站用地面积宜控制在2500～5000m² ；公共换电站用地面积宜控制在 2000～2500m² 。

表 7-11　　　　　　　　　公共加油加气站用地面积指标

昼夜加油（气）的车次数	加油加气站等级	用地面积（m²）
2000 以上	一级	3000～3500
1500～2000	二级	2500～3000
300～1500	三级	800～2500

注：对外主要通道附近的加油站用地面积宜取上限。

13.4.3　公共加油加气站及充换电站的选址，应符合现行国家相关标准要求。

13.4.4　公共加油加气站及充换电站宜沿城市主、次干路设置，其出入口距道路交叉口不宜小于 100m 。

13.4.5　每 2000 辆电动汽车应配套一座公共充电站。

13.4.6　公共汽车加油加气站及充换电站应结合城市公共交通场站设置

 典型习题

7-1（2022-11）《城市综合交通体系规划标准》下列关于中小城市内部客运交通出行分担率的说法，正确的是（ C ）。

A. 由集约型公交承担的出行比例不应低于 70%

B. 由步行、自行车交通承担的出行比例，不应低于 70%

C. 由步行与集约型公交、自行车交通承担的出行比例不应低于75%

D. 由集约型公交，新能源汽车承担的出行比例，不应低于90%

7-2（2022-100）根据《城市综合交通体系规划标准》，下列关于城市中心区公共交通枢纽衔接交通设置配置要求的说法中正确的有（ABDE）。

A. 宜设置城市公共汽电车首末站　　　　B. 应设置便利的步行交通系统

C. 宜设置社会车辆立体停车设施　　　　D. 宜设置非机动车停车设施

E. 宜设置出租车社会车辆落客区

7-3（2021-56）根据《城市综合交通体系规划标准》，城市公共交通方式不同、不同路线之间的换乘距离不宜大于（C）m。

A. 300　　　　　　B. 250　　　　　　C. 200　　　　　　D. 150

7-4（2022-12）根据《城市综合交通体系规划标准》关于大城市中心城区，公共交通覆盖率说法，错误的是（D）。

A. 公共汽电车站点300m半径覆盖城市建设用地面积占比不低于50%

B. 公共汽电车站点500m半径覆盖城市建设用地面积占比不低于90%

C. 集约型公共交通站点500m服务半径覆盖的常住人口与就业岗位比例不低于90%

D. 集约型公共交通站点600m服务半径覆盖的常住人口与就业岗位比例不低于75%

【考点2】《城市轨道交通线网规划标准》（GB/T 50546—2018）

学习提示	结合相关科目第二章考点复习，一般考1～2分	
服务水平	**内部出行时间**	5.1.2　城市轨道交通线网规划应保障城市轨道交通出行效率，城市主要功能区之间轨道交通系统内部出行时间应符合下列规定：【★★】 1 规划人口规模500万人及以上的城市，中心城区的市级中心与副中心之间不宜大于30min；150万～500万人的城市，中心城区的市级中心与副中心之间不宜大于20min； 2 中心城区市级中心与外围组团中心之间不宜大于30min，当两者之间为非通勤客流特征时，其出行时间指标不宜大于45min。【2021-57】 5.1.3　城市轨道交通线路与线路之间的换乘应方便、快捷，不同线路站台之间乘客换乘的平均步行时间不宜大于3min，困难条件下不宜大于5min。 5.1.4　城市轨道交通车厢舒适度由高到低可分为A、B、C、D、E五个等级，各等级车厢舒适度的技术特征指标宜符合表5.1.4（即表7-12）的规定。普线平均车厢舒适度不宜低于C级，快线平均车厢舒适度不宜低于B级。当线路客流方向不均衡系数大于2.5时，平均车厢舒适度可适当降低。【2021-84】【★★★】

		表 7 - 12　城市轨道交通不同等级车厢舒适度技术特征指标	
		舒适度等级	车厢站席密度（人/m²）
服务水平	内部出行时间	A 非常舒适	≤3
		B 舒适	3～4（含）
		C 一般	4～5（含）
		D 拥挤	5～6（含）
		E 非常拥挤	>6

| 线网组织与布局 | 网线布局 | **6.3.2**　中心城区线网布局应与中心城区空间结构形态、主要公共服务中心布局、主要客流走廊分布相吻合，并应符合下列规定：【2021 - 41】
　　1 线网应布设在主要客流走廊上，线路高峰小时单向最大断面客流量不应小于 1 万人次；
　　2 线网应衔接大型商业商务中心、行政中心、城市及对外客运枢纽、会展中心、体育中心、城市人口与就业密集区等公共服务设施和地区；
　　3 线网应提高沿客流主导方向的直达客流联系，降低线网换乘客流量和换乘系数。
6.3.6　市域的快线网规划布局应符合下列规定：【2021 - 84】【★★★】
　　1 快线应串联沿线主要客流集散点，在**外围**可设支线增加其覆盖范围；**≠注意：外围不是中心区；**
　　2 快线客流密度不宜小于 10 万人·km/（km·d）；**≠注意客流密度的单位；**
　　3 快线在中心城区与普线宜采用多线多点换乘方式，不宜与普线采用端点衔接方式；
　　4 当多条快线在中心城区布局时，应满足快线之间换乘需求的便捷性，并应结合交通需求分布特征研究互联互通的必要性。
6.3.9　**当快线、普线共用走廊时，快线与普线应独立设置**【2021 - 84】【★★★】 | |

| 用地控制 | 线路区间 | **9.2.2**　**线路区间建设控制区宽度宜为 30m。**当 2 条及以上线路共用走廊时，建设控制区宽度应相应增加，并应满足线路区间布置的要求【2021 - 84】 | |
| | 车站 | **9.3.1**　位于城市道路红线内的车站，车站主体宜布置在城市道路红线内，车站附属设施宜布置在城市道路红线外两侧毗邻地块内。每侧的车站附属设施建设控制区指标宜符合表 9.3.1（即表 7 - 13）的规定。【2022 - 60】 | |

表 7 - 13　　　　　　　　车站附属设施建设控制区指标

车站类型	长度（m）	宽度（m）
地下车站	200～300	15～20
高架车站、地面车站	**150～200**	15～25

9.3.2　位于城市道路红线外的车站，车站建设控制区指标宜符合表 9.3.2（即表 7 - 14）的规定。具备越行、折返等功能的车站建设控制区范围应相应增加，满足车站布置要求。

用地控制	车站	表 7-14	车站建设控制区指标	
		车站类型	长度（m）	宽度（m）
		地下车站	200～300	40～50
		高架车站、地面车站	150～200	50～60

 典型习题

7-5（2022-60）根据《城市轨道交通线网规划标准》，高架车站、地面车站每侧的车站附属设施建设控制区长度宜为（ C ）。

A. 50～70m   B. 100～120m

C. 150～200m   D. 200～250m

7-6（2021-41）下列关于城市轨道交通线网布局原则的表示，不准确的是（ D ）。

A. 城市轨道交通线网的功能层次应根据不同空间层次的交通需求特征和服务水平要求确定

B. 当一条客流走廊有多种速度标准需求时，宜采用由不同速度标准、不同系统制式组合而成的独立线路或混合线路组织模式

C. 城市轨道交通线网应根据城市各功能片区开发强度的不同，提供差异化服务

D. 中心城区轨道线应沿城市主要客流走廊布设，在中心区可设支线增加覆盖范围

【考点3】《城市对外交通规划规范》（GB 50925—2013）

学习提示	一般性文件，了解即可	
对外交通客运枢纽	4.2.1 对外交通客运枢纽应按对外交通区位、服务功能和客运规模分为三级。对外交通客运枢纽分级应符合表 4.2.1（即表 7-15）的规定。#也是《城乡规划实务》科目的考点	
	表 7-15　　　　　对外交通客运枢纽分级　　　　（人次/日）	
	分级	客运规模
	一级	＞80000
	二级	30000～80000
	三级	＜30000

铁路	铁路规划	5.1.2　铁路按运输功能应分为普速铁路、高速铁路和城际铁路；按铁路网中的技术等级应分为铁路干线、铁路支线和铁路专用线等
	铁路站场	5.3.1　铁路客运站应根据高峰小时旅客发送量分为特大型、大型和中小型客运站。 1 特大城市和大城市根据城市布局宜设置多个铁路客运站，并应明确分工、等级与衔接要求； 2 中小城市铁路客运站应根据城市布局和铁路线网合理设置； 3 高速铁路客运站应**在中心城区内**合理设置； 4 城际铁路客运站应根据铁路客运量、城市布局和交通条件合理设置。 5.3.2　铁路货运站场宜设置**在中心城区外围**，应具有便捷的集疏运通道，可结合公路、港口等货运枢纽合理设置。 5.3.3　集装箱中心站应设置**在中心城区外**，具有便捷的集疏运通道，与铁路干线顺畅连接，与公路有便捷的联系。 5.3.4　编组站、动车段（所）等铁路设施应设置在中心城区外，符合城市布局要求。编组站宜与货运站结合设置，位于铁路干线汇合处，与铁路干线顺畅连接。【★★★】 ＃辨析设置的位置，中心城区内还是外
	铁路用地	5.4.1　城镇建成区外高速铁路两侧隔离带规划控制宽度应**从外侧轨道中心线向外**不小于50m；普速铁路干线两侧隔离带规划控制宽度应从外侧轨道中心线向外不小于20m；其他线路两侧隔离带规划控制宽度应从外侧轨道中心线向外不小于15m。【2021-92】【★★★】 ＃注意关键词，中心线还是边线，外侧还是内侧
公路	公路规划	6.1.2　公路按在公路网中的地位和技术要求可分为高速公路、一级公路、二级公路、三级公路和四级公路。 6.1.3　特大城市和大城市主要对外联系方向上应有2条二级以上等级的公路。 6.1.4　高速公路应与城市快速路或主干路衔接，一级、二级公路应与城市主干路或次干路衔接
	公路设施	6.2.1　高速公路城市出入口，应根据城市规模、布局、公路网规划和环境条件等因素确定，**宜设置在建成区边缘**；特大城市可在建成区**内设置高速公路出入口，其平均间距宜为5~10km，最小间距不应小于4km**。【2022-67】 6.2.2　高速公路服务设施分为服务区和停车区，应结合高速公路网、用地条件和环境要求合理设置。**服务区平均间距应控制在50km，服务区之间宜设置停车区。** 6.2.3　对外社会停车场应根据城市布局、停车、换乘要求和客货运集散功能，设置在城市对外交通出入口附近

港口	港区规划	7.2.3 港区应合理确定集疏运方式，集疏运通道应与高速公路、一级公路、二级公路、城市快速路或主干路衔接
机场	机场规划	8.1.3 机场选址应符合工程地质、水文地质、地形、气象、环境和节约土地等民用机场建设条件，应便于城市和邻近地区使用。**枢纽机场、干线机场距离市中心宜为20～40km，支线机场距离市中心宜为10～20km。** 8.1.4 机场跑道轴线方向应避免穿越城区和城市发展主导方向，宜设置在城市一侧。跑道中心线延长线与城区边缘的垂直距离应大于5km；跑道中心线延长线穿越城市时，跑道中心线延长线靠近城市的一端与城区边缘的距离应大于15km，与居住区的距离应大于30km
	机场交通	8.2.2 枢纽机场、干线机场与城市之间应规划机场专用道路。枢纽机场应有2条及以上对外运输通道。 8.2.3 枢纽机场、重要的干线机场与城市间宜采用轨道交通方式，在机场服务范围内宜设置城市航站楼

 典型习题

7-7 （2021-15）根据《城市对外交通规划规范》，下列关于城镇建成区外高速铁路两侧隔离带规划控制宽度的说法，正确的是（B）。

A. 外侧轨道中心线向外不少于50m　　　B. 外侧轨道中心线向外不少于30m

C. 轨道中心线向外不少于50m　　　　　D. 轨道中心线向外不少于30m

7-8 （2022-18）根据《城市对外交通规划规范》城镇建成区外，（A）两侧隔离带规划控制宽度，从外侧轨道中心线向外不小于50m。

A. 高速铁路　　　　B. 普通铁路　　　　C. 普通公路　　　　D. 市域铁路

【考点4】《城市综合交通调查技术标准》（GB/T 51334—2018）

学习提示	一般性文件，了解即可	
城市道路交通调查	车型换算系数	9.2.4 核查线道路流量调查统计应以小客车为标准车进行车型换算，车型换算系数可按表9.2.4（即表7-16）确定。【2021-55】

表7-16　　　　　　　　　　车型换算系数

车型分类	标准车换算系数
小客车	1.0
出租车	1.0
公交车	1.2（小公共汽车）、2.0（单机车）、4.0（铰接式公共汽车）

		车型分类	标准车换算系数
城市道路交通调查	车型换算系数	大中客车（非公交）	2.0
		货车	1.2（小货车）、2.0（中货车）、4.0（大货车、集装箱）
		摩托车	0.4
		电动自行车	0.3
		自行车	0.2
		三轮车	0.6
		其他车	1.2

 典型习题

7-9（2021-55）根据《城市综合交通调查技术标准》规定，下列车辆转换系数不正确的是（B）。

A. 铰接式公共汽车 4.0　　　　　　B. 大货车 3.0

C. 摩托车 0.4　　　　　　　　　　D. 电动自行车 0.3

【考点5】《城市停车规划规范》（GB/T 51149—2016）

学习提示	**一般性文件，在原理科目、相关科目、法规科目与实务科目均有涉及**
基本规定	3.0.1　城市停车规划应综合考虑人口规模和密度、土地开发强度、道路交通承载能力、公共交通服务水平等因素，采取停车位总量控制和区域差别化的供给原则，划分城市停车分区，提出差别化的分区停车规划策略。差别化的分区机动车停车规划应符合下列规定： 　1 城市中心区的人均机动车停车，**供给水平不应高于城市外围地区。** 　2 公共交通服务水平较高的地区的人均机动车停车位供给水平**不应高于公共交通服务水平较低的地区**
停车位供给	4.2.1　城市机动车停车位供给总量应在停车需求预测的基础上确定，并应符合下列规定：**【★★】** 　1 规划人口规模大于等于 50 万人的城市，**机动车停车位供给总量应控制在机动车保有量的（1.1～1.3）倍之间；** 　2 规划人口规模小于 50 万人的城市，**机动车停车位供给总量应控制在机动车保有量的（1.1～1.5）倍之间。** 　4.2.2　**城市非机动车停车位供给总量不应小于非机动车保有量的 1.5 倍。** 　4.2.3　城市机动车停车位供给结构应符合下列规定： 　1 建筑物配建停车位是城市机动车停车位供给的主体，**应占城市机动车停车位供给总量的 85% 以上。** 　2 城市公共停车场提供的停车位**可占城市机动车停车位供给总量的 10%～15%**

停车场规模	5.1.4　地面机动车停车场标准车停放面积**宜采用 25～30㎡**，地下机动车停车库与地上机动车停车楼标准车停放建筑面积**宜采用 30～40㎡**，机械式机动车停车库标准车停放建筑面积**宜采用 15～25㎡**。
	5.1.5　非机动车单个停车位建筑面积**宜采用 1.5～1.8㎡**【★★】
停车场规划要求	5.2.3　停车场应结合电动车辆发展需求、停车场规模及用地条件，预留充电设施建设条件，**具备充电条件的停车位数量不宜小于停车位总数的 10%**。【2021-58】【★★】
	5.2.6　建筑物配建停车场需设置机械停车设备的，居住类建筑其机械停车位数量不得超过停车位总数的 90%。采用二层升降式或二层升降横移式机械停车设备的停车设施，其净空高度不得低于 3.8m。
	5.2.7　停车供需矛盾突出地区的新建、扩建、改建的建筑物在满足建筑物配建停车位指标要求下，可增加独立占地的或者由附属建筑物的不独立占地的面向公众服务的城市公共停车场。【2022-66】
	5.2.9　城市公共停车场宜布置在客流集中的商业区、办公区、医院、体育场馆、旅游风景区及停车供需矛盾突出的居住区，**其服务半径不应大于 300m**。同时，应考虑车辆噪声、尾气排放等对周边环境的影响。
	5.2.10　机动车换乘停车场应结合城市中心区以外的轨道交通车站、公交枢纽站和公交首末站布设，机动车换乘停车场停车位供给规模应综合考虑接驳站点客流特征和周边交通条件确定，其中与轨道交通结合的机动车换乘停车场停车位的供给总量**不宜小于轨道交通线网全日客流量的 1‰，且不宜大于 3‰**。
	5.2.11　非机动车停车场布局应考虑停车需求、出行距离因素，结合道路、广场和公共建筑布置，**其服务半径宜小于 100m，不应大于 200m**，并应满足使用方便、停放安全的要求。
	5.2.13　建筑物配建非机动车停车场应采用分散与集中相结合的原则就近设置在建筑物出入口附近，**且地面停车位规模不应小于总规模的 50%**【2022-14，2023-80】【★★】
建筑物配建停车场	6.0.3　多种性质混合的建筑物配建停车位规模可小于各单种性质建筑物配建停车位规模总和，**不应低于各种性质建筑物需配建停车位总规模的 80%**。
	6.0.4　规划人口规模大于 50 万人的城市的普通商品房配建机动车停车位指标**可采取 1 车位/户**，配建非机动车停车位指标**可采取 2 车位/户**；医院的建筑物配建机动车停车位指标**可采取 1.2 车位/100㎡ 建筑面积**，配建非机动车停车位指标**可采取 2 车位/100㎡ 建筑面积**；办公类建筑物配建机动车停车位指标**可采取 0.65 车位/100㎡ 建筑面积**，配建非机动车停车位指标**可采取 2 车位/100㎡ 建筑面积**；其他类型建筑物配建停车位指标可结合城市特点确定

 典型习题

7-10（2022-66）根据《城市停车规划规范》，停车场规划要求正确的是（ C ）。

A. 建筑物配建停车场需设置机械停车设备的，居住类建筑其机械停车位数量不得超过停车位总数的 80%。

B. 城市公共停车场分布应在停车需求预测的基础上，以城市不同停车分区的停车位供需关系为依据，按照统一标准确定停车场的分布和服务半径

C. 停车供需矛盾突出地区的新建、扩建、改建的建筑物在满足建筑物配建停车位指标要求下，可增加独立占地的或者由附属建筑物的不独立占地的面向公众服务的城市公共停车场

D. 城市公共停车场宜布置在客流集中的商业区、办公区、医院、体育场馆、旅游风景区及停车供需矛盾突出的居住区，其服务半径不应大于 500m

7 - 11（2021 - 58）《城市停车规划规范》规定，停车场应结合电动车辆发展需求，停车场规模及用地条件，预留充电设施建设条件，具备充电条件的停车位数量比例不宜小于停车位总数的（ D ）。

A. 25％   B. 20％   C. 15％   D. 10％

7 - 12（2022 - 14）《城市停车规划规范》某住宅类建筑配建非机动停车位方案，地下停车规模 210 个，下列地下停车规模符合要求的是（ D ）。

A. 100 个   B. 150 个   C. 200 个   D. 250 个

【考点 6】《国家综合立体交通网规划纲要》（2021 年）

学习提示	关注重要指标数据
全国 123 出行交通圈和全球 123 快货物流圈	到 2035 年，基本建成便捷顺畅、经济高效、绿色集约、智能先进、安全可靠的现代化高质量国家综合立体交通网，实现国际国内互联互通、全国主要城市立体畅达、县级节点有效覆盖，**有力支撑"全国 123 出行交通圈"（都市区 1h 通勤、城市群 2h 通达、全国主要城市 3h 覆盖）和"全球 123 快货物流圈"（国内 1d 送达、周边国家 2d 送达、全球主要城市 3d 送达）**。交通基础设施质量、智能化与绿色化水平居世界前列。交通运输全面适应人民日益增长的美好生活需要，有力保障国家安全，支撑我国基本实现社会主义现代化。**【2022 - 2】【★★】** 国家综合立体交通网 2035 年主要指标见表 7 - 17。**【★★】**

表 7 - 17   国家综合立体交通网 2035 年主要指标

指标		目标值
便捷顺畅	享受 1h 内快速交通服务的人口占比	80％以上
	中心城区至综合客运枢纽 0.5h 可达率	90％以上
经济高效	多式联运换装 1h 完成率	90％以上
	国家综合立体交通网主骨架能力利用率	60％～85％
绿色集约	主要通道新增交通基础设施多方式国土空间综合利用率提高比例	80％
	交通基础设施绿色化建设比例	95％
智能先进	交通基础设施数字化率	90％以上
安全可靠	重点区域多路径连接比率	95％以上
	国家综合立体交通网安全设施完好率	95％以上

优化国家综合立体交通布局	**加快建设高效率国家综合立体交通网主骨架。【★★★★】#重要，建议结合地图来复习** **加快构建 6 条主轴。** 加强**京津冀、长三角、粤港澳大湾区、成渝地区双城经济圈 4 极**之间联系，建设综合性、多通道、立体化、大容量、快速化的交通主轴。拓展 4 极辐射空间和交通资源配置能力，打造我国综合立体交通协同发展和国内国际交通衔接转换的关键平台，充分发挥促进全国区域发展南北互动、东西交融的重要作用。 **加快构建 7 条走廊。** 强化京津冀、长三角、粤港澳大湾区、成渝地区双城经济圈 4 极的辐射作用，加强极与组群和组团之间联系，建设京哈、京藏、大陆桥、西部陆海、沪昆、成渝昆、广昆等多方式、多通道、便捷化的交通走廊，优化完善多中心、网络化的主骨架结构。 **加快构建 8 条通道。** 强化主轴与走廊之间的衔接协调，加强组群与组团之间、组团与组团之间联系，加强资源产业集聚地、重要口岸的连接覆盖，建设绥满、京延、沿边、福银、二湛、川藏、湘桂、厦蓉等交通通道，促进内外连通、通边达海，扩大中西部和东北地区交通网络覆盖

📢 典型习题

7-13（2022-2）根据《国家综合立体交通网规划纲要》（2021 年），到 2035 年，享受（B）h 内快速交通服务的人口占比目标值为 80%。

A. 0.5   B. 1   C. 1.5   D. 2

【考点 7】《铁路安全管理条例》（2013 年）

学习提示	**一般性文件，了解即可**	
安全管理	**铁路线路安全保护区**	**第二十七条** 铁路线路两侧应当设立铁路线路安全保护区。铁路线路安全保护区的范围，从铁路线路路堤坡脚、路堑坡顶或者铁路桥梁外侧起向外的距离分别为：**【★★】** ①城市市区高速铁路为 10m，其他铁路为 8m； ②城市郊区居民居住区高速铁路为 12m，其他铁路为 10m； ③村镇居民居住区高速铁路为 15m，其他铁路为 12m； ④其他地区高速铁路为 20m，其他铁路为 15m
	危害电气化铁路设施的行为	**第五十三条** 禁止实施下列危害电气化铁路设施的行为： **①向电气化铁路接触网抛掷物品；** **②在铁路电力线路导线两侧各 500m 的范围内升放风筝、气球等低空飘浮物体；【2021-50】** ③攀登铁路电力线路杆塔或者在杆塔上架设、安装其他设施设备； ④在铁路电力线路杆塔、拉线周围 20m 范围内取土、打桩、钻探或者倾倒有害化学物品； ⑤触碰电气化铁路接触网

7-14（2021-50）根据《铁路安全管理条例》禁止在铁路电力线路导线两侧各（ A ）的范围内升放风筝、气球等低空飘浮物体。

A. 500m   B. 600m   C. 700m   D. 800m

【考点 8】《建设项目交通影响评价技术标准》（ CJJ/T 141—2010）

学习提示	一般性文件，了解即可
安全管理	**交通影响评价启动阈值** 5.0.3-3　建设项目报建阶段交通影响评价启动阈值应符合下列规定：符合下列条件之一的建设项目，应在报建阶段进行交通影响评价：【2022-99】【★★】 1）单独报建的学校类建设项目； 2）交通生成量大的交通类建设项目； 3）混合类的建设项目，其总建筑面积或指标达到项目所含建设项目分类中任一类的启动阈值； 4）主管部门认为应当进行交通影响评价的工业类、其他类和其他建设项目
交通影响程度评价	8.0.1　应根据建设项目新生成交通加入前后道路上机动车服务水平的变化确定机动车交通显著影响判定标准。当建设项目新生成交通使评价范围内机动车交通量增加，导致项目出入口、道路交叉口任一进口道服务水平发生变化，背景交通服务水平和项目新生成交通加入后的服务水平符合下列任一款的规定时，应判定建设项目对评价范围内交通系统有显著影响。各类交叉口机动车服务水平分级应符合本标准附录 B 的规定。【2022-13】【★★★★】 1 信号交叉口、信号环形交叉口以及无信号单环道环形交叉口，其机动车交通显著影响判定标准应符合表 8.0.1-1（即表 7-18）的规定；

表 7-18　　　　　　信号交叉口机动车交通显著影响判定标准

背景交通服务水平	项目新生成交通加入后的服务水平
A	D、E、F
B	D、E、F
C	D、E、F
D	E、F
E	F
F	F

交通影响程度评价	2 除无信号环形交叉口以外的无信号交叉口，其机动车交通显著影响判定标准应符合表 8.0.1 - 2（即表 7 - 19）的规定

表 7 - 19   无信号交叉口机动车交通显著影响判定标准

背景交通服务水平	项目新生成交通加入后的服务水平
一级	二级、三级
二级	三级

 典型习题

7 - 15（2022 - 99）根据《建设项目交通影响评价技术标准》，下列各类建设项目中，应在报建阶段进行交通影响评价的有（CDE）。

A. 单独报建的工业类项目

B. 与居住区内公共服务设施合建的学校类建筑

C. 交通生成量大的交通类建设项目

D. 混合类的建设项目，其总建筑面积或指标达到项目所含建筑项目分类中任一类的启动阈值

E. 主管部门认为应当进行交通影响评价的工业其他类和其他建设项目

7 - 16（2022 - 13）信号交叉口交通服务水平从 A 至 F 表示从通畅到拥挤，根据《建设项目交通影响评价技术标准》下列服务水平的变化，可判定为项目建设没有产生显著交通影响的是（A）。

A. 信号交叉口背景交通服务水平为 A，项目新生成交通加入后为 B

B. 信号交叉口背景交通服务水平为 C，项目新生成交通加入后为 D

C. 信号交叉口背景交通服务水平为 E，项目新生成交通加入后为 F

D. 信号交叉口背景交通服务水平为 F，项目新生成交通加入后为 E

【考点 9】《公路工程技术标准》（JTG B01—2014，2019 年版）

学习提示	一般性文件，了解即可
总则	公路建设应贯彻保护耕地、节约用地的原则，在确定公路用地范围时应符合下列规定：【2021 - 12】【★★】 公路用地范围为公路路堤两侧排水沟外边缘（无排水沟时为路堤或护坡道坡脚）以外，或路堑坡顶截水沟外边缘（无截水沟为坡顶）以外不小于 1m 范围内的土地； 在有条件的地段，高速公路、一级公路不小于 3m，二级公路不小于 2m 范围内的土地为公路用地范围。

总则		公路改扩建时，应对改扩建方案和新建方案进行论证比选。采用改扩建方案时，应符合下列规定： ①公路改扩建时机应根据实际服务水平论证确定，高速公路、一级公路服务水平宜在降低到三级服务水平下限之前，二、三级公路服务水平宜在降低到四级服务水平下限之前，四级公路可根据具体情况确定。 ②利用现有公路局部路段因地形地物限制，提高设计速度将诱发工程地质病害、大幅增加工程造价或对保护环境、文物有较大影响时，该局部路段的设计可维持原设计速度，**但其长度高速公路不宜大于 15km，一、二级公路不宜大于 10km。** ③高速公路改扩建应在进行交通组织设计、交通安全评价等基础上做出具体实施方案设计。在工程实施中，应减少对既有公路的干扰，并应有保证通行安全措施。维持通车路段的服务水平可降低一级，**设计速度不宜低于 60km/h**。 ④一、二、三级公路改扩建时，应作保通设计方案。 ⑤沙漠、戈壁、草原等小交通量地区的高速公路分离式断面路段利用现有二级公路改建为一幅时，其设计洪水频率可维持原标准不变，**设计速度不宜大于 80km/h**
基本规定	**公路分级**	**公路分为高速公路、一级公路、二级公路、三级公路及四级公路等五个技术等级**
路线交叉	**公路与公路平面交叉**	平面交叉的交通管理方式分为**主路优先、无优先交叉和信号交叉**三种，应根据相交公路的公路功能、技术等级、交通量等确定所采用的方式。平面交叉角宜为直角，必须斜交时，交叉角应大于 45°。同一位置平面交叉岔数不宜多于 5 条。 两相交公路的技术等级或交通量相近时，平面交叉范围内的设计速度可适当降低，但不宜低于路段设计速度的 70%。平面交叉右转弯车道的设计速度不宜大于 40km/h；左转弯车道的设计速度不宜大于 20km/h
	公路与公路立体交叉	符合下列条件时设置立体交叉： ①高速公路与各级公路交叉必须采用立体交叉。 ②一级公路与交通量大的公路交叉应采用立体交叉。 ③二、三、四级公路间的交叉，直行交通量大时，宜采用立体交叉。 **立体交叉分为互通式立体交叉和分离式立体交叉，符合下列条件时应设置互通式立体交叉：** ①高速公路与承担干线和集散功能的公路相交时。 ②高速公路与连接其他重要交通源的连接线公路相交时。 ③作为干线功能的一级公路与其他干线公路和集散公路相交时。 ④一级公路采用平面交叉冲突交通量较大，通过渠化或信号控制仍不能满足通行能力要求时

路线交叉	公路与乡村道路相交叉	高速公路与乡村道路相交叉必须设置通道或天桥。 ①一级公路与乡村道路相交叉宜设置通道或天桥。 ②二、三级公路与乡村道路相交叉应设置平面交叉，四级公路与乡村道路相交宜设置平面交叉，地形条件有利或公路交通量大时宜设置通道或天桥。 ③二、三、四级公路与乡村道路相交时，应对其交叉范围一定长度的路段进行改造，使其达到四级公路的标准。 ④二级及二级以上公路位于城镇或人口稠密的村落或学校附近时，宜设置专供行人横向通行的人行地道或人行天桥

 典型习题

7-17（2021-12）**根据《公路工程技术标准》，下列关于公路用地范围划定的说法，错误的是（B）。**

A. 公路用地范围为公路路堤两侧排水沟外边缘以外

B. 无排水沟时，公路用地范围为护坡坡角线以内的范围

C. 路堑坡顶截水沟外边缘（无截水沟为坡顶）以外不小于 1m 范围内的土地

D. 在有条件的地段，二级公路不小于 2m 范围内的土地为公路用地

【考点10】《高速铁路安全防护管理办法》（中华人民共和国交通运输部令 2020 年第 8 号）

学习提示	一般性文件，了解即可
总则	**第二条** 本办法适用于设计开行时速 250 公里以上（含预留），并且初期运营时速 200 公里以上的客运列车专线铁路（以下称高速铁路）
	第四条 **国家铁路局**负责全国高速铁路安全监督管理工作。**地区铁路监督管理局**负责辖区内的高速铁路安全监督管理工作
线路安全防护	**第十八条** 在高速铁路线路两侧从事采矿、采石或者爆破作业的，应当遵守有关采矿和民用爆炸物品的法律法规，符合保障安全生产的国家标准、行业标准和铁路安全保护的相关要求。 **在高速铁路线路路堤坡脚、路堑坡顶、铁路桥梁外侧起向外各 1000m 范围内，以及在铁路隧道上方中心线两侧各 1000m 范围内**，确需从事露天采矿、采石或者爆破作业的，应当充分考虑高速铁路安全需求，依法进行安全评估、安全监理，与铁路运输企业协商一致，依照法律法规规定报经有关主管部门批准，并采取相应的安全防护措施

线路安全防护	**第十九条**　禁止违反有关规定在高速铁路桥梁跨越处河道上下游的一定范围内采砂、淘金。县级以上地方人民政府水行政主管部门、自然资源主管部门应当按照各自职责划定并公告禁采区域、设置禁采标志，制止非法采砂、淘金行为。 　　**禁止在高速铁路线路路堤坡脚、路堑坡顶或者铁路桥梁外侧起向外各 200m 范围内抽取地下水**；200m 范围外，高速铁路线路经过的区域属于**地面沉降区域**，抽取地下水危及高速铁路安全的，应当设置地下水禁止开采区或者限制开采区，具体范围由地区铁路监督管理局会同县级以上地方人民政府水行政主管部门提出方案，报省、自治区、直辖市人民政府批准并公告**【2023-37】**
	第二十四条　在高速铁路电力线路导线两侧各 500m 范围内，不得升放风筝、气球、孔明灯等飘浮物体，不得使用弓弩、弹弓、汽枪等攻击性器械从事可能危害高速铁路安全的行为
安全防护设施	**第三十一条**　在下列地点，应当按照国家有关规定安装、设置防止车辆以及其他物体进入、坠入高速铁路线路的安全防护设施和警示标志： 　　**（一）高速铁路路堑上的道路；** 　　**（二）位于高速铁路线路安全保护区内的道路；** 　　**（三）跨越高速铁路线路的道路桥梁及其他建筑物、构筑物**

 典型习题

　　7-18（2023-37）根据《高速铁路安全防护管理办法》，下列关于高速铁路线路安全防护管理的说法中，错误的是（B）。

A. 在高速铁路附近从事排放粉尘、烟尘及腐蚀性气体的生产活动，应当严格执行国家规定的排放标准

B. 禁止在高速铁路线路路堤坡脚、路堑坡顶或者铁路桥梁外侧起向外各 300m 范围内抽取地下水

C. 在高速铁路线路安全保护区内，禁止种植妨碍行车瞭望或者有倒伏危险可能影响线路、电力、牵引供电安全的树木等植物

D. 并行高速铁路的油气、供气供热、供排水等管线敷设时，最小水平净距应当满足相关国家标准、行业标准和安全保护要求

【考点 11】《乡村道路工程技术规范》（GB/T 51224—2017）

学习提示	一般性了解，同时可以在实务科目考察

	3.1.1 根据乡村道路在路网中的地位、交通功能及对沿线居民的服务功能，乡村道路可分为 干路、支路和巷路。乡村道路系统组成应符合表 3.11（即表 7-20）的规定

表 7-20 **乡村道路系统组成**

规模分级	人口规模（人）	道路等级		
		干路	支路	巷路
特大型	＞1000	○	○	○
大型	601～1000	△	○	○
中型	201～600	△	○	○
小型	≤200	—	△	○

注：表中"○"为应设，"△"为可设，"—"为不设。

规定	3.1.2 各等级乡村道路应符合下列规定： 1 干路应以机动车通行功能为主，并应兼有非机动车交通人行功能。过境道路不应作为村内干路。**【2023-65】** 2 支路应以非机动车交通、人行功能为主，同时应起集散交通的作用。 3 巷路应以人行功能为主，应便于与支路连接，并应符合现行国家标准《无障碍设计规范》（GB 50763）的有关规定

 典型习题

7-19（2023-65）根据《乡村道路工程技术规范》，下列关于各等级乡村道路功能说法中错误的是（ B ）。

A. 干路应以机动车通行功能为主，应兼有非机动车交通、人行功能

B. 过境道路可作为村内干路

C. 支路应以非机动车交通、人行功能为主

D. 巷路应以人行功能为主，应便于与支路连接

第八章　历史文化名城名镇 - 文物保护专题

【考点 1】《历史文化名城名镇名村保护条例》

学习提示	非常重要的文件，精读全文，考试必考（特别注意原理科目、法规科目和实务科目的综合）	
总则	范围	**第二条**　历史文化名城、名镇、名村的**申报、批准、规划、保护**，适用本条例【★】 ♯考查角度：多选辨析
	原则	**第三条**　历史文化名城、名镇、名村的保护应当遵循**科学规划、严格保护**的原则，保持和延续其传统格局和历史风貌，维护历史文化遗产的**真实性和完整性**，继承和弘扬中华民族优秀传统文化，正确处理经济社会发展和历史文化遗产保护的关系【★】
	职能划分	**第五条**　**国务院建设主管部门会同国务院文物主管部门**负责全国历史文化名城、名镇、名村的保护和监督管理工作。**地方各级人民政府**负责本行政区域历史文化名城、名镇、名村的保护和监督管理工作【★】♯考查角度：单选辨析
申报与批准	申报条件	**第七条**　具备下列条件的城市、镇、村庄，可以申报历史文化名城、名镇、名村： （一）保存文物特别丰富； （二）历史建筑集中成片； （三）保留着传统格局和历史风貌； （四）历史上曾经作为政治、经济、文化、交通中心或者军事要地，或者发生过重要历史事件，或者其传统产业、历史上建设的重大工程对本地区的发展产生过重要影响，或者能够集中反映本地区建筑的文化特色、民族特色。申报历史文化名城的，**在所申报的历史文化名城保护范围内还应当有 2 个以上的历史文化街区。**【2022 - 43】【★★★】 ♯考查角度：单选辨析，原理科考试也考这条内容
	提交材料	**第八条**　申报历史文化名城、名镇、名村，应当提交所申报的历史文化名城、名镇、名村的下列材料： （一）历史沿革、地方特色和历史文化价值的说明； （二）传统格局和历史风貌的现状； （三）保护范围； （四）不可移动文物、历史建筑、历史文化街区的清单； （五）保护工作情况、保护目标和保护要求

申报与批准	申报流程	第九条　申报历史文化名城，**由省、自治区、直辖市人民政府提出申请，经国务院建设主管部门会同国务院文物主管部门组织有关部门、专家进行论证，提出审查意见，报国务院批准公布。** 　　申报历史文化名镇、名村，**由所在地县级人民政府提出申请，经省、自治区、直辖市人民政府确定的保护主管部门会同同级文物主管部门组织有关部门、专家进行论证，提出审查意见，报省、自治区、直辖市人民政府批准公布。【★★★】** 　　♯考查角度：单选辨析，此条重点掌握，也是《城乡规划实务》科目的考点【2020 - 46】
保护规划	组织编制	第十三条　历史文化名城批准公布后，**历史文化名城人民政府**应当组织编制历史文化名城保护规划。 　　历史文化名镇、名村批准公布后，所在地**县级人民政府**应当组织编制历史文化名镇、名村保护规划。 　　保护规划应当自历史文化名城、名镇、名村批准公布之日起**1年内**编制完成【★★★】
	内容	第十四条　保护规划应当包括下列内容：【★★★】 　　**保护原则、保护内容和保护范围；** 　　**保护措施、开发强度和建设控制要求；** 　　**传统格局和历史风貌保护要求；** 　　**历史文化街区、名镇、名村的核心保护范围和建设控制地带；** 　　**保护规划分期实施方案** 　　♯考查角度：多选辨析，也是《城乡规划原理》科目的考点
	规划期限	第十五条　历史文化名城、名镇保护规划的规划期限应当与城市、镇总体规划的规划期限相一致；历史文化名村保护规划的规划期限应当与村庄规划的规划期限相一致
	听证	第十六条　保护规划报送审批前，保护规划的组织编制机关应当广泛征求有关部门、专家和公众的意见；必要时，可以**举行听证。**【2020 - 41】【★】 　　保护规划报送审批文件中应当附具意见采纳情况及理由；经听证的，还应当附具听证笔录
	审批备案	第十七条　保护规划由省、自治区、直辖市人民政府审批。保护规划的组织编制机关应当将经依法批准的历史文化名城保护规划和中国历史文化名镇、名村保护规划，报国务院建设主管部门和国务院文物主管部门备案
	修改	第十九条　经依法批准的保护规划，不得擅自修改；**确需修改的，保护规划的组织编制机关应当向原审批机关提出专题报告，经同意后，方可编制修改方案。修改后的保护规划，应当按照原审批程序报送审批。【★★★】**♯考查角度：单选辨析也是《城乡规划实务》科目的考点

保护措施	**原则**	**第二十一条** 历史文化名城、名镇、名村应当**整体保护**，保持**传统格局、历史风貌和空间尺度**，不得改变与其相互依存的自然景观和环境。【★★★】＃考查角度：多选辨析
	政府作为	**第二十二条** 历史文化名城、名镇、名村所在地县级以上地方人民政府应当根据当地经济社会发展水平，按照保护规划，控制历史文化名城、名镇、名村的人口数量，改善历史文化名城、名镇、名村的基础设施、公共服务设施和居住环境
	建设活动	**第二十三条** 在历史文化名城、名镇、名村保护范围内从事建设活动，应当符合保护规划的要求，不得损害历史文化遗产的真实性和完整性，不得对其传统格局和历史风貌构成破坏性影响
	禁止	**第二十四条** 在历史文化名城、名镇、名村保护范围内禁止进行下列活动：【★★★】＃实务科目中出现 （一）开山、采石、开矿等破坏传统格局和历史风貌的活动； （二）占用保护规划确定保留的园林绿地、河湖水系、道路等； （三）修建生产、储存爆炸性、易燃性、放射性、毒害性、腐蚀性物品的工厂、仓库等； （四）在历史建筑上刻划、涂污
	办理手续可进行的活动	**第二十五条** 在历史文化名城、名镇、名村保护范围内进行下列活动，应当保护其传统格局、历史风貌和历史建筑；制订保护方案，并依照有关法律、法规的规定办理相关手续： （一）改变园林绿地、河湖水系等自然状态的活动； （二）在核心保护范围内进行影视摄制、举办大型群众性活动； （三）其他影响传统格局、历史风貌或者历史建筑的活动
	分类保护	**第二十七条** 对历史文化街区、名镇、名村核心保护范围内的建筑物、构筑物，应当区分不同情况，采取相应措施，实行**分类保护**。【★】 历史文化街区、名镇、名村核心保护范围内的历史建筑，应当**保持原有的高度、体量、外观形象及色彩**等【★★★】＃考查角度：多选辨析
	建设行为	**第二十八条** 在历史文化街区、名镇、名村核心保护范围内，**不得进行新建、扩建活动**。但是，新建、扩建必要的基础设施和公共服务设施除外。【★★★】＃也是《城乡规划实务》科目的考点 在历史文化街区、名镇、名村核心保护范围内，新建、扩建必要的基础设施和公共服务设施的，城市、县人民政府城乡规划主管部门核发建设工程规划许可证、乡村建设规划许可证前，应当征求同级文物主管部门的意见。 在历史文化街区、名镇、名村核心保护范围内，拆除历史建筑以外的建筑物、构筑物或者其他设施的，应当经城市、县人民政府城乡规划主管部门会同同级文物主管部门批准

保护措施	公示	第二十九条　审批本条例第二十八条规定的建设活动，审批机关应当组织专家论证，并将审批事项予以公示，征求公众意见，告知利害关系人有要求举行听证的权利。**公示时间不得少于 20 日【★★★】**
	历史建筑保护	第三十四条　审建设工程选址，**应当尽可能避开历史建筑**；因特殊情况不能避开的，应当尽可能实施**原址保护**。 对历史建筑实施原址保护的，建设单位应当事先确定保护措施，报城市、县人民政府城乡规划主管部门会同同级文物主管部门批准。 因公共利益需要进行建设活动，对历史建筑无法实施原址保护、必须迁移异地保护或者拆除的，应当由城市、县人民政府城乡规划主管部门会同同级文物主管部门，报省、自治区、直辖市人民政府确定的保护主管部门会同同级文物主管部门批准。 本条规定的历史建筑原址保护、迁移、拆除所需费用，由建设单位列入建设工程预算**【★★★】**
法律责任	违法行为及惩罚	第四十一条　违反本条例规定，在历史文化名城、名镇、名村保护范围内有下列行为之一的，由城市、县人民政府城乡规划主管部门责令停止违法行为、限期恢复原状或者采取其他补救措施；有违法所得的，没收违法所得；逾期不恢复原状或者不采取其他补救措施的，城乡规划主管部门可以指定有能力的单位代为恢复原状或者采取其他补救措施，所需费用由违法者承担；造成严重后果的，对单位并处 50 万元以上 100 万元以下的罚款，对个人并处 5 万元以上 10 万元以下的罚款；造成损失的，依法承担赔偿责任： （一）开山、采石、开矿等破坏传统格局和历史风貌的； （二）占用保护规划确定保留的园林绿地、河湖水系、道路等的； （三）修建生产、储存爆炸性、易燃性、放射性、毒害性、腐蚀性物品的工厂、仓库等的。 第四十二条　违反本条例规定，未经城乡规划主管部门会同同级文物主管部门批准，有下列行为之一的，由城市、县人民政府城乡规划主管部门责令停止违法行为、限期恢复原状或者采取其他补救措施；有违法所得的，没收违法所得；逾期不恢复原状或者不采取其他补救措施的，城乡规划主管部门可以指定有能力的单位代为恢复原状或者采取其他补救措施，所需费用由违法者承担；造成严重后果的，对单位并处 5 万元以上 10 万元以下的罚款，对个人并处 1 万元以上 5 万元以下的罚款；造成损失的，依法承担赔偿责任： （一）拆除历史建筑以外的建筑物、构筑物或者其他设施的； （二）对历史建筑进行外部修缮装饰、添加设施以及改变历史建筑的结构或者使用性质的

 典型习题

8-1（2020-46）关于国家级历史文化名城保护，下列说法不准确的是（ C ）。

A. 国家级历史文化名城应当有 2 个以上的历史文化街区

B. 具有历史建筑集中成片区

C. 申报历史文化名城，由地方政府提出申请，经相关部门审批

D. 申报历史文化名城所提交的材料中包括传统格局和历史风貌的现状

8-2（2022-43）根据《历史文化名城名镇名村保护条例》的规定，申报历史文化名城

的，在所申报的历史文化名城保护范围内应该有（B）。

A. 1   B. 2   C. 3   D. 4

【考点2】《历史文化名城名镇名村街区保护规划编制审批办法》

学习提示	关注核心保护范围与建设控制地带的划定
纳入总规内容	**第五条**　历史文化名城、名镇保护规划应当<u>单独编制</u>，下列内容应当纳入城市、镇总体规划：**【★】** （一）保护原则和保护内容； （二）保护措施、开发强度和建设控制要求； （三）传统格局和历史风貌保护要求； （四）核心保护范围和建设控制地带； （五）需要纳入的其他内容
单独编制	**第六条**　历史文化街区所在地的城市、县已被确定为历史文化名城的，该历史文化街区保护规划应当依据历史文化名城保护规划单独编制。历史文化街区所在地的城市、县未被确定为历史文化名城的，应当单独编制历史文化街区保护规划，并纳入城市、镇总体规划
控规	**第七条**　编制历史文化名城、名镇、街区控制性详细规划的，应当符合历史文化名城、名镇、街区保护规划。 历史文化街区保护规划的规划深度应当达到详细规划深度，并可以作为该街区的控制性详细规划。历史文化名城、名镇、街区保护范围内建设项目的规划许可，不得违反历史文化名城、名镇、街区保护规划
规划编制要求	**第八条**　历史文化名城批准公布后，历史文化名城人民政府应当组织编制历史文化名城保护规划。**历史文化名镇、名村批准公布后，所在地的县级人民政府**应当组织编制历史文化名镇、名村保护规划。历史文化街区批准公布后，**所在地的城市、县人民政府**应当组织编制历史文化街区保护规划。 保护规划应当自历史文化名城、名镇、名村、街区批准公布之日起**1年内**编制完成。 **第九条**　历史文化名城、名镇、街区保护规划的编制，应当由具有**甲级资质**的城乡规划编制单位承担。 历史文化名村保护规划的编制，应当由具有**乙级以上资质**的城乡规划编制单位承担**【★★★】**
划定	**第十五条**　历史文化名城、名镇、名村、街区保护规划确定的核心保护范围和建设控制地带，按照以下方法划定： （一）**各级文物保护单位的保护范围和建设控制地带以及地下文物埋藏区的界线，以县级以上地方人民政府公布的保护范围、建设控制地带为准**； （二）历史建筑的保护范围包括**历史建筑本身和必要的建设控制区**； （三）历史文化街区、名镇、名村内传统格局和历史风貌较为完整、历史建筑或者传统风貌建筑集中成片的地区**应当划为核心保护范围，在核心保护范围之外划定建设控制地带**； （四）历史文化名城的保护范围，应当**包括历史城区和其他需要保护、控制的地区**； （五）历史文化名城、名镇、名村、街区保护规划确定的核心保护范围和建设控制地带应当边界清楚，四至范围明确，便于保护和管理**【★★★】**

【考点3】《历史文化名城保护规划标准》（GB/T 50357—2018）

学习提示	非常重要的文件，精读全文，考试必考（特别注意《城乡规划原理》《城乡规划法规》和《城乡规划实务》科目的综合，《城乡规划实务》科目的历史文化名城保护题，可从本文件中选取合适的句子作为答题语料库）
总则	**1.0.2 本标准适用于历史文化名城、历史文化街区、文物保护单位及历史建筑的保护规划，以及非历史文化名城的历史城区、历史地段、文物古迹等的保护规划。【2020‑34】** **1.0.3 保护规划必须应保尽保，并应遵循下列原则：【★★★】#考查角度：多选辨析** 1 保护历史真实载体的原则；　　　2 保护历史环境的原则； 3 合理利用、永续发展的原则；　　　4 统筹规划、建设、管理的原则
术语【★】	**2.0.1 历史文化名城**：经国务院、省级人民政府批准公布的保存文物特别丰富并且具有重大历史价值或者革命纪念意义的城市 **2.0.2 历史城区**：城镇中能体现其历史发展过程或某一发展时期风貌的地区，涵盖一般通称的古城区和老城区。本标准特指历史范围清楚、格局和风貌保存较为完整、需要保护的地区 **2.0.3 历史地段**：能够真实地反映一定历史时期传统风貌和民族、地方特色的地区 **2.0.4 历史文化街区**：经省、自治区、直辖市人民政府核定公布的保存文物特别丰富、历史建筑集中成片、能够较完整和真实地体现传统格局和历史风貌，并具有一定规模的历史地段 **#注意：历史城区、历史地段、历史文化街区三者概念辨析** **2.0.5 文物古迹**：人类在历史上创造的具有价值的不可移动的实物遗存，包括地面、地下与水下的古遗址、古建筑、古墓葬、石窟寺、石刻、近现代史迹及纪念建筑等 **2.0.6 文物保护单位**：经县级及以上人民政府核定公布应予重点保护的文物古迹 **2.0.7 地下文物埋藏区**：地下文物集中分布的地区，由城市人民政府或行政主管部门公布为地下文物埋藏区。地下文物包括埋藏在城市地面之下的古文化遗址、古墓葬、古建筑等 **2.0.10 历史建筑**：经城市、县人民政府确定公布的具有一定保护价值，能够反映历史风貌和地方特色的建筑物、构筑物 **2.0.11 传统风貌建筑**：除文物保护单位、历史建筑外，具有一定建成历史，对历史地段整体风貌特征形成具有价值和意义的建筑物、构筑物 **#注意：文物保护单位、历史建筑、传统风貌建筑三者概念辨析** **2.0.12 历史环境要素**：反映历史风貌的古井、围墙、石阶、铺地、驳岸、古树名木等 **2.0.13 保护**：对保护项目及其环境所进行的科学的调查、勘测、评估、登录、修缮、维修、改善、利用的过程 **2.0.14 修缮**：对文物古迹的保护方式，包括日常保养、防护加固、现状修整、重点修复等 **2.0.15 维修**：对建筑物、构筑物进行的不改变外观特征的维护和加固 **2.0.16 改善**：对建筑物、构筑物采取的不改变外观特征，调整、完善内部布局及设施的保护方式**#注意：保护、修缮、维修、改善四者概念辨析**

历史文化名城	**保护内容**	3.1.1　历史文化名城保护应包括下列内容： 1 城址环境及与之相互依存的山川形胜； 2 历史城区的传统格局与历史风貌； 3 历史文化街区和其他历史地段； 4 需要保护的建筑，包括文物保护单位、历史建筑、已登记尚未核定公布为文物保护单位的不可移动文物、传统风貌建筑等； 5 历史环境要素； 6 非物质文化遗产以及优秀传统文化
	层次	3.1.3　历史文化名城保护规划应坚持整体保护的理念，建立历史文化名城、历史文化街区与文物保护单位三个层次的保护体系。【★★】♯考查角度：多选辨析
	规划内容	3.1.4　历史文化名城保护规划应确定名城保护目标和保护原则，确定名城保护内容和保护重点，提出名城保护措施【★★★】
		3.1.5　历史文化名城保护规划应包括下列内容： 1 城址环境保护；　　　　　　2 传统格局与历史风貌的保持与延续； 3 历史地段的维修、改善与整治；　　4 文物保护单位和历史建筑的保护和修缮
		3.1.6　历史文化名城保护规划应划定历史城区、历史文化街区和其他历史地段、文物保护单位、历史建筑和地下文物埋藏区的保护界线，并应提出相应的规划控制和建设要求。【2020 - 95】【★★】♯考查角度：多选辨析
		3.1.7　历史文化名城保护规划应优化调整历史城区的用地性质与功能，调控人口容量，疏解城区交通，改善市政设施等，并提出规划的分期实施及管理建议。【★★】♯考查角度：单选辨析
	保护界线	3.2.1　历史文化名城保护规划应划定历史城区范围，可根据保护需要划定环境协调区。【★★】♯考查角度：单选辨析
		3.2.2　历史文化名城保护规划应划定历史文化街区的保护范围界线，保护范围应包括核心保护范围和建设控制地带。对未列为历史文化街区的历史地段，可参照历史文化街区的划定方法确定保护范围界线
		3.2.3　历史文化名城保护规划中，文物保护单位保护范围和建设控制地带的界线，应以各级人民政府公布的具体界线为基本依据
		3.2.4　历史文化名城保护规划应当划定历史建筑的保护范围界线。历史文化街区内历史建筑的保护范围应为历史建筑本身，历史文化街区外历史建筑的保护范围应包括历史建筑本身和必要的建设控制地带。【2022 - 61】【★★】
		3.2.5　当历史文化街区的保护范围与文物保护单位的保护范围和建设控制地带出现重叠时，应坚持从严保护的要求，应按更为严格的控制要求执行。【2020 - 34】【★★】 ♯考查角度：单选辨析，也是《城乡规划实务》科目的考点

历史文化名城	格局与风貌	3.3.2 历史文化名城保护规划应对体现历史城区传统格局特征的**城垣轮廓、空间布局、历史轴线、街巷肌理、重要空间节点**等提出保护措施，并应展现文化内在关联【★★】
		3.3.3 历史文化名城保护规划应运用城市设计方法，对体现历史城区历史风貌特征的整体形态以及建筑的**高度、体量、风格、色彩**等提出总体控制和引导要求。并应强化历史城区的风貌管理，延续历史文脉，协调景观风貌【★★】
		3.3.4 历史文化名城保护规划应明确历史城区的建筑高度控制要求，包括**历史城区建筑高度分区、重要视线通廊及视域内建筑高度控制、历史地段保护范围内的建筑高度控制**等【★★】♯考查角度：单选辨析，也是《城乡规划实务》科目的考点
	道路交通	3.4.1 历史城区**应保持或延续原有的道路格局，保护有价值的街巷系统，保持特色街巷的原有空间尺度和界面**【★★】
		3.4.2 历史文化名城应通过完善综合交通体系，改善历史城区的交通条件。历史城区的交通组织应**以疏导为主**，应将通过性的交通干路、交通换乘设施、大型机动车停车场等**安排在历史城区外围**♯考查角度：单选辨析，也是《城乡规划实务》科目的考点
		3.4.3 历史城区应优先发展公共交通、步行和自行车交通；应选择合适的公共交通车型，提高公共交通线网的覆盖率；宜结合整体交通组织，设置自行车和行人专用道、步行区，营造人性化的交通环境
		3.4.4 历史城区应控制机动车停车位的供给，完善停车收费和管理制度，采取分散、多样化的停车布局方式。不宜增建大型机动车停车场【2020 - 34】【★★】
	市政工程	3.5.1 历史城区内应积极改善市政基础设施，与用地布局、道路交通组织等统筹协调，并应符合下列规定： 2 对现状已存在的大型市政设施，应进行统筹优化，提出调整措施；**历史城区内不应保留污水处理厂、固体废弃物处理厂（场）、区域锅炉房、高压输气与输油管线和贮气与贮油设施等环境敏感型设施；不宜保留枢纽变电站、大中型垃圾转运站、高压配气调压站、通信枢纽局等设施；**【★★】♯考查角度：单选辨析，也是《城乡规划实务》科目的考点 3 历史城区内不应新设置区域性大型市政基础设施站点，直接为历史城区服务的新增市政设施站点宜布置在历史城区周边地带； 4 有条件的历史城区，**应以市政集中供热为主**：不具备集中供热条件的历史城区宜采用燃气、电力等清洁能源供热；【2020 - 34】 5 当市政设施及管线布置与保护要求发生矛盾时，应在满足保护和安全要求的前提下，采取适宜的技术措施进行处理
	环境保护	3.6.4 历史城区内应重点发展与历史文化名城相匹配的相关产业，**不得保留或设置二、三类工业用地，不宜保留或设置一类工业用地**。当历史城区外的污染源对历史城区造成大气、水体、噪声等污染时，应提出治理、调整、搬迁等要求。【★★】♯考查角度：单选辨析，也是《城乡规划实务》科目的考点

历史文化街区	**条件**	4.1.1 历史文化街区应具备下列条件：【★★★★】#考查角度：单选辨析 1 应有比较完整的历史风貌； 2 构成历史风貌的历史建筑和历史环境要素应是历史存留的原物； 3 历史文化街区核心保护范围面积不应小于1hm²； 4 历史文化街区核心保护范围内的**文物保护单位、历史建筑、传统风貌建筑**的总用地面积不应小于核心保护范围内建筑总用地面积的60%。【2020-35，2021-52】 4.1.2　历史文化街区保护规划应确定保护的目标和原则，严格保护历史风貌，维持整体空间尺度，对街区内的历史街巷和外围景观提出具体的保护要求
	规范内容	4.1.3　历史文化街区保护规划应达到详细规划深度要求。历史文化街区保护规划应对保护范围内的建筑物、构筑物提出分类保护与整治要求。对核心保护范围应提出建筑的**高度、体量、风格、色彩、材质**等具体控制要求和措施，并应保护历史风貌特征。建设控制地带应与核心保护范围的风貌协调，至少应提出建筑高度、体量、色彩等控制要求【★★】
	保护界线	4.2.1　历史文化街区核心保护范围界线的划定和确切定位应符合下列规定：【★★★★★】 1 应保持重要眺望点视线所及范围的建筑物外观界面及相应建筑物的用地边界完整； 2 应保持现状用地边界完整； 3 应保持构成历史风貌的自然景观边界完整 #考查角度：单选辨析，也是《城乡规划实务》科目的考点 4.2.2　历史文化街区建设控制地带界线的划定和确切定位应符合下列规定：【★★★★★】 1 应以重要眺望点视线所及范围的建筑外观界面相应的建筑用地边界为界线； 2 应将构成历史风貌的自然景观纳入，并应保持视觉景观的完整性； 3 应将影响核心保护范围风貌的区域纳入，宜兼顾行政区划管理的边界 #考查角度：单选辨析，也是《城乡规划实务》科目的考点
	保护与整治	4.3.2　历史文化街区内的**建筑物、构筑物的保护与整治方式**应符合表4.3.2（即表8-1）的规定。【2020-68】 表8-1　　　　历史文化街区建筑物、构筑物的保护与整治方式

分类	文物保护单位	历史建筑	传统风貌建筑	其他建筑物、构筑物	
				与所历史风貌无冲突的其他建筑物、构筑物	与历史风貌有冲突的其他建筑物、构筑物
保护与整治方式	修缮	修缮、维修、改善	维修、改善	保留、维修、改善	整治（拆除重建、拆除不建）

历史文化街区	道路交通	4.4.1 宜在历史文化街区以外更大的空间范围内统筹交通设施的布局，历史文化街区内**不应设置高架道路、立交桥、高架轨道、客货运枢纽、大型停车场、大型广场、加油站等交通设施。地下轨道选线不应穿越历史文化街区【★★★】**
		4.4.2 历史文化街区宜采用**宁静化**的交通设计，可结合保护的需要，**划定机动车禁行区**
		4.4.3 历史文化街区应优化步行和自行车交通环境，**提高公共交通出行的可达性**
		4.4.4 历史文化街区内的街道**宜采用历史上的原有名称**
		4.4.5 历史文化街区内道路的宽度、断面、路缘石半径、消防通道的设置应符合历史风貌的保护要求，道路的整修宜采用传统的路面材料及铺砌方式
	市政工程	4.5.1 历史文化街区内宜采用**小型化、隐蔽型**的市政设施，有条件的可采用地下、半地下或与建筑相结合的方式设置，其设施形式应与历史文化街区景观风貌相协调
	消防	4.6.1 历史文化街区宜设置专职消防场站，并应配备小型、适用的消防设施和装备，建立社区消防机制。在不能满足消防通道及消防给水管径要求的街巷内，应设置水池、水缸、沙池、灭火器及消火栓箱等小型、简易消防设施及装备
		4.6.2 在历史文化街区外围**宜设置环通的消防通道**
文物保护单位与历史建筑	建设活动	5.0.5 保护规划应对历史建筑保护范围内的各项建设活动提出管控要求，历史建筑保护范围内新建、扩建、改建的建筑，应在**高度、体量、立面、材料、色彩、功能**等方面与历史建筑相协调，并不得影响历史建筑风貌的展示
	使用功能	5.0.6 历史建筑应保持和延续原有的使用功能；确需改变功能的，应保护和提示原有的历史文化特征，并不得危害历史建筑的安全
	原址保护	5.0.7 保护规划应对历史建筑周边各类建设工程选址提出要求，应避开历史建筑；因特殊情况不能避开的，应实施原址保护，并提出必要的工程防护措施

历史文化街区中各类范围划线关系示意（见图8-1）	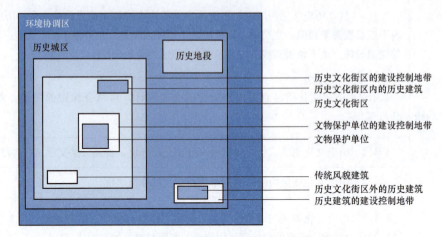 图8-1 历史文化街区中各类范围划线关系示意

 典型习题

8-3（2022-61）根据《历史文化名城保护规划标准》，下列关于历史建筑保护范围的说法中，正确的是（A）。

A. 历史文化街区内历史建筑的保护范围应为历史建筑本身

B. 历史文化名城保护规划应划定历史城区范围和环境协调区

C. 历史文化名城保护规划应划定历史文化街区的保护范围界线，保护范围应包括核心保护范围和缓冲地区

D. 历史文化名城保护规划中，文物保护单位保护范围和建设控制地带的界线，应以省级人民政府公布的具体界线为基本依据

8-4（2021-52）根据《历史文化名城保护规划标准》，历史文化街区核心保护范围内（C）的总用地面积，不应小于核心保护范围内建筑总用地面积的60%。

A. 文物古迹、历史建筑、传统风貌建筑　　　B. 文物古迹、历史建筑

C. 文物保护单位、历史建筑、传统风貌建筑　D. 文物保护单位、历史建筑

【考点4】《中华人民共和国文物保护法实施条例》

学习提示	一般性文件，了解即可

不可移动文物	核定公布	**第七条** 历史文化名城，由国务院建设行政主管部门会同国务院文物行政主管部门报国务院核定公布。历史文化街区、村镇，由省、自治区、直辖市人民政府城乡规划行政主管部门会同文物行政主管部门报本级人民政府核定公布。 县级以上地方人民政府组织编制的历史文化名城和历史文化街区、村镇的保护规划，应当符合文物保护的要求
	管理	**第十四条** 全国重点文物保护单位的建设控制地带，经省、自治区、直辖市人民政府批准，由省、自治区、直辖市人民政府的文物行政主管部门会同城乡规划行政主管部门划定并公布。 省级、设区的市、自治州级和县级文物保护单位的建设控制地带，经省、自治区、直辖市人民政府批准，由核定公布该文物保护单位的人民政府的文物行政主管部门会同城乡规划行政主管部门划定并公布
考古挖掘		**第二十四条** 国务院文物行政主管部门应当自收到文物保护法第三十条第一款规定的发掘计划之日起 30 个工作日内作出批准或者不批准决定。决定批准的，发给批准文件；决定不批准的，应当书面通知当事人并说明理由。 文物保护法第三十条第二款规定的抢救性发掘，省、自治区、直辖市人民政府文物行政主管部门应当自开工之日起**10 个工作日内向国务院文物行政主管部门补办审批手续**。【2021 - 47】 ♯考查角度：单选辨析

 典型习题

8 - 5（2021 - 47）根据《文物保护法》和《文物保护法实施条例》，考古工作确需因建设工程紧迫或者有自然破坏危险对古文化遗址古墓急需进行抢救挖掘的，应当自开工之日起（C）个工作日内向国务院文物行政主管部门补办审批手续。

A. 5　　　　　　　　B. 7　　　　　　　　C. 10　　　　　　　　D. 12

【考点 5】《中华人民共和国文物保护法》

学习提示		**重要性文件，建议精读**
总则	分级	**第三条** 古文化遗址、古墓葬、古建筑、石窟寺、石刻、壁画、近代现代重要史迹和代表性建筑等不可移动文物，根据它们的历史、艺术、科学价值，可以分别确定为全国重点文物保护单位，省级文物保护单位，市、县级文物保护单位。历史上各时代重要实物、艺术品、文献、手稿、图书资料、代表性实物等可移动文物，**分为珍贵文物和一般文物；珍贵文物分为一级文物、二级文物、三级文物**。【★★★】♯考查角度：单选辨析
	方针	**第四条** 文物工作贯彻**保护为主、抢救第一、合理利用、加强管理**的方针

不可移动文物	登记公布及备案	**第十三条**　国务院文物行政部门在省级、市、县级文物保护单位中，选择具有重大历史、艺术、科学价值的确定为全国重点文物保护单位，或者直接确定为全国重点文物保护单位，报国务院核定公布。**省级文物保护单位，由省、自治区、直辖市人民政府核定公布，并报国务院备案。市级和县级文物保护单位，分别由设区的市、自治州和县级人民政府核定公布，并报省、自治区、直辖市人民政府备案** 尚未核定公布为文物保护单位的不可移动文物，由县级人民政府文物行政部门予以登记并公布
	管理	**第十四条**　保存文物特别丰富并且具有重大历史价值或者革命纪念意义的城市，由**国务院**核定公布为历史文化名城。**保存文物特别丰富并且具有重大历史价值或者革命纪念意义的城镇、街道、村庄，由省、自治区、直辖市人民政府核定公布为历史文化街区、村镇，并报国务院备案**。历史文化名城和历史文化街区、村镇所在地的县级以上地方人民政府应当组织编制专门的历史文化名城和历史文化街区、村镇保护规划，并纳入城市总体规划。历史文化名城和历史文化街区、村镇的保护办法，由国务院制定
	遗址保护	**第二十二条**　不可移动文物已经全部毁坏的，应当**实施遗址保护**，不得在原址重建。但是，因特殊情况需要在原址重建的，由省、自治区、直辖市人民政府文物行政部门报省、自治区、直辖市人民政府批准；全国重点文物保护单位需要在原址重建的，由省、自治区、直辖市人民政府报国务院批准**【2022－24】**
历史文化遗产分类与保护等级示意(图8-2)		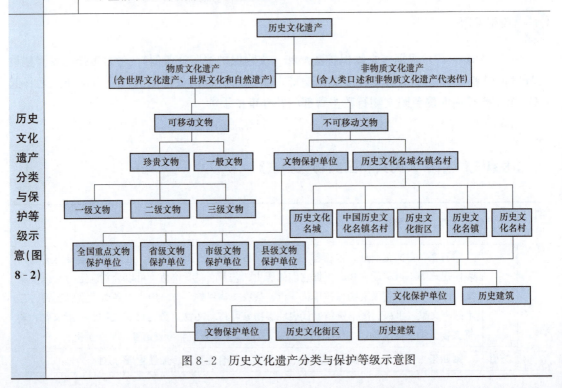 图8-2　历史文化遗产分类与保护等级示意图

8-6（2022-24）根据《文物保护法》，以下关于不可移动文物的说法中，错误的是（ D ）。

A. 建设工程选址，应当尽可能避开不可移动文物

B. 无法实施原址保护，必须迁移异地保护或者拆除的，应当报省、自治区、直辖市人民政府批准

C. 国有不可移动文物由使用人负责修缮、保养

D. 不可移动文物已经损坏的，应当在原址重建

【考点6】《关于在国土空间规划编制和实施中加强历史文化遗产保护管理的指导意见》

学习提示	一般性文件，了解即可
意见	一、将历史文化遗产空间信息纳入国土空间基础信息平台
	二、对历史文化遗产及其整体环境实施严格保护和管控
	三、加强历史文化保护类规划的编制和审批管理
	四、严格历史文化保护相关区域的用途管制和规划许可
	五、健全"先考古，后出让"的政策机制【2022-14】【★】 经文物主管部门核定可能存在历史文化遗存的土地，**要实行"先考古、后出让"制度，在依法完成考古调查、勘探、发掘前，原则上不予收储入库或出让。** 具体空间范围由文物主管部门商自然资源主管部门确定。在文物主管部门完成考古工作，认定确需依法保护的文物，并提出具体保护要求后，自然资源主管部门在国土空间规划编制、土地出让中落实
	六、促进历史文化遗产活化利用【2022-14】【★】 在不对生态功能造成破坏的前提下，**允许在生态保护红线内、自然保护地核心保护区外**，开展经依法批准的考古调查、勘探、发掘和文物保护活动，以及适度的参观旅游和相关必要的公共设施建设，促进文化和自然遗产的合理利用。【2021-10】 各地自然资源主管部门对**国家考古遗址公园建设等重大历史文化遗产保护利用项目的合理用地需求应予保障**。考古和文物保护工地建设临时性文物保护设施、工地安全设施、后勤设施的，可**按临时用地规范管理**
	七、加强监督管理

 **典型习题**

8-7（2022-14）根据《自然资源部国家文物局关于在国土空间规划编制实施中加强历史文化遗产保护管理的指导意见》下列关于考古和文物保护用地的说法中，错误的是（ A ）。

A. 对于经文物主管部门核定可能存在历史文化遗存的土地，确定具体空间范围后，可收储入库

B. 在文物主管部门完成考古工作，认定确需依法保护的文物，并提出具体保护要求后，自然资源主管部门在国土空间规划编制、土地出让中落实

C. 各地自然资源主管部门对国家考古遗址公园建设等重大历史文化遗产保护利用项目的合理用地需求应予保障

D. 考古和文物保护工地建设临时性文物保护设施、工地安全设施、后勤设施的，可按临时用地规范管理

【考点 7】《关于在城乡建设中加强历史文化保护传承的意见》
（2021 年）

学习提示	一般性文件，了解即可
构建城乡历史文化保护传承体系	（1）**准确把握保护传承体系基本内涵**。城乡历史文化保护传承体系是以具有保护意义、承载不同历史时期文化价值的城市、村镇等复合型、活态遗产为主体和依托，保护对象主要包括**历史文化名城、名镇、名村（传统村落）、街区和不可移动文物、历史建筑、历史地段，与工业遗产、农业文化遗产、灌溉工程遗产、非物质文化遗产、地名文化遗产**等保护传承共同构成的有机整体。【2022-38】 （2）**分级落实保护传承体系重点任务**。建立城乡历史文化保护传承体系**三级**管理体制。【2023-12】国家、省（自治区、直辖市）分别编制全国城乡历史文化保护传承体系规划纲要及省级规划，建立国家级、省级保护对象的保护名录和分布图，明确保护范围和管控要求，与相关规划做好衔接

 **典型习题**

8-8（2022-38）中共中央办公厅国务院办公厅印发《关于在城乡建设中加强历史文化保护传承的意见》，提出构建城乡历史文化保护传承体系该体系中的保护对象类型不包括（ B ）。

A. 历史地段　　　　　　　　　　B. 历史文化保护区

C. 地名文化遗产　　　　　　　　D. 灌溉工程遗产

第九章　乡村规划专题

【考点1】《关于全面推进乡村振兴加快农业农村现代化的意见》

学习提示		一般性文件，关注 2023 年一号文即可
加快推进农业现代化	（九）坚决守住18亿亩耕地红线	统筹布局生态、农业、城镇等功能空间，科学划定各类空间管控边界，**严格实行土地用途管制。采取"长牙齿"的措施，落实最严格的耕地保护制度。**严禁违规占用耕地和违背自然规律绿化造林、挖湖造景，严格控制非农建设占用耕地，深入推进农村乱占耕地建房专项整治行动，坚决遏制耕地"非农化"、防止"非粮化"。**明确耕地利用优先序，永久基本农田重点用于粮食特别是口粮生产，一般耕地主要用于粮食和棉、油、糖、蔬菜等农产品及饲草饲料生产。**明确耕地和永久基本农田不同的管制目标和管制强度，严格控制耕地转为林地、园地等其他类型农用地，强化土地流转用途监管，确保耕地数量不减少、质量有提高。实施新一轮高标准农田建设规划，提高建设标准和质量，健全管护机制，多渠道筹集建设资金，中央和地方共同加大粮食主产区高标准农田建设投入，**2021 年建设 1 亿亩旱涝保收、高产稳产高标准农田。【2021 - 03】**在高标准农田建设中增加的耕地作为占补平衡补充耕地指标在省域内调剂，所得收益用于高标准农田建设。加强和改进建设占用耕地占补平衡管理，严格新增耕地核实认定和监管。健全耕地数量和质量监测监管机制，加强耕地保护督察和执法监督，开展"十三五"时期省级政府耕地保护责任目标考核**【★★】**♯重点关注方针指标
大力实施乡村建设行动	（十四）加快推进村庄规划工作	2021 年基本完成县级国土空间规划编制，明确村庄布局分类。积极有序推进"多规合一"实用性村庄规划编制，对有条件、有需求的村庄尽快实现村庄规划全覆盖。**对暂时没有编制规划的村庄，严格按照县乡两级国土空间规划中确定的用途管制和建设管理要求进行建设。【2022 - 4】**编制村庄规划要立足现有基础，保留乡村特色风貌，不搞大拆大建。按照规划有序开展各项建设，严肃查处违规乱建行为。健全农房建设质量安全法律法规和监管体制，3 年内完成安全隐患排查整治。完善建设标准和规范，提高农房设计水平和建设质量。继续实施农村危房改造和地震高烈度设防地区农房抗震改造。**加强村庄风貌引导，保护传统村落、传统民居和历史文化名村名镇。加大农村地区文化遗产遗迹保护力度。**乡村建设是为农民而建，要因地制宜、稳扎稳打，不刮风搞运动。**严格规范村庄撤并，【2023 - 7】不得违背农民意愿、强迫农民上楼，把好事办好、把实事办实**

大力实施乡村建设行动	（十五）加强乡村公共基础设施建设	继续把公共基础设施建设的重点放在农村，着力推进往村覆盖、往户延伸。实施农村道路畅通工程。有序实施较大人口规模自然村（组）通硬化路。加强农村资源路、产业路、旅游路和村内主干道建设。推进农村公路建设项目更多向进村入户倾斜。继续通过中央车购税补助地方资金、成品油税费改革转移支付、地方政府债券等渠道，按规定支持农村道路发展。继续开展"四好农村路"示范创建。全面实施路长制。开展城乡交通一体化示范创建工作。加强农村道路桥梁安全隐患排查，落实管养主体责任。强化农村道路交通安全监管。实施农村供水保障工程。加强中小型水库等稳定水源工程建设和水源保护，实施规模化供水工程建设和小型工程标准化改造，有条件的地区推进城乡供水一体化，**到2025年农村自来水普及率达到88%【2022-4】【★★】♯重点关注方针指标**
	（十六）实施农村人居环境整治提升五年行动	分类有序推进农村厕所革命，加快研发**干旱、寒冷地区**卫生厕所适用技术和产品，加强中西部地区农村户用**厕所改造**。统筹农村改厕和污水、黑臭水体治理，因地制宜建设污水处理设施。健全农村生活垃圾收运处置体系，推进源头分类减量、资源化处理利用，建设一批有机废弃物综合处置利用设施。健全农村人居环境设施管护机制。有条件的地区推广城乡环卫一体化第三方治理。深入推进村庄清洁和绿化行动。开展美丽宜居村庄和美丽庭院示范创建活动
	（二十一）深入推进农村改革	坚持农村土地农民集体所有制不动摇，坚持家庭承包经营基础性地位不动摇，有序开展**第二轮土地承包到期后再延长30年试点**，保持农村土地承包关系稳定并长久不变，健全土地经营权流转服务体系【2022-4】

 典型习题

9-1（2022-4）根据《中共中央、国务院关于全面推进乡村振兴加快农业农村现代化的意见》，下列关于大力实施乡村建设行动的说法，错误的是（ A ）。

A. 至2025年，农村自来水普及率达到80%

B. 进改革有序开展，第二轮土地承包到期后再延长30年试点

C. 实施农村人居环境整治提升五年行动

D. 对暂时没有编制规划的村庄，严格按照县乡两级国土空间规划确定的用途管制和建设要求

【考点 2】《农村土地经营权流转管理办法》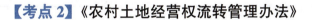

学习提示		实务科中对于土地题的考察，学生的得分率较低。特别注意土地问题的方针政策和程序性考点
总则	基本制度	**第二条** 土地经营权流转应当**坚持农村土地农民集体所有、农户家庭承包经营**的基本制度，保持农村土地承包关系稳定并长久不变，遵循依法、自愿、有偿原则，任何组织和个人不得强迫或者阻碍承包方流转土地经营权
总则	用途	**第三条** 土地经营权流转**不得**损害农村集体经济组织和利害关系人的合法权益，**不得**破坏农业综合生产能力和农业生态环境，**不得**改变承包土地的所有权性质及其农业用途，**确保农地农用，优先用于粮食生产，制止耕地"非农化"、防止耕地"非粮化"【★】**
流转当事人	权利	**第六条** 承包方在承包期限内有权依法**自主决定土地经营权是否流转，以及流转对象、方式、期限**等
流转当事人	流转委托书	**第八条** 承包方自愿委托发包方、中介组织或者他人流转其土地经营权的，**应当由承包方出具流转委托书。委托书应当载明委托的事项、权限和期限等，并由委托人和受托人签字或者盖章。** 没有承包方的书面委托，任何组织和个人无权以任何方式决定流转承包方的土地经营权
流转当事人	受让方条件	**第九条** 土地经营权流转的受让方应当为具有农业经营能力或者资质的组织和个人。在同等条件下，**本集体经济组织成员享有优先权【★★】**#注意出让方和受让方权责的对比
流转当事人	流转条件	**第十条** 土地经营权流转的方式、期限、价款和具体条件，由流转双方平等协商确定。流转期限届满后，受让方享有以同等条件优先续约的权利
流转当事人	受让方责任	**第十一条** 受让方应当依照有关法律法规保护土地，禁止改变土地的农业用途。禁止闲置、荒芜耕地，禁止占用耕地建窑、建坟或者擅自在耕地上建房、挖砂、采石、采矿、取土等。禁止占用永久基本农田发展林果业和挖塘养鱼
流转方式	方式	**第十四条** 承包方可以采取**出租（转包）、入股**或者其他符合有关法律和国家政策规定的方式流转土地经营权。 出租（转包），是指承包方将部分或者全部土地经营权，租赁给他人从事农业生产经营。 入股，是指承包方将部分或者全部土地经营权作价出资，成为公司、合作经济组织等股东或者成员，并用于农业生产经营

189

流转合同	合同内容	**第十九条**　土地经营权流转合同一般包括以下内容： （一）双方当事人的姓名或者名称、住所、联系方式等； （二）流转土地的名称、四至、面积、质量等级、土地类型、地块代码等； （三）流转的期限和起止日期； （四）流转方式； （五）流转土地的用途； （六）双方当事人的权利和义务； （七）流转价款或者股份分红，以及支付方式和支付时间； （八）合同到期后地上附着物及相关设施的处理； （九）土地被依法征收、征用、占用时有关补偿费的归属； （十）违约责任

【考点3】《自然资源部　农业农村部关于农村乱占耕地建房"八不准"的通知》

学习提示	**一般性文件，了解即可**
八不准	一、不准占用永久基本农田建房。 二、不准强占多占耕地建房。 三、不准买卖、流转耕地违法建房。 四、不准在承包耕地上违法建房。 五、不准巧立名目违法占用耕地建房。 六、不准违反"一户一宅"规定占用耕地建房。 七、不准非法出售占用耕地建的房屋。 八、不准违法审批占用耕地建房
要求	对通知下发后出现的新增违法违规行为，各地要以"零容忍"的态度依法严肃处理，该拆除的要拆除，该没收的要没收，该复耕的要限期恢复耕种条件，该追究责任的要追究责任，做到"早发现、早制止、严查处"，严肃追究监管不力、失职渎职、不作为、乱作为问题，坚决守住耕地保护红线

【考点4】《中央农村工作领导小组办公室　农业农村部关于进一步加强农村宅基地管理的通知》

学习 提示	一般性文件，了解即可
严格落实 "一户 一宅" 规定	宅基地是农村村民用于建造住宅及其附属设施的集体建设用地，包括住房、附属用房和庭院等用地。农村村民一户只能拥有一处宅基地，面积不得超过本省、自治区、直辖市规定的标准。农村村民应严格按照批准面积和建房标准建设住宅，禁止未批先建、超面积占用宅基地。经批准易地建造住宅的，**应严格按照"建新拆旧"要求，将原宅基地交还村集体。农村村民出卖、出租、赠与住宅后，再申请宅基地的，不予批准。**对历史形成的宅基地面积超标和"一户多宅"等问题，要按照有关政策规定分类进行认定和处置。人均土地少、不能保障一户拥有一处宅基地的地区，县级人民政府在充分尊重农民意愿的基础上，可以采取措施，按照省、自治区、直辖市规定的标准保障农村村民实现户有所居【★★】#关注政策性论述
鼓励节约 集约利用 宅基地	严格落实土地用途管制，农村村民建住宅应当符合乡（镇）土地利用总体规划、村庄规划。合理安排宅基地用地，严格控制新增宅基地占用农用地，不得占用永久基本农田；**涉及占用农用地的，应当依法先行办理农用地转用手续。**城镇建设用地规模范围外的村庄，要通过优先安排新增建设用地计划指标、村庄整治、废旧宅基地腾退等多种方式，增加宅基地空间，满足符合宅基地分配条件农户的建房需求。城镇建设用地规模范围内，可以通过建设农民公寓、农民住宅小区等方式，满足农民居住需要
鼓励盘活 利用闲置 宅基地和 闲置住宅	鼓励村集体和农民盘活利用闲置宅基地和闲置住宅，通过自主经营、合作经营、委托经营等方式，依法依规发展农家乐、民宿、乡村旅游等。城镇居民、工商资本等租赁农房居住或开展经营的，要严格遵守合同法的规定，**租赁合同的期限不得超过二十年。**合同到期后，双方可以另行约定。在尊重农民意愿并符合规划的前提下，鼓励村集体积极稳妥开展闲置宅基地整治，整治出的土地优先用于满足农民新增宅基地需求、村庄建设和乡村产业发展。闲置宅基地盘活利用产生的土地增值收益要全部用于农业农村。在征得宅基地所有权人同意的前提下，**鼓励农村村民在本集体经济组织内部向符合宅基地申请条件的农户转让宅基地。**各地可探索通过制定宅基地转让示范合同等方式，引导规范转让行为。转让合同生效后，应及时办理宅基地使用权变更手续。对进城落户的农村村民，各地可以多渠道筹集资金，探索通过多种方式鼓励其自愿有偿退出宅基地

【考点 5】《中共中央　国务院关于做好 2022 年全面推进乡村振兴重点工作的意见》（2022 年）

学习提示	一般性文件，关注 2023 年一号文即可
全力抓好粮食生产和重要农产品供给	稳定全年粮食播种面积和产量。坚持中国人的饭碗任何时候都要牢牢端在自己手中，饭碗主要装中国粮。**确保粮食播种面积稳定、产量保持在 1.3 万亿斤以上。主产区、主销区、产销平衡区都要保面积、保产量【★】#关注目标型数据**
强化现代农业基础支撑	**落实"长牙齿"的耕地保护硬措施。**实行耕地保护党政同责，**严守 18 亿亩耕地红线。按照耕地和永久基本农田、生态保护红线、城镇开发边界的顺序，统筹划定落实三条控制线，**把耕地保有量和永久基本农田保护目标任务足额带位置逐级分解下达，由中央和地方签订耕地保护目标责任书，作为刚性指标实行严格考核、一票否决、终身追责
	全面完成高标准农田建设阶段性任务。多渠道增加投入，**2022 年建设高标准农田 1 亿亩，累计建成高效节水灌溉面积 4 亿亩【★】#关注目标型数据**
乡村振兴战略	党的十九大报告明确提出实施乡村振兴战略，并强调加强农村基层基础工作，健全自治、法治、德治相结合的乡村治理体系。《中共中央、国务院关于坚持农业农村优先发展做好"三农"工作的若干意见》强调，增强乡村治理能力。建立健全党组织领导的**自治、法治、德治**相结合的领导体制和工作机制，发挥群众参与治理主体作用。开展乡村治理体系建设试点和乡村治理示范村镇创建**【2022 - 61】**

 **典型习题**

9 - 2（2022 - 61）根据中共中央、国务院《关于做好 2022 年全面推进乡村振兴重点工作的意见》，健全党组织领导的（ A）相结合的乡村治理体系。

A. 自治　法治　德治　　　　　　　B. 政治　自治　法治
C. 自治　德治　智治　　　　　　　D. 德治　法治　智治

【考点 6】《关于实施乡村振兴战略的意见》（2018 年）

学习提示	一般性文件，了解即可，重点关注当年的乡村振兴方针政策

乡村振兴要点	乡村振兴，**产业兴旺是重点**。乡村振兴，**生态宜居是关键**。乡村振兴，**乡风文明是保障**。乡村振兴，**治理有效是基础**。乡村振兴，**生活富裕是根本**。乡村振兴，**摆脱贫困是前提【★】** ♯考查角度：多选辨析
推进体制机制创新，强化乡村振兴制度性供给	巩固和完善农村基本经营制度。衔接落实好第二轮土地承包到期后再延长 30 年的政策。 深化农村土地制度改革。完善农民闲置宅基地和闲置农房政策，**探索宅基地所有权、资格权、使用权"三权分置"**，落实宅基地集体所有权，保障宅基地农户资格权和农民房屋财产权，适度放活宅基地和农民房屋使用权，不得违规违法买卖宅基地，严格实行土地用途管制，严格禁止下乡利用农村宅基地建设别墅大院和私人会馆。 深入推进农村集体产权制度改革。维护进城落户**农民土地承包权、宅基地使权、集体收益分配权**，引导进城落户农民依法自愿有偿转让上述权益。**【★★★★】** ♯**考查角度：单选辨析**

 典型习题

9-3（2018-63）下列关于乡村振兴目标的表述，不准确的是（ D ）。

A. 产业兴旺是重点　　　　　　　　　B. 生态宜居是关键

C. 乡风文明是保障　　　　　　　　　D. 生活温饱是根本

【考点 7】《乡镇集贸市场规划设计标准》（CJJ/T 87—2020）

学习提示	**可以出现在实务考试中，选线选点题或者乡村题都可以结合此文件出题**
类别和规模分级	集贸市场的类别可按占地情况分为**固定市场、临时市场**，并可按空间形式分为**露天市场、厅棚型市场、商业街型市场、商超型市场【2023-99】**
	集贸市场的规模，按照用地面积，可分为**小型、中型、大型、特大型**四级
	集贸市场的用地规模结合集贸市场的类别确定规划指标。用地面积应为人均市场用地面积与服务人口数的乘积，并应符合下列规定：固定市场人均市场用地面积宜为 **0.1～0.5m²**。其中，露天市场、厅棚型市场、商业街型市场人均市场用地面积宜为 **0.2～0.5m²**；商超型市场人均市场用地面积宜为 **0.1～0.3m²**

集贸市场规定	集贸市场选址应符合下列规定： ①集贸市场不应跨越铁路布置，**不应沿三级或三级以上公路两侧布置**，不应占用交通性干路、桥头、码头、车站等交通量大的地段；在公路一侧布置的集贸市场应与公路保持 20m 以上的间距；**位于建成区之外的集贸市场应与对外交通和生活性干路联系方便**；位于建成区内的集贸市场可依托生活性道路进行布置。 ②集贸市场应与教育、医疗机构等人员密集场所的**主要出入口之间保持 20m 以上的距离**，宜结合商业街和公共活动空间布局。 ③固定市场不应与消防站相邻布局，临时市场、庙会等活动区域应规划布置在不妨碍消防车辆通行的地段。 ④集贸市场应与燃气调压站、液化石油气气化站等火灾危险性大的场所保持 50m 以上的防火间距。应远离有毒、有害污染源，远离生产或储存易燃、易爆、有毒等危险品的场所，**防护距离不应小于 100m**。 ⑤以农产品及农业生产资料为主要商品类型的市场，宜独立占地，且应与住宅区之间保持 10m 以上的间距

【考点 8】《村庄整治技术标准》（GB/T 50445—2019）

学习提示	**一般性文件，了解即可，（部分考点会出现在原理科目）**	
安全与防灾	一般规定	村庄下列设施应作为重点保护对象，按照国家现行相关标准应优先整治： **①变电站（室）、邮电（通信）室、广播站、供水站、供气站等应急保障基础设施；** **②应急指挥场所、卫生所（医务室）、消防站（点）、粮库（站）等应急服务设施；** **③学校、村民集中活动场地（室）等公共建筑。** 下列危险性地段，严禁进行居住建筑和公共建筑建设，农村基础设施现状工程无法避开时，必须采取有效的防护和警示措施，减轻场地破坏，满足工程建设要求： **①突发性地质灾害（泥石流、滑坡、崩塌、地面塌陷、地裂缝、矿山与地下工程地质灾害）的直接影响区；** **②地震断裂带上可能发生地表错位的部位；** **③行洪河道；** **④其他难以整治和防御的灾害高危害影响区**

安全与防灾	消防整治	村庄应按照下列安全布局要求进行消防整治： ①村庄内生产、储存易燃易爆化学物品的工厂、仓库应设在村庄边缘或相对独立的安全地带，并应布置在集中居住区**全年最小频率风向的上风侧**； ②严禁在村庄输送甲、乙、丙类液体、可燃气体的干管上修建任何建筑物、构筑物或堆放物资，输送管道和阀门井盖应有明显标志； ③在人口密集地区应规划布置避难区域；防火分隔宜按 30～50 户的要求进行，呈阶梯布局的村庄，应沿坡纵向开辟防火隔离带。防火墙修建应高出建筑物 50cm 以上
		村庄消防供水宜采用消防、生产、生活合一的供水系统，并应符合下列规定： ①利用给水管道设置消火栓，宜结合村庄公共设施及公共场地设置，**间距不应大于120m**； ②给水管网或天然水源不能满足消防用水时，宜设置消防水池，消防水池的容积应符合消防水量的要求；寒冷地区的消防水池应采取防冻措施； ③利用天然水源或消防水池作为消防水源时，应配置消防泵或手抬机动泵等消防供水设备
		村庄消防通道应符合现行国家标准《农村防火规范》（GB 50039）、《建筑设计防火规范》（GB 50016）的相关规定，并应符合下列规定： ①消防通道可利用交通道路，应与其他公路相连通。消防通道上禁止设立影响消防车通行的隔离桩、栏杆等障碍物。当管架、栈桥等障碍物跨越道路时，净高不应小于 4m。 ②消防车道宽度不宜小于 4m，应符合配置车型的转弯半径。 ③建房、挖坑、堆柴草饲料等活动，不得影响消防车通行。 ④消防通道宜成环状布置或设置平坦的回车场。尽端式车道应符合配置车型回车要求
	避灾疏散	村庄道路出入口数量不宜少于 2 个，村庄与出入口相连的主干道路有效宽度不宜小于 7m，避灾疏散场所内外的避灾疏散主通道的有效宽度不宜小于 4m。 避灾场所内的应急功能区与周围易燃建筑等一般火灾危险源之间应设置不少于 30m 的防火安全带，距易燃易爆工厂、仓库、供气厂、储气站等重大火灾或爆炸危险源的距离不应小于 1000m
道路桥梁及交通安全设施	道路工程	村庄道路按照使用功能可分为主要道路、次要道路和宅间道路三个层次。 **主要道路：**指自然村间道路和村内主干路。主要道路路面宽度不宜小于 4m，路肩宽度可采用 0.25～0.75m。路面宽度为单车道时，应根据实际情况设置错车道。主要道路宜采用净高和净宽不小于 4m 的净空尺寸。 **次要道路：**指村内次干路。次要道路路面宽度不宜小于 2.5m，路肩宽度可采用 0.25～0.5m。路面宽度为单车道时，可根据实际情况设置错车道。 **宅间道路：**指村内入户路。宅间道路路面宽度不宜大于 2.5m

给水设施	一般规定	村庄给水设施整治水量应满足用水需求，水质达标。**整治后生活饮用水水量应不低于40升/（人·日）**，集中式给水工程配水管网的供水水压应符合用户接管点处的最小服务水头
	水源	对集中式生活饮用水水源，应建立水源保护区。保护区内严禁一切有碍水源水质的行为和建设任何可能危害水源水质的设施
	给水方式	无条件采用城镇配水管网延伸供水的村庄，应优先选择联村、联片或单村集中式给水方式。无条件建设集中式给水工程的村庄，可选择手动泵、引泉池或雨水收集等联户或单户分散式给水方式
排水设施	一般规定	位于城镇污水处理厂服务范围内的村庄，应建设和完善污水收集系统，将污水纳入城镇污水处理厂集中处理；位于城镇污水处理厂服务范围外的村庄，应联村或单村建设污水处理站，也可联户或分户处理
	雨水控制	下凹式绿地宜低于硬化地面50～100mm；当有排水要求时，绿地内宜设置溢流雨水口，其顶面标高应高于绿地20～50mm
	污水处理设施	村庄污水处理站设计规模应根据计算污水量或截流的合流污水量确定。村庄污水处理站应选址于夏季主导风向下方、村庄水系下游，并应靠近受纳水体或农田灌溉区。村庄污水处理站处理工艺宜优先采用模块化技术，规模较小的可选用一体化处理设备。稳定塘处理系统可利用荒地、坑塘、洼地等进行构建。用作二级处理的稳定塘系统，处理规模不宜大于5000m^3/d
垃圾收集与处理	一般规定	垃圾就地资源化利用可分为可腐烂垃圾和无机垃圾；垃圾集中处理与利用可分为废品类、家庭有毒垃圾和其他垃圾
	垃圾处理	生活垃圾需要集中处理与利用的主要有三类，即废品类、家庭有害垃圾和其他垃圾
卫生厕所改造	一般规定	村民户厕应实现"一户一厕"
	类型选择	村庄卫生厕所应综合考虑当地经济发展状况、自然地理条件、供排水条件、人文民俗习惯、农业生产方式等因素选择下列卫生厕所类型：①三格化粪池厕所；②三联通沼气池式厕所；③粪尿分集式生态卫生厕所；④水冲式厕所；⑤双瓮漏斗式厕所；⑥阁楼堆肥式厕所；⑦双坑交替式厕所；⑧深坑式厕所。 村庄卫生厕所的类型选择宜符合下列规定：**①具备上、下水设施且水资源充沛的村庄，宜建造水冲式厕所；②饲养牲畜的村民宜建造三联通沼气池式厕所；③干旱、无水、少水、寒冷地区宜建造粪尿分集式生态卫生厕所；④干旱地区的村庄宜建造双坑交替式、阁楼堆肥式或双瓮漏斗式厕所；⑤寒冷地区的村庄宜建造深坑式厕所；⑥非农牧业地区的村庄，不宜建造粪尿分集式生态卫生厕所。【2021 - 64】【★★★】♯考查角度：单选辨析** 村庄禁止修建直排式、蹲位通槽式和粪便裸露的公共厕所

卫生厕所改造	设计要求	新建卫生厕所应**与饮用水源保持 30m 以上**卫生防护距离，与**水井保持至少 10m** 的卫生防护距离
坑塘河道	一般规定	严禁采用填埋方式占用村庄现有的坑塘河道。坑塘使用功能包括旱涝调节、养殖种植、消防水源、杂用水、水景观及污水净化等，河道使用功能包括排洪、取水和水景观等
	水环境整治	水环境整治应在水体截污、消除污染源的基础上，采用清淤、生态修复等措施改善水体水质。水质较差、水质指标低于Ⅳ类的水体，宜采用先清淤、后生态修复的整治方式；水质较好、水质指标处于Ⅳ类以上的水体，可直接采用生态修复的整治方式

 典型习题

9-4（2021-64）下列关于村庄卫生厕所类型选择的表述，错误的是（ C ）。

A. 具备上下水设施且水资源充沛的村庄，宜建造水冲式厕所

B. 干旱地区的村庄宜建造双坑交替式、阁楼堆肥式或双瓮漏斗式厕所

C. 寒冷地区的村庄不宜建造深坑式厕所

D. 非农牧业地区的村庄，不宜建造粪尿分集式生态卫生厕所

【考点9】《巩固拓展脱贫攻坚成果同乡村振兴有效衔接过渡期内城乡建设用地增减挂钩节余指标跨省域调剂管理办法》

学习提示	**一般性文件，了解即可**
价格标准	国家统一制定跨省域调剂节余指标价格标准。节余指标调出价格根据复垦土地的类型和质量确定，**复垦为一般耕地的每亩 30 万元，复垦为高标准农田的每亩 40 万元**。节余指标调入价格根据地区差异相应确定，**北京、上海每亩 70 万元，天津、江苏、浙江、广东每亩 50 万元，福建、山东等其他省份每亩 30 万元（调剂指标来源于复垦为高标准农田的，每亩 40 万元）**【2023-23】
监督检查	自然资源部在核定各省份跨省域调剂指标时，对涉及的有关省份规划耕地保有量等变化情况实行台账管理；列入台账的，在**省级人民政府耕地保护责任目标考核**等监督检查中予以认定

9-5（2023-23）自然资源部财政部国家乡村振兴局《巩固拓展脱贫攻坚成果同乡村振兴有效衔接过渡期内城乡建设用地增减挂钩节余指标跨省域调剂管理办法》提出，复垦为高标准农田的节余指标调出价格为每亩（ B ）万元。

A. 30　　　　　　　B. 40　　　　　　　C. 50　　　　　　　D. 60

【考点 10】《关于进一步推动进城农村贫困人口优先享有基本公共服务并有序实现市民化的实施意见》

学习提示	一般性文件，了解即可
基本原则	全面覆盖，优先享有；因地制宜，精准施策；政府主导，群众自愿；强化统筹，协同推进
加大基本住房保障	加大基本住房保障。推动符合条件的进城农村贫困人口优先享有政府提供基本住房保障的权利。农村建档立卡贫困人口在就业地可申请公租房，并优先享受保障，通过公租房实物保障和租赁补贴等方式给予帮扶。进一步改善外来务工人员集中的环卫、公交等行业职工居住条件
城中村综合整治	开展城中村综合整治。地方各级人民政府要改善农村贫困人口居住相对集中的城乡结合部、城中村和旧住宅小区基础环境，加快配套设施建设，提高公共基础设施保障能力。以生活垃圾、生活污水和"厕所革命"等重点任务为主攻方向，统一规划、统一设计、统一建设、统一管护，统筹推进城中村人居环境整治工作。加强对城中村房屋出租的监督管理，做好相关服务
落户贫困人口农村权益	切实保障落户贫困人口农村权益。加快推进农村集体产权制度改革，切实维护好进城落户贫困人口在农村的土地承包权、宅基地使用权、集体收益分配权等权益。加快建立健全农村产权流转市场体系，坚持按依法、自愿、有偿原则探索进城落户贫困人口农村相关权益退出机制【2023-81】

9-6（2023-81）根据《关于进一步推动进城农村贫困人口优先享有基本公共服务并有序实现市民化的实施意见》，以下属于进城落户居民保留的权利包括（ ACE ）。

A. 土地承包权　　　　　　　　　　B. 土地承包自由转让权

C 基地使用权　　　　　　　　　　D. 宅基地自由买卖权

E. 集体收益分配权

第十章　测绘地理信息专题

【考点1】《国土空间规划"一张图"实施监督信息系统技术规范》（GB/T 39972—2021）

学习提示	结合原理科目第五章考察，相关知识点需掌握
定义	**国土空间规划"一张图"**：以基础地理信息和自然资源调查监测成果数据为基础，应用全国统一的测绘基准和测绘系统，集成整合国土空间规划编制和实施管理所需现状数据、各级各类国土空间规划成果数据和国土空间规划实施监督数据，**形成的覆盖全域、动态更新、权威统一的国土空间规划数据资源体系**【2021 - 77】【★★】
总体框架四大层次两大体系	（1）**设施层**：面向国土空间规划业务需求，对计算资源、存储资源、网络资源和安全设施等进行扩展完善。 （2）**数据层**：建设包括基础现状数据、规划成果数据、规划实施数据和规划监督数据的国土空间规划数据体系，实现数据的汇交和管理，并建立与国土空间规划体系相适应的指标和模型。 （3）**支撑层**：以国土空间基础信息平台为支撑，提供基础服务、数据服务、功能服务等，供应用层使用和调用。 （4）**应用层**：面向国土空间规划的编制、审批、修改和实施监督全过程，提供包括国土空间规划"一张图"应用、国土空间分析评价、规划成果审查与管理、规划实施监督、指标模型管理和社会公众服务等功能；与各委办局业务系统连接，实现部门间信息共享和业务协同，为企事业单位和社会公众提供服务【2022 - 54】【★★】 （1）**标准规范体系**：按照国土空间规划标准体系，各地可根据实际情况细化和拓展系统建设的相关标准，指导系统建设和运行的全过程管理。 （2）**安全运维体系**：建立安全管理机制，落实国家相关安全等级保护要求，确保系统运行过程中的物理安全、网络安全、数据安全、应用安全、访问安全。建立运维管理机制，对系统的硬件、网络、数据、应用及服务的运行状况进行综合管理，保证系统稳定运行

数据 要求	（1）**基础现状数据**。基础现状数据应包括基础地理信息数据、地质数据、自然资源调查监测数据、自然资源管理数据、自然和历史文化保护数据、其他现状数据等。 （2）**规划成果数据**。国土空间规划成果数据应包括各级各类国土空间规划数据，具体包括总体规划数据、详细规划数据、专项规划数据。 （3）**规划实施数据**。规划实施数据应集成国土空间保护、开发、利用和修复相关数据，具体包括：①实施国土空间用途管制数据（如建设项目用地预审与选址意见书、建设用地规划许可证、建设工程规划许可证、乡村建设规划许可证信息等）；②生态状况和重大生态修复工程信息数据；③其他规划实施相关数据。 （4）**规划监督数据**。规划监督数据应包括对国土空间开发保护现状和规划实施状况进行动态监测、定期评估及时预警等数据，具体包括：**①规划实施监测评估预警数据；②资源环境承载能力监测预警数据；③规划全过程自动强制留痕数据；④其他规划监督相关数据**【2021 - 98】【★★】
国土 空间 分析 评价	（1）**资源环境承载能力和国土空间开发适宜性评价**。功能要求包括：①查询资源环境承载能力和国土空间开发适宜性评价主要结果图件及报告；②可支持基于双评价结果开展相关空间分析；③可支持双评价结果与相关规划成果图件的对比分析。 （2）**国土空间规划实施评估和国土空间开发保护风险评估**。功能要求包括：①可建立城镇化发展、人口分布、经济发展、科技进步、气候变化趋势等分析模型，综合研判国土空间开发保护现状与需求；②可支持开展情景模拟分析，识别生态保护、资源利用、自然灾害、国土安全等方面的短板及可能面临的风险；③通过数量、质量、布局、结构、效率等指标分析，评估国土空间开发保护现状问题和风险挑战

 典型习题

10 - 1（2022 - 54）根据《国土空间规划"一张图"实施监督信息系统技术规范》，国土空间规划"一张图"实施监督信息系统总体框架的四个层次是（B）。

A. 基础层、数据层、支撑层、应用层

B. 设施层、数据层、支撑层、应用层

C. 设施层、图形层、支撑层、应用层

D. 设施层、数据层、扩展层、应用层

【考点2】《自然资源三维立体时空数据库建设总体方案》（2020 年）

学习 提示	**一般性文件，了解即可**

总则	基本组成	(1) **国家级主数据库**。按照国土空间规划和自然资源管理需求，基于统一的空间基底，逻辑集成各调查监测分库，物理迁移和集成部分数据成果，建设国家级主数据库。国家级主数据库负责全国自然资源调查监测数据成果的建库管理，负责连接各调查监测分库，负责调查监测数据的集成应用等。数据迁移内容在主数据库设计方案中明确。主数据库采取异地灾备、同城备份等形式，以保证数据安全。 (2) **调查监测分数据库**。包括：土地资源、森林资源、草原资源、湿地资源、水资源、海洋资源、地表基质、地下资源和自然资源监测共 9 个分库。其中：**土地资源**分库负责基础调查数据成果的建库管理及应用，包括第三次全国国土调查、第二次全国土地调查及历年变更调查、耕地资源调查数据等；**森林资源**分库负责森林资源专项调查数据成果的建库管理及应用；草原资源分库负责草原资源专项调查数据成果的建库管理及应用；**湿地资源**分库负责湿地资源专项调查数据成果的建库管理及应用；**水资源**分库负责水资源专项调查数据成果的建库管理及应用；海洋资源分库负责海洋资源专项调查数据成果的建库管理及应用；地表基质分库负责地表基质调查数据成果的建库管理及应用；**地下资源**分库负责矿产资源、地下空间资源调查数据成果的建库管理及应用；**自然资源监测分库**负责自然资源常规监测、专题监测、应急监测等数据成果的集成建库管理
	数据模型	**数据模型**是自然资源三维立体时空数据库建设的关键。通过构建自然资源时空数据模型，将各类自然资源调查监测成果，以**自然资源实体**为单元，按照**地下资源层、地表基质层、地表覆盖层、管理层**，依次科学有序进行组织和管理，形成各类自然资源在空间上的分层，在时间上的分期，在地理位置上的分区，在业务上的逻辑关联
数据资源内容		按照自然资源三维立体时空数据库的结构，将自然资源调查监测数据分为土地资源、森林资源、草原资源、湿地资源、水资源、海洋资源、地表基质、地下资源、自然资源监测等 9 类

【考点 3】《地理信息公共服务平台管理办法》（2020 年）

学习提示	**一般性文件，了解即可**
分级	地理信息公共服务平台由**国家级节点、省级（兵团）节点、市县级节点**组成
天地图	"**天地图**"是地理信息公共服务平台的品牌标识，地理信息公共服务平台简称为"**天地图**"

主要内容	地理信息公共服务平台建设内容主要有:【2021-16】【★★】 (1) **在线服务数据集,包括地理信息资源目录数据、地理实体数据、地名地址数据、遥感影像数据、三维数据**,以及与地理空间位置有关的、可向社会公开发布的其他地理信息数据; (2) **在线服务软件系统**,包括门户网站系统、应用程序接口、在线服务基础系统、目录发布系统、用户管理系统等; (3) **运行支撑环境**,主要包括网络接入系统、存储备份系统、服务器系统、安全防护系统、相关配套系统等

典型习题

10-2（2021-16）下列不属于《地理信息公共服务平台》在线服务数据集的是（ A ）。

A. 交通数据　　　　　　　　　　　　B. 遥感影像数据

C. 地理信息资源目录数据　　　　　　D. 地名地址数据

【考点4】《智慧城市时空大数据平台建设技术大纲（2019版）》

学习提示	**一般性文件,了解即可**
任务	时空大数据平台是基础时空数据、公共管理与公共服务涉及专题信息的"最大公约数"(简称公共专题数据)、物联网实时感知数据、互联网在线抓取数据、根据本地特色扩展数据,及其获取、感知、存储、处理、共享、集成、挖掘分析、泛在服务的技术系统
思路	(1) **统一时空基准**。时间基准中日期应采用公历纪元,时间应采用北京时间。空间定位基础采用**2000国家大地坐标系和1985国家高程基准。** (2) **丰富时空大数据**。时空大数据主要包括时序化的基础时空数据、公共专题数据、物联网实时感知数据、互联网在线抓取数据和根据本地特色扩展数据,构成智慧城市建设所需的地上地下、室内室外、虚实一体化的、开放的、鲜活的时空数据资源。 (3) **构建云平台**。面向两种不同应用场景,构建桌面平台和移动平台。 (4) **搭建云支撑环境**。鼓励有条件的城市,将时空大数据平台迁移至全市统一、共用的云支撑环境中。 (5) **开展智慧应用**。基于时空大数据平台,根据各城市的特点和需求,本着急用先建的原则,开展智慧应用示范

时空大数据	（1）**基础时空数据**。内容至少包括矢量数据、影像数据、高程模型数据、地理实体数据、地名地址数据、三维模型数据、新型测绘产品数据及其元数据。 （2）**公共专题数据**。内容至少包括**法人数据、人口数据、宏观经济数据、民生兴趣点数据、地理国情普查与监测数据及其元数据。【2021-33】【★★】** （3）**物联网实时感知数据**。通过物联网智能感知的具有时间标识的实时数据，其内容至少包括采用空、天、地一体化对地观测传感网实时获取的基础时空数据和依托专业传感器感知的可共享的行业专题实时数据，以及其元数据。 （4）**互联网在线抓取数据**。根据不同任务需要，采用网络爬虫等技术，通过互联网在线抓取完成任务所缺失的数据
云平台	针对应用场景不同，云平台可分为桌面平台和移动平台，以便捷使用。 （1）**云中心**。应包括服务资源池、服务引擎、地名地址引擎、业务流引擎、知识引擎和云端管理系统等六部分。 （2）**桌面平台**。桌面平台是依托云中心提供的各类服务和引擎，面向笔记本、台式机等桌面终端设备，运行在内部网、政务网或互联网上的服务平台

 典型习题

10-3（2021-33）公共管理专题数据是时空大数据的重要组成部分，根据《智慧城市时空大数据平台建设技术大纲（2019)》，下列数据不属于公共管理数据的是（A）。

A. 地名地址数据   B. 人口数据

C. 宏观经济数据   D. 地理国情普查与监测数据

【考点 5】《中华人民共和国测绘法》（2017 年修订）

学习提示	**每年法规科目考察测绘法 1 分，特别关注"坐标考点"。完整文件可扫描二维码**
适用范围和概念	在中华人民共和国领域和中华人民共和国管辖的其他海域从事测绘活动，应当遵守本法。本法所称测绘，是指对自然地理要素或者地表人工设施的形状、大小、空间位置及其属性等进行测定、采集、表述，以及对获取的数据、信息、成果进行处理和提供的活动

测绘基准和测绘系统	**测绘基准。**国家设立和采用全国统一的大地基准、高程基准、深度基准和重力基准，其数据由国务院测绘地理信息主管部门审核，并与国务院其他有关部门、军队测绘部门会商后，报国务院批准。 **测绘系统。**国家建立全国统一的大地坐标系统、平面坐标系统、高程系统、地心坐标系统和重力测量系统，确定国家大地测量等级和精度以及国家基本比例尺地图的系列和基本精度。具体规范和要求由**国务院测绘地理信息主管部门会同国务院其他有关部门、军队测绘部门制定【★★】**
基础测绘	**第十五条　基础测绘是公益性事业。国家对基础测绘实行分级管理【2021‑42】【★★】** **土地及建筑物等权属界址线。** **县级以上人民政府测绘地理信息主管部门应当会同本级人民政府不动产登记主管部门，加强对不动产测绘的管理。**测量土地、建筑物、构筑物和地面其他附着物的权属界址线，应当按照县级以上人民政府确定的权属界线的界址点、界址线或者提供的有关登记资料和附图进行。权属界址线发生变化的，有关当事人应当及时进行变更测绘 **建设工程与房屋产权测量。** 城乡建设领域的工程测量活动，与房屋产权、产籍相关的房屋面积的测量，应当执行由国务院住房和城乡建设主管部门、国务院测绘地理信息主管部门组织编制的测量技术规范
界线测绘和其他测绘	**第二十条**　中华人民共和国国界线的测绘，按照中华人民共和国与相邻国家缔结的边界条约或者协定执行，**由外交部组织实施。**中华人民共和国地图的国界线标准样图，**由外交部和国务院测绘地理信息主管部门拟定，报国务院批准后公布。【2021‑42】** **第二十二条**　县级以上人民政府测绘地理信息主管部门应当会同本级人民政府不动产登记主管部门，加强对不动产测绘的管理【2021‑42】【★★】
测绘成果	基础测绘成果和国家投资完成的其他测绘成果，用于政府决策、国防建设和公共服务的，应当无偿提供
测绘标志保护	任何单位和个人不得损毁或者擅自移动永久性测量标志和正在使用中的临时性测量标志，**不得侵占永久性测量标志用地，不得在永久性测量标志安全控制范围内从事危害测量标志安全和使用效能的活动**

典型习题

10‑4（2021‑42）下列选项中关于地理信息测绘，错误的是（C）。

A. 基础测绘属于国家公益性事业

B. 基础测绘实行国家分级管理

C. 进行中华人民共和国国界测绘时，国务院地理信息主管部门会同军队测绘部门一起

D. 县级以上地理信息主管部门同不动产主管部门一起，加强不动产测绘管理

【考点6】《生态保护红线监管技术规范台账数据库建设（试行）》（2020年）

学习提示	一般性文件，了解即可
适用范围	本标准规定了生态保护红线监管台账内容、数据库建设、互联互通等要求。本标准适用于规范和指导县级及以上行政区生态保护红线监管台账数据库建设
术语与定义	生态保护红线图斑：指由生态保护红线矢量边界形成的具有相关属性信息的闭合图形
	生态保护红线监管台账：指以**县级行政区**为基本单元，记录某一时间节点（或年度）生态保护红线监管信息的电子表单账本，主要包括**生态保护红线面积、红线性质、红线功能、红线管理、特色指标**等年度（或日常）等基础信息，以及生态保护红线监管阶段盈亏等保护成效评估信息，支撑生态保护红线日常监管、年度考核和定期评估
	生态保护红线监管数据互联互通：指以生态保护红线监管台账数据库为基础，通过软硬件系统和接口的配置与研发，以访问接口、汇交填报、实地核查、空间服务等方式，实现国家与地方生态保护红线监管数据的在线交换、及时更新和协同共享
一般规定	(1) 坐标系统。采用"**2000 国家大地坐标系（CGCS2000）**"，以度为单位的地理坐标。 (2) 高程基准。采用"**1985 国家高程基准**"。 (3) 面积。采用**高斯 - 克吕格投影标准 3 度分带**进行计算
台账	(1) 台账组织。 1) 以**县级行政区**为基本单元，形成国家生态保护红线监管一本台账。 2) 地方生态环境部门按需报送红线相关数据，国家生态环境部门组织建设并更新台账。 3) 国家和地方生态环境部门生态保护红线监管台账互联互通，信息一致。 (2) 台账内容。按照生态保护红线监管时间类型，分为基础信息台账和保护成效台账。 基础信息台账包括以下 5 种：**红线面积台账、红线性质台账、红线功能台账、红线管理台账、特色指标台账【★★】** (3) 台账更新。按照生态保护红线日常监管、年度考核和定期评估等业务需求，分为日常更新、年度更新和定期更新
数据库	(1) 数据库内容。生态保护红线监管台账数据库主要以生态保护红线监管台账要素为核心，包括生态保护红线面积要素、红线性质要素、红线功能要素、红线管理要素、特色指标要素、遥感影像要素、基础地理要素等。 (2) 要素分类与编码。本标准采用线分类法和分层次编码方法，将生态保护红线监管台账数据库要素分为**大类、中类和小类三类【★★】**

第十一章 住区及公共服务设施类专题

【考点 1】《城市居住区规划设计标准》（GB 50180—2018）

学习提示	**非常重要的文件，结合实务第三题一起复习**
基本原则与建筑方针	居住区规划设计应坚持**以人为本**的基本原则，遵循适用、经济、绿色、美观的建筑方针，并应符合下列规定 （1）应符合城市总体规划及控制性详细规划。 （2）应符合所在地气候特点与环境条件、经济社会发展水平和文化习俗。 （3）应遵循统一规划、合理布局，节约土地、因地制宜，配套建设、综合开发的原则。 （4）应为老年人、儿童、残疾人的生活和社会活动提供便利的条件和场所。 （5）应延续城市的历史文脉、保护历史文化遗产并与传统风貌相协调。 （6）**低影响开发的建设方式**，并应采取有效措施促进雨水的**自然积存、自然渗透与自然净化**。 （7）应符合城市设计对公共空间、建筑群体、园林景观、市政等环境设施的有关控制要求
安全适宜	居住区应选择在**安全、适宜居住**的地段进行建设，并应符合下列规定：**【2019 - 100】** （1）不得在有**滑坡、泥石流、山洪**等自然灾害威胁的地段进行建设。 （2）与危险化学品及易燃易爆品等危险源的距离，必须满足有关安全规定。 （3）存在**噪声污染、光污染**的地段，应采取相应的降低噪声和光污染的防护措施。 （4）土壤存在污染的地段，**必须采取有效措施进行无害化处理**，并应达到居住用地土壤环境质量的要求
分级控制规模	居住区应根据其分级控制规模，对应规划建设配套设施和公共绿地，并应符合下列规定： （1）新建居住区，应满足统筹规划、同步建设、同期投入使用的要求。 （2）旧区可遵循规划匹配、建设补缺、综合达标、逐步完善的原则进行改造
其他	（1）涉及历史城区、历史文化街区、文物保护单位及历史建筑的居住区规划建设项目，必须遵守国家有关规划的保护与建设控制规定。 （2）居住区应有效组织雨水的收集与排放，并应满足地表径流控制、内涝灾害防治、面源污染治理及雨水资源化利用的要求。 （3）居住区地下空间的开发利用应适度，应合理控制用地的不透水面积并留足雨水自然渗透、净化所需的土壤生态空间

术语	十五分钟生活圈居住区	以居民步行十五分钟可满足其物质与生活文化需求为原则划分的居住区范围；一般由城市干路或用地边界线所围合，居住人口规模为50000～100000人（约17000～32000套住宅），配套设施完善的地区【★】
	十分钟生活圈居住区	以居民步行十分钟可满足其基本物质与生活文化需求为原则划分的居住区范围；一般由城市干路、支路或用地边界线所围合，居住人口规模为15000～25000人（约5000～8000套住宅），配套设施齐全的地区【★】
	五分钟生活圈居住区	以居民步行五分钟可满足其基本生活需求为原则划分的居住区范围；一般由支路及以上级城市道路或用地边界线所围合，居住人口规模为5000～12000人（约1500～4000套住宅），配建社区服务设施的地区【★】
	居住街坊	由支路等城市道路或用地边界线围合的住宅用地，是住宅建筑组合形成的居住基本单元；居住人口规模在1000～3000人（约300～1000套住宅，用地面积2～4hm²），并配建有便民服务设施【★】

居住区按照居民在合理的步行距离内满足基本生活需求的原则，可分为**十五分钟生活圈居住区、十分钟生活圈居住区、五分钟生活圈居住区及居住街坊**四级，其分级控制规模应符合表11-1的规定。

表11-1　各级居住区分钟圈的步行距离、居住人口、住宅数量对比【★★】

距离与规模	十五分钟生活圈居住区	十分钟生活圈居住区	五分钟生活圈居住区	居住街坊
步行距离（m）	800～1000	500	300	—
居住人口（人）	50000～100000	15000～25000	5000～12000	1000～3000
住宅数量（套）	17000～32000	5000～8000	1500～4000	300～1000

控制指标	（1）通常空间尺度范围越大，现实中全部建设低层住宅建筑或全部建设高层住宅建筑的情况就越少见。十五分钟生活圈居住区没有纳入**低层和高层Ⅱ类**的住宅建筑平均层数类别；十分钟生活圈居住区和五分钟生活圈居住区则没有纳入**高层Ⅱ类**的住宅建筑平均层数类别。 （2）**城市道路用地的占比在各级生活圈不变**。居住区用地构成的道路是城市道路用地，和纬度没有关系，只和居住区在城市中的区位有关，靠近城市中心的地区，道路用地控制指标偏向高值。 （3）纬度越高，人均居住区用地面积和住宅用地的占比指标区间越高。建筑气候区划决定了纬度越高，建筑的间距越大。同等要求的情况下，满足相同的容积率，高纬度地区需要用地面积就越大，那么住宅用地的占比和人均居住区用地面积就大。 （4）**纬度越高，配套设施用地、公共绿地的比例减少**。城市道路用地不变的情况下，纬度越高，人均居住区用地面积和住宅用地的占比指标区间越高，那么配套设施用地、公共绿地就需要相应减少【★】

住宅建筑日照标准见表11-2。

表11-2   **住宅建筑日照标准【★★】**

建筑气候区划	Ⅰ、Ⅱ、Ⅲ、Ⅶ气候区		Ⅳ气候区		Ⅴ、Ⅵ气候区
城区常住人口（万人）	≥50	<50	≥50	<50	无限定
日照标准日	大寒日				冬至日
日照时数（h）	≥2		≥3		≥1
有效日照时间带（当地真太阳时）	8~16时				9~15时
计算起点	底层窗台面（距室内地坪0.9m高的外墙位置）				

日照

注：1. 老年人居住建筑日照标准**不应低于冬至日日照时数2h**；

2. 在原设计建筑外增加任何设施不应使相邻住宅原有日照标准降低，**既有住宅建筑进行无障碍改造加装电梯除外**；

3. 旧区改建项目内新建住宅建筑日照标准**不应低于大寒日日照时数1h【★】**

表11-3   **各级分钟生活圈的绿地配置【★★】**

类别	人均公共绿地面积（m²/人）	居住区公园		备注
		最小规模（hm²）	最小宽度（m）	
十五分钟生活圈居住区	2.0	5.0	80	**不含十分钟生活圈及以下级**居住区的公共绿地指标
十分钟生活圈居住区	1.0	1.0	50	**不含五分钟生活圈及以下级**居住区的公共绿地指标
五分钟生活圈居住区	1.0	0.4	30	**不含居住街坊的绿地指标**

绿地配置（表11-3）

注：居住区公园中应设置10%~15%的体育活动场地

用地   **集中绿地**

居住街坊内集中绿地的规划建设，应符合下列规定：**【★】**

（1）新区建设**不应低于0.50m²/人**，旧区改建**不应低于0.35m²/人**；

（2）宽度**不应小于8m**；

（3）在标准的建筑日照阴影线范围之外的绿地面积**不应少于1/3**，其中应设置老年人、儿童活动场地

居住道路	**与城市道路交通关系**	居住区的路网系统应与城市道路交通系统有机衔接。【★】 （1）居住区应采取**"小街区、密路网"**的交通组织方式，路网密度**不应小于 8km/km²**；城市道路间距**不应超过 300m，宜为 150～250m**，并应与居住街坊的布局相结合。【2021 - 98】 （2）居住区内的步行系统应连续、安全、符合无障碍要求，并应便捷连接公共交通站点； （3）在适宜自行车骑行的地区，应构建连续的非机动车道； （4）旧区改建，**应保留和利用有历史文化价值的街道、延续原有的城市肌理**
	城市道路	居住区内各级城市道路应突出居住使用功能特征与要求： （1）两侧集中布局了配套设施的道路，应形成尺度宜人的生活性街道；道路两侧建筑退线距离，应与街道尺度相协调； （2）支路的红线宽度，**宜为 14～20m**； （3）道路断面形式应满足适宜步行及自行车骑行的要求，**人行道宽度不应小于 2.5m**； （4）**支路应采取交通稳静化措施**，适当控制机动车行驶速度
	附属道路	应满足消防、救护、搬家等车辆的通达要求。【★★】 （1）主要附属道路至少应有两个车行出入口连接城市道路，**其路面宽度不应小于 4.0m**；其他附属道路的路面宽度**不宜小于 2.5m**； （2）人行出入口间距**不宜超过 200m**； （3）**最小纵坡不应小于 0.3%**，最大纵坡应符合表 11 - 4 的规定；机动车与非机动车混行的道路，其纵坡宜按照或分段按照非机动车道要求进行设计。

表 11 - 4　　　　　　　附属道路最大纵坡控制指标　　　　　　　（%）

道路类别及其控制内容	一般地区	积雪或冰冻地区
机动车道	8.0	6.0
非机动车道	3.0	2.0
步行道	8.0	4.0

停车场	（1）停车场（库）的停车位控制指标，不宜低于表 5.0.5（即表 11 - 5）的规定；

表 11 - 5　　　　　　　停车场（库）的停车位控制指标

名称	非机动车	机动车
商场	≥7.5	≥0.45
菜市场	≥7.5	≥0.30

名称	非机动车	机动车
街道综合服务中心	≥7.5	≥0.45
社区卫生服务中心（社区医院）	≥1.5	≥0.45

居住道路

（2）商场、街道综合服务中心机动车停车场（库）**宜采用地下停车、停车楼或机械式停车设施**；

（3）配建的机动车停车场（库）应具备公共充电设施安装条件。

（4）地上停车位应优先考虑设置多层停车库或机械式停车设施，**地面停车位数量不宜超过住宅总套数的10%**

配套设施

配套设施应遵循配套建设、方便使用、统筹开放、兼顾发展的原则进行配置，其布局应遵循集中和分散兼顾、独立和混合使用并重的原则，并应符合下列规定：

（1）十五分钟和十分钟生活圈居住区配套设施，**应依照其服务半径相对居中布局。**

（2）十五分钟生活圈居住区配套设施中，文化活动中心、社区服务中心（街道级）、街道办事处等服务设施宜联合建设并形成街道综合服务中心，**其用地面积不宜小于1hm²。**

（3）五分钟生活圈居住区配套设施中，社区服务站、文化活动站（含青少年、老年活动站）、老年人日间照料中心（托老所）、社区卫生服务站、社区商业网点等服务设施，宜集中布局、联合建设，并形成社区综合服务中心，**其用地面积不宜小于0.3hm²。**

（4）旧区改建项目应根据所在居住区各级配套设施的承载能力合理确定居住人口规模与住宅建筑容量；当不匹配时，应增补相应的配套设施或对应控制住宅建筑增量

用地面积计算方法

（1）居住区范围内与居住功能不相关的其他用地以及本居住区配套设施以外的其他公共服务设施用地，**不应计入居住区用地**；

（2）当周界为自然分界线时，居住区用地范围**应算至用地边界。**

（3）当周界为城市快速路或高速路时，居住区用地边界应算至道路红线或其防护绿地边界。快速路或高速路及其防护绿地**不应计入居住区用地。**

（4）当周界为城市干路或支路时，各级生活圈的居住区用地范围**应算至道路中心线。**

（5）居住街坊用地范围应算至周界道路红线，且**不含城市道路。**

（6）当与其他用地相邻时，居住区用地范围**应算至用地边界。**

（7）当住宅用地与配套设施（不含便民服务设施）用地混合时，其用地面积应按住宅和配套设施的地上建筑面积占该幢建筑总建筑面积的比率分摊计算，**并应分别计入住宅用地和配套设施用地【★★】**

<table>
<tr><td rowspan="1">范围
划定</td><td>

生活圈居住区用地范围划定如图 11-1 所示，居住街坊范围划定规则如图 11-2 所示。

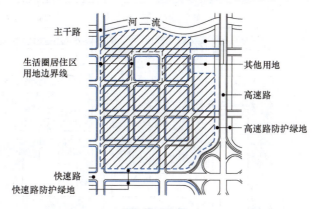

图 11-1　生活圈居住区用地范围划定规则示意

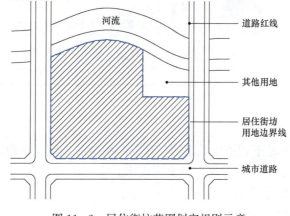

图 11-2　居住街坊范围划定规则示意

</td></tr>
<tr><td>绿地
面积</td><td>

（1）满足当地植树绿化覆土要求的屋顶绿地**可计入绿地**。绿地面积计算方法应符合所在城市绿地管理的有关规定。

（2）当绿地边界与城市道路临接时，应算至道路红线；当与居住街坊附属道路临接时，**应算至路面边缘**；当与建筑物临接时，**应算至距房屋墙脚 1.0m 处**；当与围墙、院墙临接时，**应算至墙脚。**

（3）当集中绿地与城市道路临接时，应算至道路红线；当与居住街坊附属道路临接时，**应算至距路面边缘 1.0m 处**；当与建筑物临接时，**应算至距房屋墙脚 1.5m 处【★★】**

</td></tr>
</table>

211

计算规则	居住街坊内绿地及集中绿地的计算规则示意如图 11 - 3 所示。 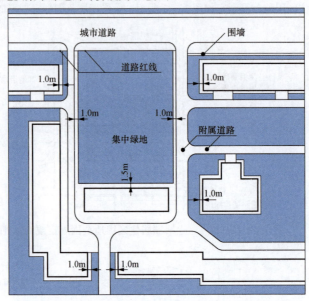 图 11 - 3 居住街坊内绿地及集中绿地的计算规则示意

 **典型习题**

11 - 1（2021 - 98）下列关于城市居住区路网系统的规定，正确的有（ ACDE ）。

A. 应采取"小街区、密路网"的交通组织方式

B. 路网密度不应小于 $4km/km^2$

C. 城市道路间距宜为 150～250m

D. 在适宜自行车骑行的地区，应构建连续的非机动车道

E. 旧区改建应保留和利用有历史文化价值的街道

11 - 2（2021 - 71）依据《城市居住区规划设计标准》，下列关于生活圈居住人口规模的说法，不正确的是（ B ）。

A. 十五分钟生活圈的居住人口规模为 50000～100000 人

B. 十分钟生活圈的居住人口规模为 15000～20000 人

C. 五分钟生活圈的居住人口规模为 500～12000 人

D. 居住街坊人口规模为 1000～3000 人

11 - 3（2019 - 100）根据《城市居住区规划设计标准》，居住区选址必须遵循的强制性条文有（ ABCD ）。

A. 不得在有滑坡、泥石流、山洪等自然灾害威胁的地段进行建设

B. 应有利于采用低影响开发的建设方式

C. 存在噪声污染、光污染的地段应采取相应的降低噪声和光污染的防护措施

D. 土壤存在污染的地段必须采取有效措施进行无害化处理并应达到居住用地土壤环境质量要求

E. 应符合所在地经济社会发展水平和文化习俗

【考点2】《托儿所、幼儿园建筑设计规范》（JGJ 39—2016，2019 年版）

学习提示		一般性文件，了解（实务科目第三题语料库）
基地和总平面	基地	基地不应与大型公共娱乐场所、商场、批发市场等人流密集的场所相毗邻。园内不应有高压输电线、燃气、输油管道主干道等穿过。**托儿所、幼儿园的服务半径宜为 300m**
	总平面	四个班及以上的托儿所、幼儿园建筑应独立设置。三个班及以下时，可与居住、养老、教育、办公建筑合建，但应符合下列规定：应设独立的疏散楼梯和安全出口；出入口处应设置人员安全集散和车辆停靠的空间；应设独立的室外活动场地，场地周围应采取隔离措施。 室外活动场地应有**1/2 以上的面积在标准建筑日照阴影线之外**。托儿所、幼儿园场地内**绿地率不应小于 30%**，宜设置集中绿化用地。【★】 托儿所、幼儿园出入口不应直接设置在城市干道一侧；其出入口应设置供车辆和人员停留的场地，且不应影响城市道路交通。托儿所、幼儿园的活动室、寝室及具有相同功能的区域，应布置在当地最好朝向，**冬至日底层满窗日照不应小于 3h**
	建筑设计	**托儿所、幼儿园中的生活用房不应设置在地下室或半地下室。**幼儿园生活用房应布置在三层及以下

【考点3】《建筑日照计算参数标准》（GB/T 50947—2014）

学习提示		一般性文件，了解即可
术语	建筑日照	太阳光直接照射到建筑物（场地）上的状况
	日照标准日	用来测定和衡量建筑日照时数的特定日期
	日照时数	在有效日照时间带内，建筑物（场地）计算起点位置获得日照的连续时间值或各时间段的累加值【2021 - 73】

术语	**建筑日照标准**	根据建筑物（场地）所处的气候区、城市规模和建筑物（场地）的使用性质，在日照标准日的有效日照时间带内阳光应直接照射到建筑物（场地）上的最低日照时数
	真太阳时	太阳连续两次经过当地观测点的上中天（正午 12 时，即当地当日太阳高度角最高之时）的时间间隔为 1 真太阳日，1 真太阳日分为 24 真太阳时，也称当地正午时间
	有效日照时间带	根据日照标准日的太阳方位角与高度角、太阳辐射强度和室内日照状况等条件确定的时间区段，用真太阳时表示
	日照时间计算起点	为规范建筑日照时间计算所规定的建筑物（场地）上的计算位置
	日照基准年	建筑日照计算中所采用的相关太阳数据的取值年份
	遮挡建筑	在有效日照时间带内，对已建和拟建建筑（场地）的日照产生影响的已建和拟建建（构）筑物
	被遮挡建筑（场地）	在有效日照时间带内，日照受已建和拟建建（构）筑物影响的已建和拟建建筑（场地）
计算数据	**总平面**	包括遮挡建筑、被遮挡建筑（场地）的平面定位，竖向设计高程，有日照要求的场地边界位置
	建筑单体	包括遮挡建筑、被遮挡建筑（场地）的外轮廓，有日照要求建筑的户型与有计算需要的窗户定位，有日照要求建筑的首层室内地坪高程
计算参数与方法		日照计算的预设参数应符合下列规定：①日照基准年应选取公元 2001 年；②采样点间距应根据计算方法和计算区域的大小合理确定，窗户宜取 0.30～0.60m；建筑宜取 0.60～1.00m，场地宜取 1.00～5.00m；③当需设置时间间隔时，不宜大于 1.0min

 典型习题

11-4（2021-73）根据《建筑日照计算参数标准》，下列选项错误的是（C）。

A. 建筑日照是指太阳光直接照射到建筑物（场地）上的状况

B. 日照标准日是用来测定和衡量建筑日照时数的特定日期

C. 日照时数是指在有效日照标准日内建筑物（场地）计算起点位置获得日照的连续时间值或各时间段的累加值

D. 建筑日照标准是指在日照标准日的有效日照时间带内太阳光应直接照射到建筑物（场地）的最低日照时数

【考点4】《建筑照明设计标准》（GB 50034—2013）

学习提示	一般性文件，了解即可
照明方式	照明方式的确定应符合下列规定： （1）工作场所应设置一般照明。 （2）当同一场所内的不同区域有不同照度要求时，应采用分区一般照明。 （3）对于作业面照度要求较高，只采用一般照明不合理的场所，宜采用混合照明。 （4）在一个工作场所内不应只采用局部照明。 （5）当需要提高特定区域或目标的照度时，宜采用重点照明
照明种类	照明种类的确定应符合下列规定：【2021 - 74】【★】 （1）室内工作及相关辅助场所，**均应设置正常照明。** （2）当下列场所正常照明电源失效时，应设置应急照明： 　**1）需确保正常工作或活动继续进行的场所，应设置备用照明；** 　**2）需确保处于潜在危险之中的人员安全的场所，应设置安全照明；** 　**3）需确保人员安全疏散的出口和通道，应设置疏散照明。** （3）需在夜间非工作时间值守或巡视的场所应设置值班照明。 （4）需警戒的场所，应根据警戒范围的要求设置警卫照明。 （5）在危及航行安全的建筑物、构筑物上，应根据相关部门的规定设置障碍照明

典型习题

11 - 5（2021 - 74） 根据《建筑照明设计标准》，关于照明种类的确定错误的是（ A ）。

A. 室内工作及相关辅助场所，均应设置疏散照明

B. 需在夜间非工作时间值守或巡视的场所应设置值班照明

C. 需警戒的场所，应根据警戒范围的要求设置警卫照明

D. 在危及航行安全的建筑物、构筑物上，应根据相关部门的规定设置障碍照明

【考点5】《社区生活圈规划技术指南》（TD/T 1062—2021）

学习提示		非常重要的文件，结合《城乡规划实务》科目第三题一起复习
术语	社区生活圈	在适宜的日常步行范围内，满足城乡居民全生命周期工作与生活等各类需求的基本单元，融合"宜业、宜居、宜游、宜养、宜学"多元功能，引领面向未来、健康低碳的美好生活方式

术语	服务要素	保障社区生活圈健康有序运行的主要功能，包括社区服务、就业引导、住房改善、日常出行、生态休闲、公共安全等六方面内容。其中社区服务可细分为健康管理、为老服务、终身教育、文化活动、体育健身、商业服务、行政管理和其他（主要是市政设施）等八类。 按配置要求，服务要素可分为**基础保障型、品质提升型和特色引导型**等三种类型。**【2022-78】【★★】**
总体原则	**总体规划层面**	以补齐服务要素短板、契合社会发展趋势为导向，市级国土空间规划宜充分对接城市"多中心、网络化"的空间格局，提出城镇与乡村社区生活圈的发展目标、配置标准和布局要求；县级国土空间规划宜突出乡村社区生活圈的发展要求和布局引导
	详细规划层面	可开展社区生活圈规划专题研究，明确不同社区生活圈的发展特点，全面查找问题和制定对策，结合详细规划空间单元的划分，落实各类功能用地的布局及各类服务要素配置的具体内容、规划要求和空间方案，形成行动任务
	专项规划层面	结合城市体检和专项评估工作，协调好社区生活圈规划与相关专项规划的关系，可从补短板、提品质、强特色等角度，对部分重点专项领域开展深入研究
城镇社区生活圈	**配置层级**	可构建**"十五分钟、五～十分钟"**两个社区生活圈层级。 （1）**十五分钟层级。**宜基于街道、镇社区行政管理边界，结合居民生活出行特点和实际需要，确定社区生活圈范围，并按照出行安全和便利的原则，尽量避免城市主干路、河流、山体、铁路等对其造成分割。该层级内配置面向全体城镇居民、内容丰富、规模适宜的各类服务要素。 （2）**五～十分钟层级。**宜结合城镇居委社区服务范围，配置城镇居民日常使用，特别是面向老人、儿童的各种服务要素
	服务要素	（1）夯实社区基础服务。按**"十五分钟、五～十分钟"**两个层级，配置满足居民日常生活所需的健康管理、为老服务、终身教育、文化活动、体育健身、商业服务、行政管理和其他设施。 （2）倡导绿色低碳出行。依托十五分钟社区生活圈，构建由城市道路、绿道、街巷、公共通道等组成的高密度慢行网络，实现通畅顺达、尺度宜人，提升慢行安全性和舒适性；配置公交车站，并满足500m服务半径范围全覆盖，其中人口密集地区宜满足300m服务半径范围全覆盖。 （3）构建社区防灾体系。按**"十五分钟、五～十分钟"**两个层级配置避难场所、应急通道和防灾设施，充分利用现有资源，建立分级响应的空间转换方案，有效应对各类灾害
	布局指引	空间结构：与"多中心、网络化、组团式"城市空间发展格局相衔接，加强社区生活圈与各级公共活动中心、交通枢纽节点的功能融合和便捷联系，倡导TOD（公交导向型发展）导向，形成功能多元、集约紧凑、有机链接、层次明晰的空间布局模式

| 乡村社区生活圈 | 乡集镇层级 | 宜依托乡集镇所在地，统筹布局满足乡村居民日常生活、生产需求的各类服务要素，形成乡村社区生活圈的服务核心。县城可在完善自身服务要素配置的同时，强化综合服务能力，实现对周边乡集镇的辐射 |
| | 村/组层级 | 宜依托行政村集中居民点或自然村/组，综合考虑乡村居民常用交通方式，按照 15min 可达的空间尺度，配置满足就近使用需求的服务要素，并注重相邻村庄之间服务要素的错位配置和共享使用 |

 典型习题

11-6（2022-78）根据《社区生活圈规划技术指南》服务要素可分为（ B ）。

A. 基础提升型、品质保障型和特色引导型

B. 基础保障型、品质提升型和特色引导型

C. 基础提升型、品质引导型和特色提升型

D. 基础引导型、品质提升型和特色保障型

【考点6】《关于推动露营旅游休闲健康有序发展的指导意见》

学习提示	**一般性文件，了解即可**
重点任务	各地在编制城市休闲和乡村旅游规划时，应当符合国土空间总体规划及相关专项规划的有关要求，科学布局营地建设，保障各类营地供给，合理安排营地空间和配套设施，**涉及空间的主要内容统筹纳入详细规划。【2023-18】需要独立占地的公共和经营性营地建设项目应当纳入国土空间规划"一张图"衔接协调一致。**结合国家旅游风景道、国家步道体系、体育公园等建设，构建全国营地服务网络体系，形成露营旅游休闲精品线路，满足露营旅游休闲需求，同时，发挥好其中公共营地在应急服务、青少年教育、户外运动等方面的功能。营地选址应当科学合理、注意安全，**避让生态区位重要或脆弱区域，远离洪涝、山洪、地质灾害等自然灾害多发地和危险野生动植物活动区域**
组织保障	经营性营地项目建设应该符合国土空间规划，依法依规使用土地，不得占用永久基本农田、严格遵守生态保护红线。 选址在国土空间规划确定的城镇开发边界外的**经营性营地项目**，其公共停车场、各功能区之间的连接道路、商业服务区、车辆设备维修及医疗服务保障区、废弃物收纳与处理区、营区、商务俱乐部、木屋住宿区等功能区**可与农村公益事业合并实施**，依法使用集体建设用地，其营区、商务俱乐部、木屋住宿区等功能区**应优先安排使用存量建设用地，不得变相用于房地产开发**。营地在不改变土地用途、不影响林木生长、不采伐林木、不固化地面、不建设固定设施的前提下，可依法依规利用土地资源，推动建立**露营地与土地资源的复合利用机制**，超出复合利用范围的，依法依规办理相关用地手续。【2023-18】

组织保障	利用国有建设用地上老旧厂房（包含旧工业厂房、仓储用房及相关工业设施）等，在不改变老旧厂房主体结构的前提下，经依法依规办理相关行政审批许可后，用于发展露营旅游休闲营地项目建设的，可享受在一定年期内不改变用地主体和规划条件的过渡期支持政策。 　**选址在国土空间规划确定的城镇开发边界内的经营性营地项目，全部用地均应依法办理转用、征收、供应手续。** 　**支持依法依规以划拨使用等方式保障非经营性公共营地用地**

 典型习题

11-7（2023-18）根据文化和旅游部等部门《关于推动露营旅游休闲健康有序发展的指导意见》，下列关于露营营地规划用地管理的说法中，错误的是（ B ）。

A. 各地在编制城市休闲和乡村旅游规划时，涉及空间的主要内容统筹纳入详细规划

B. 易地搬迁腾退出的农村宅基地可直接用于发展露营旅游休闲服务

C. 需要独立占地的公共和经营性营地建设项目应当纳入国土空间规划"一张图"衔接协调一致

D. 鼓励城市公园利用空闲地、草坪区或林下空间划定非住宿帐篷区域

第十二章　行政法规与规章

【考点1】《城市紫线管理办法》

学习提示	重点文件，精读，同时作为实务科目考察点准备语料库
概念	城市紫线，是指国家历史文化名城内的历史文化街区和省、自治区、直辖市人民政府公布的历史文化街区的保护范围界线，以及历史文化街区外经县级以上人民政府公布保护的历史建筑的保护范围界线。【2020-40】【★★★】 本办法所称紫线管理是划定城市紫线和对城市紫线范围内的建设活动实施监督、管理
划定	在编制城市规划时应当划定保护历史文化街区和历史建筑的紫线。国家历史文化名城的城市紫线由城市人民政府在组织编制历史文化名城保护规划时划定。其他城市的城市紫线由城市人民政府在组织编制城市总体规划时划定。【2021-91】【★★★】 ♯特别注意紫线在什么阶段划定，谁来划定
管理部门	国务院建设行政主管部门负责全国城市紫线管理工作。♯注意辨析：不是自然资源主管部门 省、自治区人民政府建设行政主管部门负责本行政区域内的城市紫线管理工作。 市、县人民政府城乡规划行政主管部门负责本行政区域内的城市紫线管理工作
原则	（1）历史文化街区的保护范围应当包括历史建筑物、构筑物和其风貌环境所组成的核心地段，以及为确保该地段的风貌、特色完整性而必须进行建设控制的地区；【★★★】 （2）历史建筑的保护范围应当包括历史建筑本身和必要的风貌协调区；♯注意辨析：没有建设控制地带 （3）控制范围清晰，附有明确的地理坐标及相应的界址地形图
紫线范围内禁止的活动	（1）违反保护规划的大面积拆除、开发；【2019-88】 （2）对历史文化街区传统格局和风貌构成影响的大面积改建； （3）损坏或者拆毁保护规划确定保护的建筑物、构筑物和其他设施； （4）修建破坏历史文化街区传统风貌的建筑物、构筑物和其他设施； （5）占用或者破坏保护规划确定保留的园林绿地、河湖水系、道路和古树名木等； （6）其他对历史文化街区和历史建筑的保护构成破坏性影响的活动
建设项目	在城市紫线范围内确定各类建设项目，必须先由市、县人民政府城乡规划行政主管部门依据保护规划进行审查，组织专家论证并进行公示后核发选址意见书
审批制度	城市紫线范围内各类建设的规划审批，实行备案制度

 **典型习题**

12-1（2021-91）根据《城市紫线管理办法》和《市级国土空间规划编制指南》，下列不需要划定城市紫线的是（ AE ）。

A. 全国国土空间规划　　　　　　　B. 市级国土空间规划

C. 县级国土空间规划　　　　　　　D. 历史文化名城保护规划

E. 历史文化街区保护规划

12-2（2019-88）《城市紫线管理办法》规定城市紫线范围内禁止进行（ BCE ）活动。

A. 各类基础设施建设

B. 违反保护规划的大面积拆除、开发

C. 占用或者破坏保护规划确定保留的园林绿地、河湖水系、道路和古树名木等

D. 进行影视摄制举办大型群众活动

E. 修建破坏历史街区传统风貌的建筑物和其他设施

【考点2】《城市绿线管理办法》

学习提示	结合紫线、黄线、蓝线一起复习，关注不同主管部门的职责与不同规划阶段的任务
概念	本办法所称城市绿线，是指城市各类绿地范围的控制线。**本办法所称城市，是指国家按行政建制设立的直辖市、市、镇**
主管部门	国务院建设行政主管部门**负责全国城市绿线管理工作。** 省、自治区人民政府建设行政主管部门**负责本行政区域内的城市绿线管理工作。**【2019-43】 城市人民政府规划、园林绿化行政主管部门，按照职责分工负责城市绿线的监督和管理工作。 **【★★★】♯注意辨析：不是城市原理绿化行政主管部门负责城市绿线管理工作**
总规	**城市绿地系统规划**是城市总体规划的组成部分，应当确定城市绿化目标和布局，规定城市各类绿地的控制原则，按照规定标准确定绿化用地面积，分层次合理布局公共绿地，确定防护绿地、大型公共绿地等的绿线【★】
控规	**控制性详细规划**应当提出不同类型用地的界线、规定绿化率控制指标和绿化用地界线的具体坐标【★】
修规	**修建性详细规划**应当根据控制性详细规划，明确绿地布局，提出绿化配置的原则或者方案，划定绿地界线

审批	有关部门不得违反规定，批准在城市绿线范围内进行建设。因建设或者其他特殊情况，需要临时占用城市绿线内用地的，必须依法办理相关审批手续
同步	居住区绿化、单位绿化及各类建设项目的配套绿化都要达到《城市绿化规划建设指标的规定》的标准。各类建设工程要与其配套的绿化工程同步设计、同步施工、同步验收。达不到规定标准的，不得投入使用
公示	批准的城市绿线要向社会公布，接受公众监督

 典型习题

12 - 3（2019 - 47）根据《城市绿线管理办法》，下列选项中不正确的是（ B ）。

A. 编制城市总体规划应当划定城市绿线

B. 城市园林绿化行政主管部门负责城市绿线的划定作用

C. 批准的城市绿线要向社会公布

D. 因建设或其他特殊情况需要临时占用城市绿线内用地的必须依法办理相关审批手续

【考点3】《城市蓝线管理办法》

学习提示	结合紫线、黄线、绿线一起复习，关注不同主管部门的职责与不同规划阶段的任务
概念	城市蓝线，是指城市规划确定的江、河、湖、库、渠和湿地等城市地表水体保护和控制的地域界线。城市蓝线的划定和管理，应当遵守本办法
主管部门	国务院建设主管部门负责全国城市蓝线管理工作。♯注意辨析：不是自然资源主管部门 县级以上地方人民政府建设主管部门（城乡规划主管部门）负责本行政区域内的城市蓝线管理工作【★★★】
划定	编制各类城市规划，应当划定城市蓝线。城市蓝线由直辖市、市、县人民政府在组织编制各类城市规划时划定。城市蓝线应当与城市规划一并报批【★】
总规	在城市总体规划阶段，应当确定城市规划区范围内需要保护和控制的主要地表水体，划定城市蓝线，并明确城市蓝线保护和控制的要求【★】
详规	在控制性详细规划阶段，应当依据城市总体规划划定的城市蓝线，规定城市蓝线范围内的保护要求和控制指标，并附有明确的城市蓝线坐标和相应的界址地形图【★】

禁止行为	**在城市蓝线内禁止进行下列活动：** （1）违反城市蓝线保护和控制要求的建设活动； （2）擅自填埋、占用城市蓝线内水域； （3）影响水系安全的爆破、采石、取土； （4）擅自建设各类排污设施； （5）其他对城市水系保护构成破坏的活动
审批与监督	需要临时占用城市蓝线内的用地或水域的，应当报经直辖市、市、县人民政府建设主管部门（城乡规划主管部门）同意，并依法办理相关审批手续；临时占用后，应当限期恢复。 县级以上地方人民政府建设主管部门（城乡规划主管部门）应当定期对城市蓝线管理情况进行监督检查

【考点4】《城市黄线管理办法》

学习提示	**结合紫线、蓝线、绿线一起复习，关注不同主管部门的职责与不同规划阶段的任务**
概念	本办法所称城市黄线，是指对城市发展全局有影响的、城市规划中确定的、必须控制的城市基础设施用地的控制界线
主管部门	国务院建设主管部门负责**全国城市黄线管理工作**。#注意辨析：不是自然资源主管部门划定 县级以上地方人民政府建设主管部门（城乡规划主管部门）**负责本行政区域内城市黄线的规划管理工作**
划定	城市黄线应当在制定**城市总体规划和详细规划**时划定。直辖市、市、县人民政府建设主管部门（城乡规划主管部门）应当根据不同规划阶段的规划深度要求，负责组织划定城市黄线的具体工作。**【★】#注意辨析：不是在修建性详细规划中划定**
总规	编制城市**总体规划**，应当根据规划内容和深度要求，合理布置城市基础设施，确定城市基础设施的用地位置和范围，划定其用地控制界线**【★】**
控规	编制**控制性详细规划**，应当依据城市总体规划，落实城市总体规划确定的城市基础设施的用地位置和面积，划定城市基础设施用地界线，规定城市黄线范围内的控制指标和要求，并明确城市黄线的地理坐标**【★】**
修规	**修建性详细规划**应当依据控制性详细规划，按不同项目具体落实城市基础设施用地界线，提出城市基础设施用地配置原则或者方案，并标明城市黄线的地理坐标和相应的界址地形图

 典型习题

12-4（2017-18）下列对城市规划绿线、黄线、蓝线、紫线划定的叙述中，不正确是（A）。

A. 城市绿线在编制城镇体系规划时划定

B. 城市黄线在制定城市总体规划和详细规划时划定

C. 城市蓝线在编制城市规划时划定

D. 城市紫线在编制城市规划时划定

【考点5】《城市地下空间开发利用管理规定》

学习提示	一般性文件，了解即可
概念	编制城市地下空间规划，对城市规划区范围内的地下空间进行开发利用，必须遵守本规定。本规定所称的城市地下空间，是指城市规划区内地表以下的空间【2019-42】
主管部门	国务院建设行政主管部门负责全国城市地下空间的开发利用管理工作。 省、自治区人民政府建设行政主管部门负责本行政区域内城市地下空间的开发利用管理工作。 直辖市、市、县人民政府建设行政主管部门和城市规划行政主管部门按照职责分工，负责本行政区域内城市地下空间的开发利用管理工作
划定	城市地下空间规划是城市规划的重要组成部分。各级人民政府在组织编制城市总体规划时，应根据城市发展的需要，编制城市地下空间开发利用规划。各级人民政府在编制城市详细规划时，应当依据城市地下空间开发利用规划对城市地下空间开发利用作出具体规定

 典型习题

12-5（2019-42）《城市地下空间开发利用管理规定》所称的城市地下空间是指（A）。

A. 城市规划区   B. 城市重要性

C. 城市中心城区   D. 城市行政区

【考点 6】《城市抗震防灾规划管理规定》

学习提示	抗震防灾问题是考试重点，知识点需要掌握
概念	抗震设防区，**是指地震基本烈度六度及六度以上地区（地震动峰值加速度≥0.05g 的地区）**
定位	城市抗震防灾规划是城市总体规划中的专业规划。在抗震设防区的城市，编制城市总体规划时必须包括城市抗震防灾规划。城市抗震防灾规划的规划范围应当与城市总体规划相一致，并与城市总体规划同步实施。城市总体规划与防震减灾规划应当相互协调
方针	城市抗震防灾规划的编制要贯彻**"预防为主，防、抗、避、救相结合"**的方针
基本目标	（1）当遭受多遇地震时，城市一般功能正常； （2）当遭受相当于抗震设防烈度的地震时，城市一般功能及生命线系统基本正常，重要工矿企业能正常或者很快恢复生产； （3）当遭受罕遇地震时，城市功能不瘫痪，要害系统和生命线工程不遭受严重破坏，不发生严重的次生灾害。**【★★★】** ♯**另一种表达：小震不坏，中震可修，大震不倒。**小震相当于多遇地震，中震相当于抗震设防烈度，大震相当于罕遇地震
规模	城市抗震防灾规划应当按照**城市规模、重要性和抗震防灾的要求，分为甲、乙、丙三种模式：**【2019 - 41】 （1）位于地震基本烈度七度及七度以上地区（地震动峰值加速度≥0.10g 的地区）的大城市应当按照**甲类**模式编制； （2）中等城市和位于地震基本烈度六度地区（地震动峰值加速度等于 0.05g 的地区）的大城市按照**乙类**模式编制； （3）其他在抗震设防区的城市按照**丙类**模式编制【★★】

 典型习题

12 - 6（2019 - 41）**城市抗震防灾规划分为甲、乙、丙三种模式下列选项中不属于编制模式划分依据的是（C）。**

    A. 城市规模   B. 城市重要性

    C. 城市性质   D. 抗震防灾要求

第十三章 技术标准与规范

【考点1】《国土空间调查、规划、用途管制用地用海分类指南》（2023年）

学习提示	非常重要！一定要精读！（原理科目、法规科目、实务科目都会考）
分类	国家国土调查以一级类和二级类为基础分类，三级类为专项调查和补充调查的分类
主要	国土空间总体规划原则<u>上以一级类为主，可细分至二级类</u>
用地用海分类	分三级分类体系，各类名称对应的含义应符合表13-1的规定。【2021-16，2021-99，2022-55，2022-56，2022-93】【★★★★★】#掌握不同级别的分类，非常重要

表 13-1 　　　　　　　　　　　　用地用海分类名称、代码

一级类		二级类		三级类	
代码	名称	代码	名称	代码	名称
01	耕地【★★】	0101	水田		
		0102	水浇地		
		0103	旱地		
02	园地	0201	果园		
		0202	茶园		
		0203	橡胶园地		
		0204	油料园地		
		0205	其他园地		
03	林地	0301	乔木林地		
		0302	竹林地		
		0303	灌木林地		
		0304	其他林地		
04	草地【2023-55】	0401	天然牧草地		
		0402	人工牧草地		
		0403	其他草地		

一级类		二级类		三级类	
代码	名称	代码	名称	代码	名称
05	湿地【★★】	0501	森林沼泽		
		0502	灌丛沼泽		
		0503	沼泽草地		
		0504	其他沼泽地		
		0505	沿海滩涂		
		0506	内陆滩涂		
		0507	红树林地		
06	农业设施建设用地【2022-55】【★★】	0601	农村道路	060101	村道用地
				060102	田间道
		0602	设施农用地	060201	种植设施建设用地
				060202	畜禽养殖设施建设用地
				060203	水产养殖设施建设用地
07	居住用地【★★】	0701	城镇住宅用地	070101	一类城镇住宅用地
				070102	二类城镇住宅用地
				070103	三类城镇住宅用地
		0702	城镇社区服务设施用地		
		0703	农村宅基地	070301	一类农村宅基地
				070302	二类农村宅基地
		0704	农村社区服务设施用地		
08	公共管理与公共服务用地	0801	机关团体用地		
		0802	科研用地		
		0803	文化用地	080301	图书与展览用地
				080302	文化活动用地
		0804	教育用地	080401	高等教育用地
				080402	中等职业教育用地
				080403	中小学用地
				080404	幼儿园用地
				080405	其他教育用地
		0805	体育用地	080501	体育场馆用地
				080502	体育训练用地
		0806	医疗卫生用地	080601	医院用地
				080602	基层医疗卫生设施用地
				080603	公共卫生用地

用地用海分类

一级类		二级类		三级类	
代码	名称	代码	名称	代码	名称
08	公共管理与 公共服务用地	0807	社会福利用地	080701	老年人社会福利用地
				080702	儿童社会福利用地
				080703	残疾人社会福利用地
				080704	其他社会福利用地
09	商业服务业用地	0901	商业用地	090101	零售商业用地
				090102	批发市场用地
				090103	餐饮用地
				090104	旅馆用地
				090105	公用设施营业网点用地
		0902	商务金融用地		
		0903	娱乐用地		
		0904	其他商业服务业用地		
10	工矿用地【★★】	1001	工业用地	100101	一类工业用地
				100102	二类工业用地
				100103	三类工业用地
		1002	采矿用地		
		1003	盐田		
11	仓储用地	1101	物流仓储用地	110101	一类物流仓储用地
				110102	二类物流仓储用地
				110103	三类物流仓储用地
		1102	储备库用地		
12	交通运输用地	1201	铁路用地		
		1202	公路用地		
		1203	机场用地		
		1204	港口码头用地		
		1205	管道运输用地		
		1206	城市轨道交通用地		
		1207	城镇村道路用地		
		1208	交通场站用地	120801	对外交通场站用地
				120802	公共交通场站用地
				120803	社会停车场用地
		1209	其他交通设施用地		

用地用海分类

227

一级类		二级类		三级类	
代码	名称	代码	名称	代码	名称
13	公用设施用地 【2023-56】	1301	供水用地		
		1302	排水用地		
		1303	供电用地		
		1304	供燃气用地		
		1305	供热用地		
		1306	通信用地		
		1307	邮政用地		
		1308	广播电视设施用地		
		1309	环卫用地		
		1310	消防用地		
		1311	水工设施用地		
		1312	其他公用设施用地		
14	绿地与开敞 空间用地	1401	公园绿地		
		1402	防护绿地		
		1403	广场用地		
15	特殊用地	1501	军事设施用地		
		1502	使领馆用地		
		1503	宗教用地		
		1504	文物古迹用地		
		1505	监教场所用地		
		1506	殡葬用地		
		1507	其他特殊用地		
16	留白用地				
17	陆地水域	1701	河流水面		
		1702	湖泊水面		
		1703	水库水面		
		1704	坑塘水面		
		1705	沟渠		
		1706	冰川及常年积雪		
18	渔业用海	1801	渔业基础设施用海		
		1802	增养殖用海		
		1803	捕捞海域		
		1804	农林牧业用岛		

用地用海分类

一级类		二级类		三级类	
代码	名称	代码	名称	代码	名称
19	工矿通信用海【★★】	1901	工业用海		
		1902	盐田用海		
		1903	固体矿产用海		
		1904	油气用海		
		1905	可再生能源用海		
		1906	海底电缆管道用海		
20	交通运输用海	2001	港口用海		
		2002	航运用海		
		2003	路桥隧道用海		
		2004	机场用海		
		2005	其他交通运输用海		
21	游憩用海	2101	风景旅游用海		
		2102	文体休闲娱乐用海		
22	特殊用海	2201	军事用海		
		2202	科研教育用海		
		2203	海洋保护修复及海岸防护工程用海		
		2204	排污倾倒用海		
		2205	水下文物保护用海		
		2206	其他特殊用海		
23	其他土地【★★】	2301	空闲地		
		2302	后备料地		
		2303	田坎【2022-56】		
		2304	盐碱地		
		2305	沙地		
		2306	裸土地		
		2307	裸岩石砾地		
24	其他海域				

用地用海分类

用地用海分类的含义应符合表 A（即表 13-2）的规定

表 13-2　　　　　　用地用海分类的含义

代码	名称	含义
01	耕地	指利用地表耕作层种植农作物为主，每年种植一季及以上（含以一年一季以上的耕种方式种植多年生作物）的土地，包括熟地，新开发、复垦、整理地，休闲地（含轮歇地、休耕地）；以及间有零星果树、桑树或其他树木的耕地；包括南方宽度＜1.0m，北方宽度＜2.0m 固定的沟、渠、路和地坎（埂）；包括直接利用地表耕作层种植的温室、大棚、地膜等保温、保湿设施用地【★★】
0101	水田	指用于种植水稻、莲藕等水生农作物的耕地，包括实行水生、旱生农作物轮种的耕地
0102	水浇地	指有水源保证和灌溉设施，在一般年景能正常灌溉，种植旱生农作物（含蔬菜）的耕地
0103	旱地	指无灌溉设施，主要靠天然降水种植旱生农作物的耕地，包括没有灌溉设施，仅靠引洪淤灌的耕地
02	园地	指种植以采集果、叶、根、茎、汁等为主的集约经营的多年生作物，覆盖度大于 50％或每亩株数大于合理株数 70％的土地，包括用于育苗的土地
03	林地	指生长乔木、竹类、灌木的土地。不包括生长林木的湿地，城镇、村庄范围内的绿化林木用地，铁路、公路征地范围内的林木，以及河流、沟渠的护堤林用地
0301	乔木林地	指乔木郁闭度≥0.2 的林地，不包括森林沼泽
0302	竹林地	指生长竹类植物，郁闭度≥0.2 的林地
0303	灌木林地	指灌木覆盖度≥40％的林地，不包括灌丛沼泽
0304	其他林地	指疏林地（树木郁闭度≥0.1、＜0.2 的林地）、未成林地，以及迹地、苗圃等林地
04	草地	指生长草本植物为主的土地，包括乔木郁闭度＜0.1 的疏林草地、灌木覆盖度＜40％的灌丛草地，不包括生长草本植物的湿地、盐碱地
05	湿地	指陆地和水域的交汇处，水位接近或处于地表面，或有浅层积水，且处于自然状态的土地
0501	森林沼泽	指以乔木植物为优势群落、郁闭度≥0.1 的淡水沼泽
0502	灌丛沼泽	指以灌木植物为优势群落、覆盖度≥40％的淡水沼泽

用地用海分类的含义

代码	名称	含义
0503	沼泽草地	指以天然草本植物为主的沼泽化的低地草甸、高寒草甸
0504	其他沼泽地	指除森林沼泽、灌丛沼泽和沼泽草地外、地表经常过湿或有薄层积水，生长沼生或部分沼生和部分湿生、水生或盐生植物的土地，包括草本沼泽、苔藓沼泽、内陆盐沼等
0505	沿海滩涂	**指沿海大潮高潮位与低潮位之间的潮浸地带，包括海岛的滩涂，不包括已利用的滩涂**
0506	内陆滩涂	指河流、湖泊常水位至洪水位间的滩地，时令河、湖洪水位以下的滩地，水库正常蓄水位与洪水位间的滩地，包括海岛的内陆滩地，不包括已利用的滩地
0507	红树林地	指沿海生长红树植物的土地，包括红树林苗圃
06	农业设施建设用地	指对地表耕作层造成破坏的，为农业生产、农村生活服务的乡村道路用地以及种植设施、畜禽养殖设施、水产养殖设施建设用地
0601	农村道路	指在村庄范围外，南方宽度≥1.0m、≤8.0m，北方宽度≥2.0m、≤8.0m，用于村间、田间交通运输，并在国家公路网络体系（乡道及乡道以上公路）之外，以服务于农村农业生产为主要用途的道路（含机耕道）
060101	村道用地	指用于村间、田间交通运输，服务于农村生活生产的硬化型道路（含机耕道），不包括村庄内部道路用地和田间道
060102	田间道	指用于田间交通运输，为农业生产、农村生活服务的非硬化型道路
0602	设施农用地	指直接用于经营性畜禽养殖生产设施及附属设施用地；直接用于作物栽培或水产养殖等农产品生产的设施及附属设施用地；直接用于设施农业项目辅助生产的设施用地；晾晒场、粮食果品烘干设施、粮食和农资临时存放场所、大型农机具临时存放场所等规模化粮食生产所必需的配套设施用地
060201	种植设施建设用地	指工厂化作物生产和为生产服务的看护房、农资农机具存放场所等，以及与生产直接关联的烘干晾晒、分拣包装、保鲜存储等设施用地，不包括直接利用地表种植的大棚、地膜等保温、保湿设施用地
060202	畜禽养殖设施建设用地	指经营性畜禽美殖生产及直接关联的圈舍、废弃物处理、检检检疫等设施用地，不包括屠幸和肉类加工场所用地等
060203	水产养殖设施建设用地	指工厂化水产养殖生产及直接关联的硬化养殖池、看护房、粪污处置、检验检疫等设施用地
07	居住用地	指城乡住宅用地及其居住生活配套的社区服务设施用地
0701	城镇住宅用地	指用于城镇生活居住功能的各类住宅建筑用地及其附属设施用地

左侧竖排：用地用海分类的含义

<table>
<tr><th>代码</th><th>名称</th><th>含义</th></tr>
<tr><td>070101</td><td>一类城镇住宅用地</td><td>指配套设施齐全、环境良好，以三层及以下住宅为主的住宅建筑用地及其附属道路、附属绿地、停车场等用地</td></tr>
<tr><td>070102</td><td>二类城镇住宅用地</td><td>指配套设施较齐全、环境良好，以四层及以上住宅为主的住宅建筑用地及其附属道路、附属绿地、停车场等用地</td></tr>
<tr><td>070103</td><td>三类城镇住宅用地</td><td>指配套设施较欠缺、环境较差，以需要加以改造的简陋住宅为主的住宅建筑用地及其附属道路、附属绿地、停车场等用地，包括危房、棚户区、临时住宅等用地</td></tr>
<tr><td>0702</td><td>城镇社区服务设施用地</td><td>指为城镇居住生活配套的社区服务设施用地，包括社区服务站以及托儿所、社区卫生服务站、文化活动站、小型综合体育场地、小型超市等用地，以及老年人日间照料中心（托老所）等社区养老服务设施用地，不包括中小学、幼儿园用地</td></tr>
<tr><td>0703</td><td>农村宅基地</td><td>指农村村民用于建造住宅及其生活附属设施的土地，包括住房、附属用房等用地</td></tr>
<tr><td>070301</td><td>一类农村宅基地</td><td>指农村用于建造独户住房的土地</td></tr>
<tr><td>070302</td><td>二类农村宅基地</td><td>指农村用于建造集中住房的土地</td></tr>
<tr><td>0704</td><td>农村社区服务设施用地</td><td>指为农村生产生活配套的社区服务设施用地，包括农村社区服务站以及村委会、供销社、兽医站、农机站、托儿所、文化活动室、小型体育活动场地、综合礼堂、农村商店及小型超市、农村卫生服务站、村邮站、宗祠等用地，不包括中小学、幼儿园用地</td></tr>
<tr><td>08</td><td>公共管理与公共服务用地</td><td>指机关团体、科研、文化、教育、体育、卫生、社会福利等机构和设施的用地，不包括农村社区服务设施用地和城镇社区服务设施用地</td></tr>
<tr><td>09</td><td>商业服务业用地</td><td>指商业、商务金融以及娱乐康体等设施用地，不包括农村社区服务设施用地和城镇社区服务设施用地</td></tr>
<tr><td>10</td><td>工矿用地</td><td>指用于工矿业生产的土地</td></tr>
<tr><td>1001</td><td>工业用地</td><td>指工矿企业的生产车间、装备修理、自用库房及其附属设施用地，包括专用铁路、码头和附属道路、停车场等用地，不包括采矿用地</td></tr>
</table>

左侧竖排：用地用海分类的含义

代码	名称	含义
100101	一类工业用地	指对居住和公共环境基本无干扰、污染和安全隐患，布局无特殊控制要求的工业用地
100102	二类工业用地	指对居住和公共环境有一定干扰、污染和安全隐患，不可布局于居住区和公共设施集中区内的工业用地
100103	三类工业用地	指对居住和公共环境有严重干扰、污染和安全隐患，布局有防护、隔离要求的工业用地
1002	采矿用地	指采矿、采石、采砂（沙）场，砖瓦窑等地面生产用地及排土（石）、尾矿堆放用地
1003	盐田	指用于盐业生产的用地，包括晒盐场所、盐池及附属设施用地
11	仓储用地	指物流仓储和战略性物资储备库用地
1101	物流仓储用地	指国家和省级战略性储备库以外，城、镇、村用干物资存储、中转、配送等设施用地，包括附属设施、道路、停车场等用地
110101	一类物流仓储用地	指对居住和公共环境基本无干扰、污染和安全隐患，布局无特殊控制要求的物流仓储用地
110102	二类物流仓储用地	指对居住和公共环境有一定干扰、污染和安全隐患，不可布局于居住区和公共设施集中区内的物流仓储用地
110103	三类物流仓储用地	指用于存放易燃、易爆和剧毒等危险品，布局有防护、隔离要求的物流仓储用地
1102	储备库用地	指国家和省级的粮食、棉花、石油等战略性储备库用地
12	交通运输用地	指铁路、公路、机场、港口码头、管道运输、城市轨道交通、各种道路以及交通场站等交通运输设施及其附属设施用地，不包括其他用地内的附属道路、停车场等用地
13	公用设施用地	指用于城乡和区域基础设施的供水、排水、供电、供燃气、供热、通信、邮政、广播电视、环卫、消防、干渠、水工等设施用地
14	绿地与开敞空间用地	指城镇、村庄建设用地范围内的公园绿地、防护绿地、广场等公共开敞空间用地，不包括其他建设用地中的附属绿地
1401	公园绿地	指向公众开放，以游憩为主要功能，兼具生态、景观、文教、体育和应急避险等功能，有一定服务设施的公园和绿地，包括综合公园、社区公园、专类公园和游园等
1402	防护绿地	指具有卫生、隔离、安全、生态防护功能，游人不宜进入的绿地

左侧：用地用海分类的含义

	代码	名称	含义
用地用海分类的含义	1403	**广场用地**	指以游憩、健身、纪念、集会和避险等功能为主的公共活动场地
	1507	**其他特殊用地**	指除以上之外的特殊建设用地，包括边境口岸和自然保护地等的管理与服务设施用地
	16	留白用地	**指国土空间规划确定的城镇、村庄范围内暂未明确规划用途、规划期内不开发或特定条件下开发的用地**
	23	其他土地	指上述地类以外的其他类型的土地，包括盐碱地、沙地、裸土地、裸岩石砾地等植被稀少的陆域自然荒野等土地以及空闲地、田坎、田间道

 典型习题

13-1（2022-55）根据《国土空间调查、规划、用途管制用地用海分类指南（试行）》，下列用地不属于农业设施建设用地的是（ C ）。

A. 乡村道路用地　　　　　　　　B. 种植设施建设用地

C. 林业设施建设用地　　　　　　D. 水产养殖设施建设用地

13-2（2022-56）根据《国土空间调查、规划、用途管制用地用海分类指南（试行）》，关于用地用海分类，田间道属于（ D ）。

A. 农业设施用地　　B. 耕地　　　C. 乡村道路用地　　D. 其他土地

13-3（2021-89）根据《国土空间调查、规划、用途管制用地用海分类指南（试行）》，下列设施的用地属于公共管理与公共服务用地的有（ BCD ）。

A. 电影院　　　　　B. 博物馆　　　C. 技工学校　　　D. 残疾人康复中心

E. 加油（气）站

【考点2】《防洪标准》（GB 50201—2014）

学习提示	**重要性文件，精读细节**
术语	2.0.1　**防护对象：防洪保护对象的简称，指受到洪（潮）水威胁需要进行防洪保护的对象**
	2.0.3　**防护等级：对于同一类型的防护对象，为了便于针对其规模或性质确定相应的防洪标准，从防洪角度根据一些特性指标将其划分的若干等级**
	2.0.4　**当量经济规模：防洪保护区人均 GDP 指数与人口的乘积**

基本规定	防洪标准	3.0.1 防护对象的防洪标准应以**防御的洪水或潮水的重现期**表示；对于特别重要的防护对象，可**采用可能最大洪水表示**。防洪标准可根据不同防护对象的需要，**采用设计一级或设计、校核两级【★★】**
	防护对象	3.0.4 防洪保护区内的防护对象，当**要求的防洪标准高于防洪保护区的防洪标准，且能进行单独防护时，该防护对象的防洪标准应单独确定，并应采取单独的防护措施。【★★】** 3.0.5 当防洪保护区内有两种以上的防护对象，且不能分别进行防护时，**该防洪保护区的防洪标准应按防洪保护区和主要防护对象中要求较高者确定。** 3.0.6 对于影响公共防洪安全的防护对象，**应按自身和公共防洪安全两者要求的防洪标准中较高者确定。** 3.0.7 防洪工程规划确定的兼有防洪作用的路基、围墙等建筑物、构筑物，**其防洪标准应按防洪保护区和该建筑物、构筑物的防洪标准中较高者确定【★★】**
	提高或者降低	3.0.8 下列防护对象的防洪标准，经论证可提高或降低： 1 遭受洪灾或失事后损失巨大、影响十分严重的防护对象，**可提高防洪标准；** 2 遭受洪灾或失事后损失和影响均较小、使用期限较短及临时性的防护对象，**可降低防洪标准**
防洪保护区	一般规定	4.2.1 城市防护区应根据**政治、经济地位的重要性、常住人口或当量经济规模指标**分为四个防护等级，其防护等级和防洪标准应按表 4.2.1（即表 13-3）确定。

表 13-3　　　　　城市防护区的防护等级和防洪标准【★★★】

防护等级	重要性	常住人口 （万人）	当量经济规模 （万人）	防洪标准 [重现期（年）]
Ⅰ	特别重要	≥150	≥300	≥200
Ⅱ	重要	<150，≥50	<300，≥100	200~100
Ⅲ	比较重要	<50，≥20	<100，≥40	100~50
Ⅳ	一般	<20	<40	50~20

注：当量经济规模为城市防护区人均 GDP 指数与人口的乘积，人均 GDP 指数为城市防护区人均 GDP 与同期全国人均 GDP 的比值

防洪保护区	乡村防护区	4.3.1 乡村防护区应根据人口或耕地面积分为四个防护等级，其防护等级和防洪标准应按表 4.3.1（即表 13-4）确定。

表 13-4　　　　　乡村防护区的防护等级和防洪标准

防护等级	人口 （万人）	耕地面积 （万亩）	防洪标准 [重现期（年）]
Ⅰ	≥150	≥300	100~50
Ⅱ	<150，≥50	<300，≥100	50~30
Ⅲ	<50，≥20	<100，≥30	30~20
Ⅳ	<20	<30	20~10

		10.1.1 不耐淹的文物古迹，应根据文物保护的级别分为三个防护等级，其防护等级和防洪标准应按表10.1.1（即表13-5）确定。
防洪保护区	文物古迹	表13-5　　　文物古迹的防护等级和防洪标准【★】

表13-5　　　文物古迹的防护等级和防洪标准【★】

防护等级	文物保护的级别	防洪标准［重现期（年）］
Ⅰ	世界级、国家级	≥100
Ⅱ	省（自治区、直辖市）级	100～50
Ⅲ	市、县级	50～20

注：世界级文物指列入《世界遗产名录》的世界文化遗产以及世界文化和自然双遗产中的文化遗产部分

 典型习题

13-4（2019-54）根据《防洪标准》，在经济规模当量小于300万人的重要城市，常住人口应大于或者等于（ A ），防洪标准重现期应采用100～200年。

A. 100万人　　　　　B. 150万人　　　　C. 200万人　　　　D. 250万人

13-5（2019-96）确定城市防洪标准时，应考虑下列哪些因素（ ABC ）。

A. 常住人口　　　　B. 城市重要性　　　C. 当量经济规模　　　　D. 耕地面积
E. 洪水淹没范围

【考点3】《城市防洪规划规范》（GB 51079—2016）

学习提示	重要性文件，但因考点太琐碎，不易拿分。完整原文可扫描二维码	
规定	期限	2.0.1 城市防洪规划期限应与城市总体规划期限相一致，重大防洪设施应考虑更长远的城市发展要求
	范围	2.0.2 城市防洪规划范围应与城市总体规划范围相一致
防洪标准	考虑因素	3.0.1 城市防洪标准应符合现行国家标准《防洪标准》GB 50201的规定。确定城市防洪标准应考虑下列因素：【2019-96，2020-84】【★★】 1 城市总体规划确定的中心城区集中防洪保护区或独立防洪保护区内的常住人口规模； 2 城市的社会经济地位； 3 洪水类型及其对城市安全的影响； 4 城市历史洪灾成因、自然及技术经济条件； 5 流域防洪规划对城市防洪的安排

城市用地布局	规定	4.0.2　城市用地布局应按高地高用、低地低用的用地原则，并应符合下列规定：【2019-49】 **1 城市防洪安全性较高的地区应布置城市中心区、居住区、重要的工业仓储区及重要设施；** 2 城市易涝低地可用作生态湿地、公园绿地、广场、运动场等； 3 城市发展建设中应加强自然水系保护，禁止随意缩小河道过水断面，并保持必要的水面率； 4 当城市建设用地难以避开易涝低地时，应根据用地性质，采取相应的防洪排涝安全措施。 **4.0.4　城市用地布局必须满足行洪需要，留出行洪通道。严禁在行洪用地空间范围内进行有碍行洪的城市建设活动【2020-36】**
城市防洪体系	分类	5.0.1　城市防洪体系应包括**工程措施和非工程措施**。工程措施包括**挡洪工程、泄洪工程、蓄滞洪工程及泥石流防治工程**等，非工程措施包括**水库调洪、蓄滞洪区管理、暴雨与洪水预警预报、超设计标准暴雨和超设计标准洪水应急措施、防洪工程设施安全保障及行洪通道保护等【2021-63】【★★★】**
	城市防洪工程总体布局	5.0.3　城市防洪工程总体布局应根据城市自然条件、洪水类型、洪水特征、用地布局、技术经济条件及流域防洪体系，合理确定。不同类型地区的城市防洪工程的构建应符合下列规定： 1 山地丘陵地区城市防洪工程措施应主要由**护岸工程、河道整治工程、堤防**等组成； 2 平原地区河流沿岸城市防洪应采取**以堤防为主体**，河道整治工程、蓄滞洪区相配套的防洪工程措施； 3 河网地区城市防洪应根据河流分割形态，分片建立独立防洪保护区，其防洪工程措施由**堤防、防洪（潮）闸**等组成； 4 滨海城市防洪应形成以**海堤、挡潮闸**为主，**消浪措施**为辅的防洪工程措施【★★★】
城市防洪工程措施	城市堤防布置	**6.0.1　城市堤防布置应符合下列规定：【2022-69】【★★★】** 1 堤防布置应利用地形形成封闭式的防洪保护区，并应为城市空间发展留有余地； 2 堤线应**平顺，避免急弯和局部突出**，应利用现有堤防工程，少占耕地； 3 中心城区堤型应结合现有堤防设施，根据设计洪水主流线、地形与地质、沿河公用设施布置情况以及城市景观效果合理确定

城市防洪工程措施	城市排洪渠布置	6.0.3 城市排洪渠布置应符合下列规定： 1 排洪渠渠线选择应在保障雨洪安全排除前提下，结合城市用地布局综合考虑，做到渠线平顺、地质稳定、拆迁量少； 2 排洪渠出口受洪水或潮水顶托时，应在排洪渠出口处设置挡洪（潮）闸；必要时应配置泵站，在关闸时采取泵站提排排洪渠内洪水
	泥石流防治	6.0.4 泥石流防治应符合下列规定： 1 拦挡坝坝址应选择在沟谷宽敞段的下游卡口处，拦挡坝可单级或多级设置； 2 排导沟应布置在长度短、沟道顺直、坡降大和出口处具有堆积场地的地带； 3 停淤场宜布置在坡度小、场地开阔的沟口扇形地带
防洪非工程措施	蓝线	7.0.4 城市规划区内的调洪水库、具有调蓄功能的湖泊和湿地、行洪通道、排洪渠等地表水体保护和控制的地域界线应划入城市蓝线进行严格保护
	黄线	7.0.5 城市规划区内的**堤防、排洪沟、截洪沟、防洪（潮）闸等城市防洪工程设施的用地控制界线应划入城市黄线进行保护与控制**【2020‑50】【★★★】

 典型习题

13‑6（2019‑49）根据《城市防洪规划规范》，下列选项中不正确的是（B）。

A. 城市用地布局必须满足行洪要求

B. 城市公园绿地、广场、运动场应当布置在城市防洪安全性较高地区

C. 城市规划区内的调洪水库应划入城市蓝线进行严格保护

D. 城市规划区内的堤防应划入城市黄线进行保护

13‑7（2021‑63）依据《城市防洪规划规范》，下列选项中不属于防洪非工程措施的是（A）。

A. 泄洪工程　　　　B. 蓄滞洪区管理　　　　C. 行洪通道保护　　　　D. 水库调洪

【考点4】《城市绿地分类标准》（CJJ/T 85—2017）

学习提示	**每年考1分，结合《国土空间调查、规划、用途管制用地用海分类指南》来学习**
分类和代码	绿地类别应采用英文字母组合表示，或采用英文字母和阿拉伯数字组合表示。绿地分类和代码应符合表13‑6的规定。**【★★★】#注意分类与每一类绿地的内容**

表 13 - 6 城市建设用地内的绿地分类和代码【2020 - 19，2020 - 93，2021 - 55】

<table>
<tr><td rowspan="2" colspan="3">分类和代码</td><td colspan="3" style="text-align:center">类别代码</td><td rowspan="2">类别名称</td><td rowspan="2">内容</td><td rowspan="2">备注</td></tr>
</table>

类别代码			类别名称	内容	备注
大类	中类	小类			
G1			公园绿地	向公众开放，以游憩为主要功能，兼具生态、景观、文教和应急避险等功能，有一定游憩和服务设施的绿地	
	G11		综合公园	内容丰富，适合开展各类户外活动，具有完善的游憩和配套管理服务设施的绿地	规模宜大于 10hm²
	G12		社区公园	用地独立，具有基本的游憩和服务设施，主要为一定社区范围内居民就近开展日常休闲活动服务的绿地	规模宜大于 1hm²
	G13		专类公园	具有特定内容或形式，有相应的游憩和服务设施的绿地	
		G131	动物园	在人工饲养条件下，移地保护野生动物，进行动物饲养、繁殖等科学研究，并供科普、观赏、游憩等活动，具有良好设施和解说标识系统的绿地	
		G132	植物园	进行植物科学研究、引种驯化、植物保护，并供观赏、游憩及科普等活动，具有良好设施和解说标识系统的绿地	
		G133	历史名园	体现一定历史时期代表性的造园艺术，需要特别保护的园林	
		G134	遗址公园	以重要遗址及其背景环境为主形成的，在遗址保护和展示等方面具有示范意义，并具有文化、游憩等功能的绿地	
		G135	游乐公园	单独设置，具有大型游乐设施，生态环境较好的绿地	绿化占地比例应大于或等于 65%
		G139	其他专类公园	除以上各种专类公园外，具有特定主题内容的绿地。主要包括儿童公园、体育健身公园、滨水公园、纪念性公园、雕塑公园以及位于城市建设用地内的风景名胜公园、城市湿地公园和森林公园等【2020 - 19】	绿化占地比例宜大于或等于 65%
	G14		游园	除以上各种公园绿地外，用地独立，规模较小或形状多样，方便居民就近进入，具有一定游憩功能的绿地	带状游园的宽度宜大于 12m；绿化占地比例应大于或等于 65%

类别代码			类别名称	内容	备注
大类	中类	小类			
G2			防护绿地	用地独立，具有卫生、隔离、安全、生态防护功能，游人不宜进入的绿地。主要包括卫生隔离防护绿地、道路及铁路防护绿地、高压走廊防护绿地、公用设施防护绿地等	
G3			广场用地	以游憩、纪念、集会和避险等功能为主的城市公共活动场地	绿化占地比例宜大于或等于35%；绿化占地比例大于或等于65%的广场用地计入公园绿地
XG			附属绿地	附属于各类城市建设用地（除"绿地与广场用地"）的绿化用地。包括居住用地、公共管理与公共服务设施用地、商业服务业设施用地、工业用地、物流仓储用地、道路与交通设施用地、公用设施用地等用地中的绿地	不再重复参与城市建设用地平衡【2021-55】
	RG		居住用地附属绿地	居住用地内的配建绿地	
	AG		公共管理与公共服务设施用地附属绿地	公共管理与公共服务设施用地内的绿地	
	BG		商业服务业设施用地附属绿地	商业服务业设施用地内的绿地	
	MG		工业用地附属绿地	工业用地内的绿地	
	WG		物流仓储用地附属绿地	物流仓储用地内的绿地	
	SG		道路与交通设施用地附属绿地	道路与交通设施用地内的绿地	
	UG		公用设施用地附属绿地	公用设施用地内的绿地	
EG			区域绿地	位于城市建设用地之外，具有城乡生态环境及自然资源和文化资源保护、游憩健身、安全防护隔离、物种保护、园林苗木生产等功能的绿地	不参与建设用地汇总，不包括耕地

分类和代码

类别代码			类别名称	内容	备注
大类	中类	小类			
	EG1		风景游憩绿地	自然环境良好，向公众开放，以休闲游憩、旅游观光、娱乐健身、科学考察等为主要功能，具备游憩和服务设施的绿地	
		EG11	风景名胜区	经相关主管部门批准设立，具有观赏、文化或者科学价值，自然景观、人文景观比较集中，环境优美，可供人们游览或者进行科学、文化活动的区域	
		EG12	森林公园	具有一定规模，且自然风景优美的森林地域，可供人们进行游憩或科学、文化、教育活动的绿地	
		EG13	湿地公园	以良好的湿地生态环境和多样化的湿地景观资源为基础，具有生态保护、科普教育、湿地研究、生态休闲等多种功能，具备游憩和服务设施的绿地	
		EG14	郊野公园	位于城区边缘，有一定规模、以郊野自然景观为主，具有亲近自然、游憩休闲、科普教育等功能，具备必要服务设施的绿地	
		EG19	其他风景游憩绿地	除上述外的风景游憩绿地，主要包括野生动植物园、遗址公园、地质公园等	
	EG2		生态保育绿地	为保障城乡生态安全，改善景观质量而进行保护、恢复和资源培育的绿色空间。主要包括自然保护区、水源保护区、湿地保护区、公益林、水体防护林、生态修复地、生物物种栖息地等各类以生态保育功能为主的绿地	
	EG3		区域设施防护绿地	区域交通设施、区域公用设施等周边具有安全、防护、卫生、隔离作用的绿地。主要包括各级公路、铁路、输变电设施、环卫设施等周边的防护隔离绿化用地	区域设施指城市建设用地外的设施
	EG4		生产绿地	为城乡绿化美化生产、培育、引种试验各类苗木、花草、种子的苗圃、花圃、草圃等圃地	

分类和代码

241

计算原则与方法	绿地的主要统计指标为绿地率、人均绿地面积、人均公园绿地面积、城乡绿地率，应按下式计算：【2020-17】 $$\lambda_g = [(A_{g1} + A_{g2} + A_{g3'} + A_{xg})/A_c] \times 100\%$$ 式中：λ_g—绿地率（%）；A_{g1}—公园绿地面积（m²）；A_{g2}—防护绿地面积（m²）；$A_{g3'}$—广场用地中的绿地面积（m²）；A_{xg}—附属绿地面积（m²）；A_c—城市的用地面积（m²），与上述绿地统计范围一致。 $$A_{gm} = (A_{g1} + A_{g2} + A_{g3'} + A_{xg})/N_p$$ 式中：A_{gm}—人均绿地面积（m²/人）；A_{g1}—公园绿地面积（m²）；A_{g2}—防护绿地面积（m²）；$A_{g3'}$—广场用地中的绿地面积（m²）；A_{xg}—附属绿地面积（m²）；N_p—人口规模（人），按常住人口进行统计。 $$A_{glm} = A_{g1}/N_p$$ 式中：A_{glm}—人均公园绿地面积（m³/人）；A_{g1}—公园绿地面积（m²）；N_p—人口规模（人），按常住人口进行统计。 $$\lambda_G = [(A_{g1} + A_{g2} + A_{g3'} + A_{xg} + A_{eg})/A_c] \times 100\%$$ 式中：λ_G—城乡绿地率（%）；A_{g1}—公园绿地面积（m²）；A_{g2}—防护绿地面积（m²）；$A_{g3'}$—广场用地中的绿地面积（m²）；A_{xg}—附属绿地面积（m²）；A_{eg}—区域绿地面积（m²）；A_c—城乡的用地面积（m²），与上述绿地统计范围一致

 典型习题

13-8（2020-19）根据《城市绿地分类标准》，下列说法正确的是（　A　）。

A. 绿地分类应采用大类、中类、小类三个层次

B. 绿地的主要统计指标为绿地率、绿地面积与公园绿地面积

C. 城市建设用地内的风景名胜公园属于区域绿地中的风景名胜区（EG11）绿地

D. 居住街坊的集中绿地属于公园绿地

13-9（2021-55）根据《城市绿地分类标准》，下列说法中错误的是（　D　）。

A. 附属绿地不能单独参与城市建设用地平衡

B. 位于城市建设用地以内的风景名胜公园应归类于"其他专类公园"

C. 小区游园归属于附属绿地

D. 生产绿地应参与城市建设用地平衡

【考点5】《城市抗震防灾规划标准》（GB 50413—2007）

学习提示	**重要性文件，每年必考**

总则	范围	1.0.2 本标准适用于**地震动峰值加速度≥0.05g（地震基本烈度为 6 度及以上）**地区的城市抗震防灾规划
	方针	1.0.3 城市抗震防灾规划应贯彻**"预防为主，防、抗、避、救相结合"**的方针，根据城市的抗震防灾需要，以人为本，平灾结合、因地制宜、突出重点、统筹规划
	基本防御目标	1.0.5 按照本标准进行城市抗震防灾规划，应达到以下基本防御目标： 1 **当遭受多遇地震影响时，城市功能正常，建设工程一般不发生破坏；** 2 **当遭受相当于本地区地震基本烈度的地震影响时，城市生命线系统和重要设施基本正常，一般建设工程可能发生破坏但基本不影响城市整体功能，重要工矿企业能很快恢复生产或运营；** 3 **当遭受罕遇地震影响时，城市功能基本不瘫痪，要害系统、生命线系统和重要工程设施不遭受严重破坏，无重大人员伤亡，不发生严重的次生灾害【★★★】**
术语	类型	2.0.6 避震疏散场所：用作地震时受灾人员疏散的场地和建筑，可划分为以下类型：**【★★★】** 1 紧急避震疏散场所：**供避震疏散人员临时或就近避震疏散的场所，也是避震疏散人员集合并转移到固定避震疏散场所的过渡性场所，通常可选择城市内的小公园、小花园、小广场、专业绿地、高层建筑中的避难层（间）等；** 2 固定避震疏散场所：**供避震疏散人员较长时间避震和进行集中性救援的场所，通常可选择面积较大、人员容置较多的公园、广场、体育场地/馆、大型人防工程、停车场、空地、绿化隔离带以及抗震能力强的公共设施、防灾据点等；** 3 中心避震疏散场所：**规模较大、功能较全、起避难中心作用的固定避震疏散场所。场所内一般设抢险救灾部队营地、医疗抢救中心和重伤员转运中心等**
基本要求	编制模式	3.0.4 城市抗震防灾规划编制模式应符合下述规定： 1 位于地震烈度七度及以上地区的大城市编制抗震防灾规划应采用**甲类模式；** 2 中等城市和位于地震烈度六度地区的大城市应**不低于乙类模式；** 3 其他城市编制城市抗震防灾规划应**不低于丙类模式**
	工作区划	3.0.6 城市规划区的规划工作区划分应满足下列规定：**【★★】** 1. 甲类模式城市规划区内的建成区和近期建设用地**应为一类规划工作区；** 2. 乙类模式城市规划区内的建成区和近期建设用地应**不低于二类规划工作区；** 3. 丙类模式城市规划区内的建成区和近期建设用地**应不低于三类规划工作区；** 4. 城市的中远期建设用地应**不低于四类规划工作区**

避震疏散		8.1.3　城市避震疏散场所应按照紧急避震疏散场所和固定避震疏散场所分别进行安排。根据需要，**甲、乙类模式城市应安排中心避震疏散场所**
		8.1.4　紧急避震疏散场所和固定避震疏散场所的需求面积可按照抗震设防烈度地震影响下的需安置避震疏散人口数量和分布进行估计
	防火安全带	8.2.7　避震疏散场所距次生灾害危险源的距离应满足国家现行重大危险源和防火的有关标准规范要求；四周有次生火灾或爆炸危险源时，应设防火隔离带或防火树林带。避震疏散场所与周围易燃建筑等一般地震次生火灾源之间应设置**不少于 30m 的防火安全带**；距易燃易爆工厂仓库、供气厂、储气站等重大次生火灾或爆炸危险源距离**应不小于 1000m**。避震疏散场所内应划分避难区块，区块之间应设防火安全带，**应设防火设施、防火器材、消防通道、安全通道【2022 - 68】【★★★】**
	平均有效避难面积	8.2.8　避震疏散场所每位避震人员的平均有效避难面积，应符合：**【2021 - 97】【★★★】** 　1 紧急避震疏散场所**人均有效避难面积不小于 1m²**，但起紧急避震疏散场所作用的超高层建筑避难层（间）的人均有效避难面积**不小于 0.2m²**； 　2 固定避震疏散场所人均有效避难面积**不小于 2m²**
	规模	8.2.9　避震疏散场地的规模，紧急避震疏散场地的用地**不宜小于 0.1hm²**，固定避震疏散场地**不宜小于 1hm²**，中心避震疏散场地**不宜小于 50hm²**【2021 - 97】
	半径	8.2.10　紧急避震疏散场所的**服务半径宜为 500m**，步行大约**10min 之内**可以到达；固定避震疏散场所宜为 2~3km，步行大约**1h 之内**可以到达【★★】
	宽度	紧急避震疏散场所内外的避震疏散通道有效宽度**不宜低于 4m**，固定避震疏散场所内外的避震疏散主通道有效宽度**不宜低于 8m**【★★】

 典型习题

13 - 10（2021 - 97）下列关于《城市抗震防灾规划标准》的选项正确的是（ DE ）。

A. 中心避震疏散场地不宜小于 10hm²

B. 紧急避震疏散场地的用地不宜小于 0.2hm²

C. 固定避震疏散场地不宜小于 2hm²

D. 紧急避震疏散场所人均有效避难面积不小于 1m²

E. 固定避震疏散场所人均有效避难面积不小于 2m²

学习提示	一般性文件，了解即可
术语	**2.0.2　适宜建设用地**：场地稳定、适宜工程建设，不需要或采取简单的工程措施即可适应城乡建设要求，自然环境条件、人为影响因素的限制程度可忽略不计的用地 **2.0.3　可建设用地**：场地稳定性较差、较适宜工程建设，需采取工程措施，场地条件改善后方能适应城乡建设要求，自然环境条件、人为影响因素的限制程度为一般影响的用地 **2.0.4　不宜建设用地**：场地稳定性差、工程建设适宜性差，必须采取特定的工程措施后才能适应城乡建设要求，自然环境条件、人为影响因素的限制程度为较重影响的用地 **2.0.5　不可建设用地**：场地不稳定、不适宜工程建设，完全或基本不能适应城乡建设要求，自然环境条件、人为影响因素的限制程度为严重影响的用地

一般规定	适宜性等级	**3.0.3　城乡用地评定单元的建设适宜性等级类别、名称，应符合下列规定：【★★】** Ⅰ类适宜建设用地；　　　　　　Ⅱ类可建设用地； Ⅲ类不宜建设用地；　　　　　　Ⅳ类不可建设用地

评定指标

4.1.2　城乡用地评定单元的评定指标体系，应符合表4.1.2（即表13-7）的规定。【2019-98】

表13-7　　　　　　　城乡用地评定单元的评定指标体系

序号	指标类型	一级指标	二级指标	城市评定单元的地理特征类别				镇、乡、村评定单元的地理特征类别			
				滨海	平原	高原	丘陵山地	滨海	平原	高原	丘陵山地
1-01	特殊指标	工程地质	断裂＊								
1-02			地震液化＊								
1-03			岩溶暗河＊								
1-04			滑坡崩塌＊								
1-05			泥石流＊								
1-06			地面沉陷＊								
1-07			矿藏＊								
1-08			特殊性岩土＊								
1-09			岸边冲刷＊								
1-10		地形	冲沟＊								
1-11			地面坡度＊								
1-12			地面高程＊								
1-13		水文气象	洪水淹没程度＊								
1-14			水系水域＊								
1-15			灾害性天气＊								
1-16		自然生态	生态敏感度＊								
1-17		人为影响	各类保护区＊								
1-18			各类控制区＊								

序号	指标类型	一级指标	二级指标	城市评定单元的地理特征类别				镇、乡、村评定单元的地理特征类别			
				滨海	平原	高原	丘陵山地	滨海	平原	高原	丘陵山地
2-01	基本指标	工程地质	地震基本烈度	○	○	○	○	○	○	○	○
2-02			岩土类型	○	○	○	○	●	●	●	○
2-03			地基承载力	√	√	√	√	√	√	√	√
2-04			地下水埋深（水位）	√	√	○	○	√	√	○	○
2-05			土-水腐蚀性	○	○	○	○	○	●	●	●
2-06			地下水水质	●	●	●	●	√	√	√	√
2-07		地形	地形形态	○	○	○	○	○	○	○	√
2-08			地面坡向	○	●	○	○	○	●	○	○
2-09			地面坡度*	√	√	√	√	○	√	√	√
2-10		水文气象	地表水水质	●	●	●	●	√	√	√	√
2-11			洪水淹没程度*	√	√	√	√	√	√	√	√
2-12			最大冻土深度	○	○	○	○	○	○	○	○
2-13			污染风向区位	○	○	○	○	○	○	○	○
2-14		自然生态	生物多样性	○	○	√	√	○	○	○	√
2-15			土壤质量	○	○	○	○	○	○	○	○
2-16			植被覆盖率	√	√	√	√	√	√	√	√
2-17		人为影响	土地使用强度	○	○	○	○	●	●	●	●
2-18			工程设施强度	○	○	○	○	●	●	●	●

（评定指标）

注：1　表中未列入而确需列入的评定指标，可在保证评定指标体系系统性的前提下列入。
　　2　表示加注*的指标，为对城乡用地评定影响突出的主导环境要素。
　　3　表中"√"——为必须采用指标；"○"——为应采用指标；"●"——为宜采用指标。
　　4　表中各类保护区、控制区包括：自然、基本农田、水源保护区，生态敏感区，文物保护单位、历史文化街区，风景名胜区，军事管理区，净空、区域廊道限制区等。

典型习题

13-11（2019-98）根据《城乡用地评定标准》，对城乡用地进行评定时涉及的特殊指标有（ACE）。

A. 泥石流　　　　　　　B. 地基承载力　　　　　　　C. 地面高程

D. 地下水埋深　　　　　E. 矿藏

【考点7】《城市工程管线综合规划规范》（GB 50289—2016）

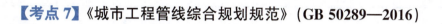

学习提示	每年考1分，术语常规性考点文件，特别注意设备管的排序和综合管廊的考题	
术语	2.0.4　覆土深度：工程管线顶部外壁到地表面的垂直距离	
	2.0.5　水平净距：工程**管线外壁（含保护层）之间或管线外壁**与建（构）筑物外边缘之间的水平距离	
	2.0.6　垂直净距：工程**管线外壁（含保护层）之间或工程管线外壁**与建（构）筑物外边缘之间的垂直距离	
基本规定	统一	3.0.4　工程管线的平面位置和竖向位置均应**采用城市统一的坐标系统和高程系统**
	竖向位置矛盾处理	3.0.7　编制工程管线综合规划时，应减少管线在道路交叉口处交叉。当工程管线竖向位置发生矛盾时，宜按下列规定处理：【2018-32】【★★】 　　**1 压力管线宜避让重力流管线；** 　　**2 易弯曲管线宜避让不易弯曲管线；** 　　**3 分支管线宜避让主干管线；** 　　**4 小管径管线宜避让大管径管线；** 　　**5 临时管线宜避让永久管线**
地下敷设	道路平行布置	4.1.3　工程管线在道路下面的规划位置宜相对固定，分支线少、埋深大、检修周期短和损坏时对建筑物基础安全有影响的工程管线应远离建筑物。工程管线从道路红线向道路中心线方向平行布置的次序宜为：**电力、通信、给水（配水）、燃气（配气）、热力、燃气（输气）、给水（输水）、再生水、污水、雨水**
	庭院布置	4.1.4　工程管线在庭院内由建筑线向外方向平行布置的顺序，应根据工程管线的性质和埋设深度确定，其布置次序宜为：**电力、通信、污水、雨水、给水、燃气、热力、再生水**
	城市道路管线	4.1.5　**沿城市道路规划的工程管线应与道路中心线平行，其主干线应靠近分支管线多的一侧。工程管线不宜从道路一侧转到另一侧。**道路红线宽度**超过40m**的城市干道宜两侧布置配水、配气、通信、电力和排水管线
	交叉敷设	4.1.12　当工程管线交叉敷设时，管线自地表面向下的排列顺序宜为：通信、电力、燃气、热力、给水、再生水、雨水、污水。给水、再生水和排水管线应按自上而下的顺序敷设

综合管廊敷设	选择	4.2.1　当遇下列情况之一时，工程管线**宜采用综合管廊敷设。**【2021-86】【★★★】 　　1 交通流量大或地下管线密集的城市道路以及配合地铁、地下道路、城市地下综合体等工程建设地段； 　　2 高强度集中开发区域、重要的公共空间； 　　3 道路宽度难以满足直埋或架空敷设多种管线的路段； 　　4 道路与铁路或河流的交叉处或管线复杂的道路交叉口； 　　5 不宜开挖路面的地段
	位置	4.2.2　综合管廊内可敷设电力、通信、给水、热力、再生水、天然气、污水、雨水管线等城市工程管线。 　　4.2.3　干线综合管廊宜设置在机动车道、道路绿化带下，支线综合管廊宜设置在绿化带、人行道或非机动车道下。综合管廊覆土深度应根据道路施工、行车荷载、其他地下管线、绿化种植以及设计冰冻深度等因素综合确定
架空敷设	电力线	5.0.5　架空电力线及通信线同杆架设应符合下列规定： 　　1 **高压电力线可采用多回线同杆架设；** 　　2 **中、低压配电线可同杆架设；** 　　3 高压与中、低压配电线同杆架设时，应进行绝缘配合的论证； 　　4 中、低压电力线与通信线同杆架设应采取绝缘、屏蔽等安全措施

 典型习题

13-12（2021-86）下列地区或路段中，工程管线宜采用综合管廊敷设的有（ ACDE ）。

A. 道路宽度难以满足直埋敷设多种管线的路段　　　　B. 郊区人口密度较低地区

C. 城市中心区不宜开挖路面路段　　　　D. 地下空间综合利用地区

E. 多种复杂管线穿越道路与铁路交叉处

13-13（2018-32）下列关于城市地下工程管线避让原则，表述错误的是（ B ）。

A. 新建的让现有的　　　　B. 重力流让压力流

C. 临时的让永久的　　　　D. 易弯曲的让不易弯曲的

【考点8】《城市给水工程规划规范》（GB 50282—2016）

学习提示	考题需要结合相关科目第三章复习，考点很琐碎，考生不易拿分，完整版原文扫描二维码	
术语		2.0.2　**城市综合用水量指标**：平均单位用水人口所消耗的城市最高日用水量。 2.0.6　**城市水资源**：用于城市用水的地表水和地下水、再生水、雨水、海水等。其中，**地表水、地下水称为常规水资源，再生水、雨水、海水等称为非常规水资源** 2.0.11　**应急水源**：**在紧急情况下**（包括城市遭遇突发性供水风险，如水质污染、自然灾害、恐怖袭击等非常规事件过程中）**的供水水源**，通常以最大限度满足城市居民生存、生活用水为目标。【2021-61】
水源	水源	5.2.3　**地下水为城市给水水源时，取水量不得大于允许开采量。**【2019-71】 5.2.5　**缺水城市应加强污水收集、处理，再生水利用率不应低于20%。**【2019-71】
城市给水系统	布局	6.1.3　现状给水系统中存在自备水源的城市，应分析自备水源的形成原因和变化趋势，**合理确定规划期内自备水源的供水能力、供水范围和供水用户，并与公共给水系统协调。**以生活用水为主的自备水源，应逐步改由公共给水系统供水。【2019-71】 6.1.4　地形起伏大或供水范围广的城市，**宜采用分区分压给水系统。** 6.1.5　根据用户对水质的不同要求，**可采用分质给水系统。** 6.1.6　有多个水源可供利用的城市，**应采用多水源给水系统。** 6.1.7　有地形可供利用的城市，**宜采用重力输配水系统**
	安全性	6.2.2　规划长距离输水管道时，**输水管不宜少于2根。**当城市为多水源给水或具备应急备用水源等条件时，也可采用单管输水。 6.2.3　配水管网应布置成环状。 6.2.4　城市给水系统中的调蓄水量宜为给水规模的10%～20%。【2020-74】 6.2.6　城市给水系统主要工程设施供电等级应为**一级负荷**
输配水	管网布置	8.1.6　**自备水源或非常规水源给水系统严禁与公共给水系统连接。**【2019-71】

典型习题

13-14（2019-71）根据《城市给水工程规划规范》，下列说法中错误的是（ C ）。

A. 地下水为城市水源时取水量不得大于允许开采量

B. 缺水城市再生水利用率不应低于20%

C. 自备水源可与公共给水系统相连接

D. 非常规水源严禁与公共给水系统连接

【考点9】《城市排水工程规划规范》（GB 50381—2017）

学习提示		**考题需要结合相关科目第三章复习，考点很琐碎，考生不易拿分，完整版原文扫描二维码**
术语		2.0.1 城市雨水系统：收集、输送、调蓄、处置城市雨水的设施及行泄通道以一定方式组合成的总体，包括源头减排系统、雨水排放系统和防涝系统三部分
		2.0.4 防涝系统：应对内涝防治设计重现期以内的超出雨水排放系统应对能力的强降雨径流的排水设施以一定方式组合成的总体。亦称"大排水系统"
		2.0.5 防涝行泄通道：承担防涝系统雨水径流输送和排放功能的通道，包括城市河道、明渠、道路、隧道、生态用地等
		2.0.6 城市防涝空间：用于城市超标降雨的防涝行泄通道和布置防涝调蓄设施的用地空间，**包括河道、明渠、隧道、坑塘、湿地、地下调节池（库）和承担防涝功能的城市道路、绿地、广场、开放式运动场**等用地空间
		2.0.7 防涝调蓄设施：用于防治城市内涝的各种调节和储蓄雨水的设施，包括**坑塘、湿地、地下调节池（库）和承担防涝功能的绿地、广场、开放式运动场地**等
基本规定	主要内容	3.1.1 城市排水工程规划的主要内容应包括：**确定规划目标与原则，划定城市排水规划范围，确定排水体制、排水分区和排水系统布局，预测城市排水量，确定排水设施的规模与用地、雨水滞蓄空间用地、初期雨水与污水处理程度、污水再生利用和污水处理厂污泥的处理处置要求**
	排水体制	3.3.1 城市排水体制应根据城市环境保护要求、当地自然条件（地理位置、地形及气候）、受纳水体条件和原有排水设施情况，经综合分析比较后确定。**同一城市的不同地区可采用不同的排水体制** 3.3.2 **除干旱地区外，城市新建地区和旧城改造地区的排水系统应采用分流制；不具备改造条件的合流制地区可采用截流式合流制排水体制【★】**
	排水管渠	3.5.1 **排水管渠应以重力流为主，宜顺坡敷设。**当受条件限制无法采用重力流或重力流不经济时，排水管道可采用压力流。 3.5.2 **城市污水收集、输送应采用管道或暗渠，严禁采用明渠。** 3.5.3 排水管渠应布置在便于雨、污水汇集的慢车道或人行道下，不宜穿越河道、铁路、高速公路等。截流干管宜沿河流岸线走向布置。**道路红线宽度大于40m时，排水管渠宜沿道路双侧布置。** 3.5.4 **规划有综合管廊的路段，排水管渠宜结合综合管廊统一布置【★】**

污水系统	污水处理厂	4.4.2 城市污水处理厂选址，宜根据下列因素综合确定： 1 便于污水再生利用，并符合供水水源防护要求。 **2 城市夏季最小频率风向的上风侧。【2020-37】** 3 与城市居住及公共服务设施用地保持必要的卫生防护距离。 4 工程地质及防洪排涝条件良好的地区。 5 有扩建的可能
雨水系统	排水分区与系统布局	5.1.2 **立体交叉下穿道路的低洼段和路堑式路段应设独立的雨水排水分区，严禁分区之外的雨水汇入，并应保证出水口安全可靠。【2021-60】【★】** 5.1.3 **城市新建区排入已建雨水系统的设计雨水量，不应超出下游已建雨水系统的排水能力。【★】** 5.1.4 **源头减排系统应遵循源头、分散的原则构建，**措施宜按自然、近自然和模拟自然的优先序进行选择【★】
	雨水量	5.2.5 设计重现期应根据地形特点、气候条件、汇水面积、汇水分区的用地性质（重要交通干道及立交桥区、广场、居住区）等因素综合确定，在同一排水系统中可采用不同设计重现期，重现期的选择应考虑雨水管渠的系统性；**主干系统的设计重现期应按总汇水面积进行复核。**设计重现期取值，按现行国家标准《室外排水设计标准》（GB 50014）中关于雨水管渠、内涝防治设计重现期的相关规定执行

 典型习题

13-15（2021-60）根据《城市排水工程规划规范》，下列说法不正确的是（ A ）。

A. 立体交叉下穿道路的低洼段和路堑式路段应设独立的雨水排水分区，外部有汇水的情况下，需提高排水能力
B. 源头减排系统应遵循源头、分散的原则构建，措施宜按自然、近自然和模拟自然的优先序进行选择
C. 主干系统的设计重现期应按总汇水面积进行复核
D. 城市新建区排入已建雨水系统的设计雨水量，不应超出下游已建雨水系统的排水能力

【考点 10】《城市电力规划规范》（GB 50293—2014）

学习提示	**考题需要结合相关科目第三章复习，考点很琐碎，考生不易拿分，完整版原文扫描二维码**
术语	2.0.1 **城市用电负荷：**城市内或城市规划片区内，所有用电户在某一时刻实际耗用的有功功率的总和。

术语		2.0.4　**城市供电电源**：为城市提供电能来源的发电厂和接受**市域外**电力系统电能的电源变电站的总称。【2019 - 75】 2.0.7　**城市电网**：城市区域内，为城市用户供电的各级电网的总称。 2.0.8　**配电室**：主要为**低压**用户配送电能，设有中压配电进出线（可有少量出线）、配电变压器和低压配电装置，带有低压负荷的户内配电场所。 2.0.9　开关站：城网中设有高、中压配电进出线、对功率进行再分配的供电设施。可用于解决变电站进出线间隔有限或进出线走廊受限，并在区域中起到电源支撑的作用。 2.0.10　**环网单元**：用于10kV电缆线路分段、联络及分接负荷的配电设施。也称环网柜或开闭器。 2.0.11　**箱式变电站**：由中压开关、配电变压器、低压出线开关、无功补偿装置和计量装置等设备共同安装于一个封闭箱体内的户外配电装置。 2.0.12　**高压线走廊**：35kV及以上高压**架空**电力线路两边导线向外侧延伸一定安全距离所形成的两条平行线之间的通道。也称高压架空线路走廊【2022 - 75】
城市用电负荷	分类	4.1.1　**城市用电负荷按城市建设用地性质分类，应与现行国家标准《城市用地分类与规划建设用地标准》（GB 50137）所规定的城市建设用地分类相一致。城市用电负荷按产业和生活用电性质分类，可分为第一产业用电、第二产业用电、第三产业用电、城乡居民生活用电。** 4.1.2　城市用电负荷按城市负荷分布特点，可分为**一般负荷（均布负荷）和点负荷**两类
	负荷预测	4.2.1　城市总体规划阶段的电力规划负荷预测宜包括下列内容： **1 市域及中心城区规划最大负荷；** **2 市域及中心城区规划年总用电量；** **3 中心城区规划负荷密度。** 4.2.2　城市详细规划阶段电力规划负荷预测宜包括下列内容： **1 详细规划范围内最大负荷；** **2 详细规划范围内规划负荷密度**
	方法选择	4.2.5　城市电力负荷预测方法的选择宜符合下列规定： 1 城市总体规划阶段电力负荷预测方法，宜选用人均用**电指标法、横向比较法**、电力**弹性系数法、回归分析法、增长率法、单位建设用地负荷密度法、单耗法**等。 2 城市详细规划阶段的电力负荷预测，一般负荷（均布负荷）宜选用**单位建筑面积负荷指标法**等；点负荷宜选用单耗法，或由有关专业部门、设计单位提供负荷、电量资料
发电厂规划	位置	5.3.1　城市发电厂的规划布局，除应符合国家现行相关标准外，还应符合下列规定： 1 燃煤（气）电厂的厂址宜选用城市非耕地，并应符合现行国家标准《城市用地分类与规划建设用地标准》（GB 50137）的有关要求。 2 大、中型燃煤电厂应安排足够容量的燃煤储存用地；燃气电厂应有稳定的燃气资源，并应规划设计相应的输气管道

发电厂规划	位置	3 **燃煤电厂选址宜在城市最小风频上风向**，并应符合国家环境保护的有关规定。【★】 4 供冷（热）电厂宜靠近冷（热）负荷中心。并与城市热力网设计相匹配。 5.3.2 燃煤电厂在规划厂址的同时应规划贮灰场和水灰管线等，储灰场宜利用荒、滩地或山谷

变电站规划	位置	7.2.1 城市变电站结构形式分类应符合表 7.2.1（表 13-8）的规定。 **表 13-8 城市变电站结构形式分类** 下表

大类	结构形式	小类	结构形式
1	户外式	1	全户外式
		2	半户外式
2	户内式	1	常规户内式
		2	小型户内式
3	地下式	1	半地下式
		2	全地下式
4	移动式	1	箱体式
		2	成套式

7.2.4 城市变电站规划选址，应符合下列规定：【★】
1 应与城市总体规划用地布局相协调；
2 应靠近负荷中心；
3 应便于进出线；
4 应方便交通运输；
5 应减少对军事设施、通信设施、飞机场、领（导）航台、国家重点风景名胜区等设施的影响；
6 应避开易燃、易爆危险源和大气严重污秽区及严重盐雾区；
7 220～500kV 变电站的地面标高，宜高于**100 年一遇洪水位**；35～110kV 变电站的地面标高，宜高于**50 年一遇洪水位**；
8 应选择良好地质条件的地段

变电站规划	结构形式	7.2.6 规划**新建城市变电站的结构形式选择**，宜符合下列规定：【2021-72，2023-49】【★】 1 在市区边缘或郊区，可采用布置紧凑、占地较少的**全户外式或半户外式**； 2 在市区内宜采用**全户内式或半户外式**； 3 在市中心地区可在充分论证的前提下结合绿地或广场建设**全地下式或半地下式**； 4 在大、中城市的超高层公共建筑群区、中心商务区及繁华、金融商贸街区，宜采用**小型户内式**；可建设**附建式或地下变电站**

 典型习题

13-16（2022-75）根据《城市电力规划规范》，以下关于供电设施正确的是（ B ）。

A. 高压线走廊是 35 千伏及以上高压架空或地埋电力线路两边导线向外侧延伸一定安全距离形成的两条平行线之间的通道

B. 箱式变电站是由中压开关、配电变压器、低压出线开关、无功补偿装置和计量装置等设备共同安装于一个封闭箱体内的户外配电装置

C. 环网单元是用于 35kV 电缆线路分段、联络及分接负荷的配电设施

D. 配电室：主要为高压用户配送电能，设有中压配电进出线（可有少量出线）、配电变压器和高压配电装置

13-17（2021-72）根据《城市电力规划规范》，下列不属于城市变电站结构形式分类的是（ C ）。

A. 户外式　　　　　B. 户内式　　　　　C. 固定式　　　　　D. 移动式

13-18（2019-75）下列规划术语中不符合《城市电力规划规范》的是（ B ）。

A. 城市用电负荷——城市内或城市规划片区内所有用电户在某一时刻实际耗用的有功功率的总和

B. 城市供电电源——为城市提供电能来源的发电厂和接受市域内电力系统电能的电源变电站的总称

C. 城市电网——城市区域内为城市用户供电的各级电网的总称

D. 开关站——区域网中设有高、中压配电进出线对功率进行再分配的供电设施

【考点 11】《城市环境卫生设施规划标准》（GB/T 50337—2018）

学习 提示		结合垃圾分类的考点一起复习
环境 卫生 收集 设施	一般 规定	4.1.1　环境卫生收集设施一般包括生活垃圾收集点、生活垃圾收集站、废物箱、水域保洁及垃圾收集设施
	生活 垃圾 收集 点	4.2.1　生活垃圾收集点的**服务半径不宜超过 70m**，宜满足居民投放生活垃圾不穿越城市道路的要求；市场、交通客运枢纽及其他生活垃圾产量较大的场所附近应单独设置生活垃圾收集点。【2020-39】【★】
		4.2.2　生活垃圾收集点宜采用密闭方式。生活垃圾收集点可采用放置垃圾容器或建造垃圾容器间的方式，采用垃圾容器间时，建筑面积不宜小于 $10m^2$

続表 — 续表

环境卫生收集设施	生活垃圾收集点	**4.3.1** 收集站的服务半径应符合下列规定： 1 采用人力收集，服务半径宜为 0.4km，最大不宜超过 1km； 2 采用小型机动车收集，服务半径不宜超过 2km
		4.3.2 大于 5000 人的居住小区（或组团）及规模较大的商业综合体可单独设置收集站
	废物箱	**4.4.1** 道路两侧以及各类交通客运设施、公交站点、公园、公共设施、广场、社会停车场、公厕等人流密集场所的出入口附近应设置废物箱，宜采用分类收集的方式
		4.4.2 设置在道路两侧的废物箱，其间距宜按道路功能划分： 1 在人流密集的城市中心区、大型公共设施周边、主要交通枢纽、城市核心功能区、市民活动聚集区等地区的主干路，人流量较大的次干路，人流活动密集的支路，以及沿线土地使用强度较高的快速路辅路设置间距为 30～100m； 2 在人流较为密集的中等规模公共设施周边、城市一般功能区等地区的次干路和支路设置间距为 100～200m； 3 在以交通性为主、沿线土地使用强度较低的快速路辅路、主干路，以及城市外围地区、工业区等人流活动较少的各类道路设置间距为 200～400m
环境卫生转运设施	一般规定	**5.1.1** 环境卫生转运设施一般包括生活垃圾转运站和垃圾转运码头、粪便码头
		5.1.2 环境卫生转运设施宜布局在服务区域内并靠近生活垃圾产量多且交通运输方便的场所，不宜设在公共设施集中区域和靠近人流、车流集中区段。环境卫生转运设施的布置应满足作业要求并与周边环境协调，便于垃圾分类收运、回收利用
	生活垃圾转运站	**5.2.1** 生活垃圾转运站按照设计日转运能力分为大、中、小型三大类和Ⅰ、Ⅱ、Ⅲ、Ⅳ、Ⅴ五小类
		5.2.2 当生活垃圾运输距离超过经济运距且运输量较大时，宜设置垃圾转运站。服务范围内垃圾运输平均距离超过 10km 时，宜设置垃圾转运站；平均距离超过 20km 时，宜设置大、中型垃圾转运站【2021-70】【★】
环境卫生处理及处置设施	一般规定	**6.1.1** 城市环境卫生处理及处置设施一般包括：生活垃圾焚烧厂、生活垃圾卫生填埋场、生活垃圾堆肥处理设施、餐厨垃圾处理设施、建筑垃圾处理设施、粪便处理设施、其他固体废弃物处理厂（处置场）等
	生活垃圾焚烧场	**6.2.1** 新建生活垃圾焚烧厂不宜邻近城市生活区布局，其用地边界距城乡居住用地及学校、医院等公共设施用地的距离一般不应小于 300m【2020-39】【★】
		6.2.3 生活垃圾焚烧厂单独设置时，用地内沿边界应设置宽度不小于 10m 的绿化隔离带

环境卫生处理及处置设施	生活垃圾卫生填埋场	6.3.1　生活垃圾卫生填埋场应设置在城市规划建成区外、地质情况较为稳定、符合防洪要求、取土条件方便、具备运输条件、人口密度低、土地及地下水利用价值低的地区，并不得设置在水源保护区、地下蕴矿区及影响城市安全的区域内，**距农村居民点及人畜供水点不应小于 0.5km【★】**
		6.3.2　综合考虑协调城市发展空间、选址的经济性和环境要求，新建生活垃圾卫生填埋场不应位于城市主导发展方向上，且用地边界距 20 万人口以上城市的规划建成区**不宜小于 5km**，距 20 万人口以下城市的规划建成区**不宜小于 2km【2020 - 39】**
		6.3.3　生活垃圾卫生填埋场用地内沿边界应设置宽度不小于 10m 的绿化隔离带，外沿周边宜设置宽度不小于 100m 的防护绿带
	堆肥处理设施	6.4.1　生物降解有机垃圾可采用堆肥处理。**堆肥处理设施**宜位于城市规划建成区的边缘地带，用地边界距城乡居住用地**不应小于 0.5km【2020 - 39】【★】**
		6.4.3　堆肥处理设施在单独设置时，用地内沿边界应设置**宽度不小于 10m 的绿化隔离带**
	餐厨垃圾处理设施	6.5.1　餐厨垃圾应在源头进行单独分类、收集并密闭运输，餐厨垃圾集中处理设施宜与生活垃圾处理设施或污水处理设施集中布局
		6.5.2　餐厨垃圾集中处理设施用地边界距城乡居住用地等区域**不应小于 0.5km**
		6.5.4　餐厨垃圾集中处理设施在单独设置时，用地内沿边界应设置**宽度不小于 10m 的**绿化隔离带
其他环境卫生设施	公共厕所	7.1.1　根据城市性质和人口密度，城市公共厕所平均设置密度应按每平方千米规划建设用地 3 座～5 座选取；**人均规划建设用地指标偏低、居住用地及公共设施用地指标偏高的城市、山地城市、旅游城市可适当提高【2021 - 96】**
		7.1.2　商业街区、市场、客运交通枢纽、体育文化场馆、游乐场所、广场、大中型社会停车场、公园及风景名胜区等人流集散场所内或附近应按流动人群需求设置公共厕所
		7.1.3　公共厕所设置应符合下列要求：【2020 - 85，2023 - 79】【★】 1 设置在人流较多的道路沿线、大型公共建筑及公共活动场所附近； 2 公共厕所应以**附属式公共厕所**为主，**独立式公共厕所**为辅，**移动式公共厕所**为补充； 3 附属式公共厕所不应影响主体建筑的功能，宜在地面层临道路设置，并单独设置出入口； 4 公共厕所宜与其他环境卫生设施合建； 5 在满足环境及景观要求的条件下，城市公园绿地内可以设置公共厕所

 典型习题

13-19（2021-70）依据《城市环境卫生设施规划标准》，当生活垃圾运输距离超过经济距离且运输量较大，服务范围内运输距离超过（C）km 时，宜设置垃圾运转站。

A. 5   B. 8   C. 10   D. 15

13-20（2020-39）对环境卫生设施的表述，正确的是（C）。

A. 生活垃圾收集点的服务半径不宜超过 80m

B. 新建生活垃圾焚烧厂不宜邻近城市生活区布局，其用地边界距城乡居住用地及学校、医院等公共设施用地的距离一般不应小于 500m

C. 新建生活垃圾卫生填埋场不应位于城市主导发展方向上，且用地边界距 20 万人口以上城市的规划建成区不宜小于 5km，距 20 万人口以下城市的规划建成区不宜小于 2km

D. 堆肥处理设施宜位于城镇开发边界的边缘地带，用地边界距城乡居住用地不应小于 1.0km

【考点 12】《城乡建设用地竖向规划规范》（ CJJ 83—2016）

学习提示	重要性文件，需要精读
	3.0.3 乡村建设用地竖向规划应有利于风貌特色保护。 3.0.4 城乡建设用地竖向规划在满足各项用地功能要求的条件下，宜避免高填、深挖，减少土石方、建（构）筑物基础、防护工程等的工程量。 3.0.6 城乡建设用地竖向规划对起控制作用的高程不得随意改动。 3.0.7 同一城市的用地竖向规划应采用统一的坐标和高程系统【2021-54】
基本规定	4.0.1 城乡建设用地选择及用地布局应充分考虑竖向规划的要求，并应符合下列规定：【★】 1 城镇中心区用地应选择地质、排水防涝及防洪条件较好且相对平坦和完整的用地，其自然坡度宜小于 20%，规划坡度宜小于 15%；【2021-77】 2 居住用地宜选择向阳、通风条件好的用地，其自然坡度宜小于 25%，规划坡度宜小于 25%； 3 工业、物流用地宜选择便于交通组织和生产工艺流程组织的用地，其自然坡度宜小于 15%，规划坡度宜小于 10%； 4 超过 8m 的高填方区宜优先用作绿地、广场、运动场等开敞空间； 5 应结合低影响开发的要求进行绿地、低洼地、滨河水系周边空间的生态保护、修复和竖向利用； 6 乡村建设用地宜结合地形，因地制宜，在场地安全的前提下，可选择自然坡度大于 25%的用地

続表

基本规定	4.0.2 根据城乡建设用地的性质、功能，结合自然地形，规划地面形式可分为**平坡式、台阶式和混合式**
	4.0.3 **用地自然坡度小于5%时，宜规划为平坡式；用地自然坡度大于8%时，宜规划为台阶式；用地自然坡度为5%～8%时，宜规划为混合式**【★】
	4.0.6 **挡土墙高度大于3m且邻近建筑时，宜与建筑物同时设计，同时施工，确保场地安全**
	4.0.7 **高度大于2m的挡土墙和护坡，其上缘与建筑物的水平净距不应小于3m，下缘与建筑物的水平净距不应小于2m；高度大于3m的挡土墙与建筑物的水平净距还应满足日照标准要求**
竖向与排水	6.0.2 城乡建设用地竖向规划应符合下列规定： 1 满足地面排水的规划要求；地面自然排水坡度不宜小于0.3%；小于0.3%时应采用多坡向或特殊措施排水； 2 除用于雨水调蓄的下凹式绿地和滞水区等之外，建设用地的规划高程宜比周边道路的最低路段的地面高程或地面雨水收集点高出0.2m以上，小于0.2m时应有排水安全保障措施或雨水滞蓄利用方案
	6.0.3 当建设用地采用地下管网有组织排水时，场地高程应有利于组织重力流排水
竖向与防火	7.0.2 城乡建设用地防洪（潮）应符合下列规定： 1 应符合现行国家标准《防洪标准》（GB 50201）的规定； 2 建设用地外围设防洪（潮）堤时，其用地高程应按排涝控制高程加安全超高确定；建设用地外围不设防洪（潮）堤时，其用地地面高程应按设防标准的规定所推算的洪（潮）水位加安全超高确定
土石方与防护工程	8.0.4 **台阶式用地的台地之间宜采用护坡或挡土墙连接。相邻台地间高差大于0.7m时，宜在挡土墙墙顶或坡比值大于0.5的护坡顶设置安全防护设施**【2021-98】【★】
	8.0.5 **相邻台地间的高差宜为1.5～3.0m，台地间宜采取护坡连接，土质护坡的坡比值不应大于0.67，砌筑型护坡的坡比值宜为0.67～1.0；相邻台地间的高差大于或等于3.0m时，宜采取挡土墙结合放坡方式处理，挡土墙高度不宜高于6m；人口密度大、工程地质条件差、降雨量多的地区，不宜采用土质护坡**【2021-98，2022-62】【★★】
	8.0.6 **在建（构）筑物密集、用地紧张区域及有装卸作业要求的台地应采用挡土墙防护**
	8.0.7 城乡建设用地不宜规划高挡土墙与超高挡土墙。建设场地内需设置超高挡土墙时，必须进行专门技术论证与设计
	8.0.9 **在地形复杂的地区，应避免大挖高填；岩质建筑边坡宜低于30m，土质建筑边坡宜低于15m。超过15m的土质边坡应分级放坡，不同级之间边坡平台宽度不应小于2m。建筑边坡的防护工程设置应符合国家现行有关标准的规定**

258

13-21（2021-98）根据《城乡建设用地竖向规划规范》，下列关于土石方与防护工程的说法中，正确的有（ ABCD ）。

A. 台阶式用地的台地之间宜采用护坡或挡土墙连接

B. 相邻台地间高差大于 0.7m 时，宜在挡土墙墙顶或坡比值大于 0.5m 的护坡顶设安全防护设施

C. 相邻台地间高差宜为 1.5～3.0m，台地间宜采取护坡连接，土质护坡的坡比值不应大于 0.67

D. 相邻台地间高差大于或等于 3.0m 时，宜采取挡土墙结合放坡处理，挡土墙高度不宜大于 6m

E. 在建（构）筑物密集、用地紧张区域及有装卸作业要求的台地应采用护坡防护

13-22（2021-77）根据《城乡建设用地竖向规划规范》规划地面形式可分为平坡式、台阶式和混合式，下列说法错误的是（ D ）。

A. 用地自然坡度小于 5％时宜规划为平坡式

B. 用地自然坡度大于 8％时宜规划为台阶式

C. 用地自然坡度为 5％～8％时宜规划为混合式

D. 用地自然坡度大于 15％时不宜作为城镇中心区建设用地

【考点 13】《城镇老年人设施规划规范》（GB 50437—2007，2018 年版）

学习提示	一般性文件，了解即可

| 配建指标及设置要求 | 3.2.2　老年人设施新建项目的配建规模、要求及指标，应符合表 3.2.2-1（即表 13-9）的规定，并应纳入相关规划。
表 13-9　　　　　　　　　老年人设施配建规模要求及指标 |

表 13-9　　　　　　　　老年人设施配建规模要求及指标

项目名称	基本配建内容	配建规模及要求	配建指标	
			建筑面积（m²/床）	用地面积（m²/床）
老年公寓	居家式生活起居，餐饮服务、文化娱乐、保健服务用房等	不应小于 80 床位	≥40	50～70
市（地区）级养老院	生活起居、餐饮服务、文化娱乐、医疗保健、健身用房及室外活动场地等	不应小于 150 床位	≥35	45～60

续表

项目名称	基本配建内容	配建规模及要求	配建指标	
			建筑面积 （m²/床）	用地面积 （m²/床）
居住区（镇）级养老院	生活起居、餐饮服务、文化娱乐、医疗保健用房及室外活动场地等	不应小于30床位	≥30	40～50
老人护理院	生活护理、餐饮服务、医疗保健、康复用房等	不应小于100床位	≥35	45～60
市（地区）级老年学校（大学）	普通教室、多功能教室、专业教室、阅览室及室外活动场地等	（1）应为5班以上； （2）市级应具有独立的场地、校舍	≥1500	≥3000
市（地区）级老年活动中心	阅览室、多功能教室、播放厅、舞厅、棋牌类活动室、休息室及室外活动场地等	应有独立的场地、建筑，并应设置适合老人活动的室外活动设施	1000～4000	2000～8000
居住区（镇）级老年活动中心	活动室、教室、阅览室、保健室、室外活动场地等	应设置大于300m²的室外活动场地	≥300	600
居住区（镇）级老年服务中心	活动室、保健室、紧急援助、法律援助、专业服务等	镇老人服务中心应附设不小于50床位的养老设施；增加的建筑面积按每床建筑面积不小于35m²、每床用地面积不小于50m²另行计算	≥200	400
小区老年活动中心	活动室、阅览室、保健室、室外活动场地等	应附设不小于150m²的室外活动场地	≥150	≥3300
小区级老年服务站	活动室、保健室、家政服务用房等	服务半径应小于500m	≥150	—
托老所	休息室、活动室、保健室、餐饮服务用房等	（1）不应小于10床位，每床建筑面积不应小于20m²； （2）应与老年服务站合并设置	≥300	

3.2.3 城市旧城区老年人设施新建、扩建或改建项目的配建规模、要求应满足老年人设施基本功能的需要，**其指标不应低于本规范表3.2.2-1和表3.2.2-2中相应指标的70%**，并应符合当地主管部门的有关规定

布局	4.1.1　老年人设施布局应符合当地老年人口的分布特点，并宜靠近居住人口集中的地区布局。 4.1.2　市（地区）级的老人护理院、养老院用地应独立设置。 4.1.3　居住区内的老年人设施宜靠近其他生活服务设施，统一布局，但应保持一定的独立性，避免干扰。 4.1.4　建制镇老年人设施布局宜与镇区公共中心集中设置，统一安排，并宜靠近医疗设施与公共绿地
选址	4.2.1　老年人设施应选择在**地形平坦、自然环境较好、阳光充足、通风良好**的地段布置。 4.2.2　老年人设施应选择在**具有良好基础设施条件的地段**布置。 4.2.3　老年人设施应选择在**交通便捷、方便可达**的地段布置，但应避开对外公路、快速路及交通量大的交叉路口等地段。 4.2.4　老年人设施应**远离污染源、噪声源及危险品**的生产储运等用地【★】 ♯考查角度：多选辨析
建筑与道路布置	5.1.3　**老年人设施场地内建筑密度不应大于30%，容积率不宜大于0.8。建筑宜以低层或多层为主。**【★】 5.2.1　老年人设施场地坡度**不应大于3%**。 5.2.2　老年人设施场地内应人车分行，并应设置适量的停车位。 5.2.3　场地内步行道路宽度**不应小于1.8m，纵坡不宜大于2.5%**并应符合国家标准的相关规定。当在步行道中设台阶时，应设轮椅坡道及扶手【★】
场地绿化	5.3.1　老年人设施场地范围内的绿地率：**新建不应低于40%，扩建和改建不应低于35%。**【2023-62】【★】 5.3.2　集中绿地面积应按每位老年人不低于2m² 设置。 5.3.3　活动场地内的植物配置宜四季常青及乔灌木、草地相结合，不应种植带刺、有毒及根茎易露出地面的植物
室外活动场地	5.4.1　老年人设施应为老年人提供适当规模的休闲场地，包括活动场地及游憩空间，可结合居住区中心绿地设置，也可与相关设施合建。布局宜动静分区。 5.4.3　**老年人活动场地应有1/2的活动面积在标准的建筑日照阴影线以外，并应设置一定数量的适合老年人活动的设施。** 5.4.5　集中活动场地附近应设置便于老年人使用的公共卫生间【★】

13-23（2022-76）根据《城镇老年人设施规划规范》，居住区（镇）级应配套（ C ）老年活动中心。

    A. 100m²   B. 200m²   C. 300m²   D. 400m²

13-24（2019-78）根据《城镇老年人设施规划规范》新建老年人设施场地范围内的绿地率不应低于（ C ）。

    A. 30%   B. 35%   C. 40%   D. 45%

【考点 14】《城市水系规划规范》（GB 50513—2009，2016 年版）

学习提示	重要性文件，特别在原理科目考试中考察较多，需要精读	
术语		2.0.2 岸线：指水体与陆地交接地带的总称。有季节性涨落变化或者潮汐现象的水体，其岸线一般是指最高水位线与常水位线之间的范围。 2.0.3 生态性岸线：指为保护城市生态环境而保留的自然岸线或经过生态修复后具备自然特征的岸线。 2.0.4 生产性岸线：指工程设施和工业生产使用的岸线。 2.0.5 生活性岸线：指提供城市游憩、商业、文化等日常活动的岸线。 2.0.8 滨水绿化控制线：水域控制线外滨水绿化区域的界限。 2.0.9 滨水建筑控制线：滨水绿化控制线外滨水建筑区域界限，是保证滨水城市环境景观的共享性与异质性的控制区域
基本规定	原则	3.0.2 编制城市水系规划时，应坚持下列原则： 1 安全性原则。充分发挥水系在城市给水、排水防涝和城市防洪中的作用，确保城市饮用水安全和防洪排涝安全； 2 生态性原则。维护水系生态环境资源，保护生物多样性，修复和改善城市生态环境； 3 公共性原则。水系是城市公共资源，城市水系规划应确保水系空间的公共属性，提高水系空间的可达性和共享性； 4 系统性原则。城市水系规划应将水体、岸线和滨水区作为一个整体进行空间、功能的协调，合理布局各类工程设施，形成完善的水系空间系统。城市水系空间系统应与城市园林绿化系统、开放空间系统等有机融合，促进城市空间结构的优化； 5 特色化原则。城市水系规划应体现地方特色，强化水系在塑造城市景观和传承历史文化方面的作用，形成有地方特色的滨水空间景观，展现独特的城市魅力

基本规定	对象分类	城市水系规划的对象宜按下列规定分类：【★★★★】 　1 **水体按形态特征分为河流、湖库和湿地及其他水体四大类。**河流包括**江、河、沟、渠**等；湖库包括湖泊和水库；湿地主要指有明确区域命名的自然和人工的狭义湿地；其他水体是指除河流、湖库、湿地之外的城市洼陷地域。 　2 **水体按功能类别分为水源地、生态水域、行洪通道、航运通道、雨洪调蓄水体、渔业**养殖水体、景观游憩水体等。 　3 **岸线按功能分为生态性岸线、生活性岸线和生产性岸线**
城市水系保护	一般要求	4.1.1　城市水系的保护应包括水域保护、水质保护、水生态保护和滨水空间控制等内容，根据实际需要，可增加水系历史文化保护和水系景观保护的内容。 4.1.3　城市水系规划应以水系现状和历史演变状况为基础，综合考虑流域、区域水资源水环境承载能力、城市生态格局及水敏感性、城市发展需求等因素，梳理水系格局，注重水系的自然性、多样性、连续性和系统性，完善城市水系布局
	水域保护	4.2.2　受保护水域的范围应包括构成城市水系的所有现状水体和规划新建的水体，并通过划定水域控制线进行控制。划定水域控制线宜符合下列规定：【★】 　1 有堤防的水体，宜**以堤顶临水一侧边线**为基准划定； 　2 无堤防的水体，宜**按防洪、排涝设计标准所对应的洪（高）水位**划定； 　3 对水位变化较大而形成较宽涨落带的水体，可按**多年平均洪（高）水位**划定； 　4 规划的新建水体，**其水域控制线应按规划的水域范围线划定；** 　5 现状坑塘、低洼地、自然汇水通道等水敏感区域宜纳入水域控制范围。 　♯**考查角度：单选辨析**
	水生态保护	4.4.1　水生态保护应包括划定**水生态保护范围、提出维护水生态系统稳定与生物多样**性的措施等内容。 4.4.2　珍稀及濒危野生水生动植物集中分布区域和有保护价值的自然湿地应纳入水生态保护范围，并应根据需要划分核心保护范围和非核心保护范围。 4.4.3　已批准为各级自然保护区或湿地公园的，其水生态保护范围按批准文件确定的保护范围划定；其他水生态保护范围的划定，应满足受保护对象的完整性要求，并兼顾当地经济发展和居民生产、生活的需要。 4.4.4　水生态保护应维护水生态保护区域的自然特征，不得在水生态保护的核心范围内布置人工设施，不得在非核心范围内布置与水生态保护和合理利用无关的设施。 4.4.5　未列入水生态保护范围的水体涨落带，宜保持其自然生态特征。 4.4.6　应统筹考虑流域、河流水体功能、水环境容量、水深条件、排水口布局、竖向等因素，**在滨水绿化控制区内设置湿塘、湿地、植被缓冲带、生物滞留设施、调蓄设施等低影响开发设施。【2022-70】【★】** 4.4.7　滨水绿化控制区内的低影响开发设施应为周边区域雨水提供蓄滞空间，并与雨水管渠系统、超标雨水经流排放系统及下游水系相衔接

滨水空间控制		4.5.1 滨水空间控制应保护水系的滨水空间资源，并应包括下列内容： 1 在水域控制线外控制一定宽度的滨水绿化带，**滨水绿化带的范围应通过划定滨水绿化控制线进行界定；** 2 在滨水绿化带外控制一定区域作为滨水建筑控制区，**滨水建筑控制区的范围应通过划定滨水建筑控制线进行界定**
		4.5.2 **滨水绿化控制线应按水体保护要求和滨水区的功能需要确定，并应符合下列规定：**【2020-60】【★】 1 饮用水水源地的**一级保护区陆域和水生态保护范围的陆域**应纳入滨水绿化控制区范围； 2 有堤防的滨水绿化控制线应为**堤顶背水一侧堤脚**或其防护林带边线； 3 无堤防的江河、湖泊，其滨水绿化控制线与水域控制线之间应**留有足够空间；** 4 沟渠的滨水绿化控制线与水域控制线的距离宜**大于4m；** 5 历史文化街区范围内的滨水绿化控制线应体现有滨水空间格局**因地制宜**进行控制； 6 结合城市道路、铁路及其他易于标识及控制的要素划定
水系利用	岸线利用	5.3.3 生态性岸线的划定，应体现**"优先保护、能保尽保"**的原则，将具有原生态特征和功能的水域所对应的岸线优先划定为生态性岸线，其他的水体岸线在满足城市合理的生产和生活需要前提下，应尽可能划定为生态性岸线。 5.3.4 划定为生态性岸线的区域必须有相应的保护措施，除保障安全或取水需要的设施外，严禁在生态性岸线区域设置与水体保护无关的建设项目。 5.3.5 生产性岸线的划定，应坚持**"深水深用、浅水浅用"**的原则，确保深水岸线资源得到有效的利用。生产性岸线应提高使用效率，缩短生产性岸线的长度；在满足生产需要的前提下，应充分考虑相关工程设施的生态性和观赏性。 5.3.6 生活性岸线的划定，应根据城市用地布局，与城市居住、公共设施等用地相结合
	滨水区规划布局	5.4.1 滨水区规划布局应有利于城市生态环境的改善，以生态功能为主的滨水区，应预留与其他生态用地之间的生态联通廊道，**生态联通廊道的宽度不应小于60m。** 5.4.2 滨水区规划布局应有利于水环境保护，滨水工业用地应结合生产性岸线集中布局。 5.4.4 滨水区规划布局应保持一定的空间开敞度。**因地制宜控制垂直通往岸线的交通、绿化或视线通廊，通廊的宽度宜大于20m。**建筑物的布局宜保持通透、开敞的空间景观特征【★】

典型习题

13-25（2022-70）根据《城市水系规划规范》，下列不属于滨水绿化控制线内低影响开发的是（ B ）。

A. 设置湿塘、湿地、植被缓冲带　　　　　　B. 雨水管渠设施

C. 生物滞留设施   D. 调蓄设施

13-26（2020-60）在城市水系规划中，关于滨水绿化控制线说法不准确的是（ C ）。

A. 饮用水源一级保护区陆域应纳入滨水绿化控制区范围

B. 有堤防的滨水绿化控制线应为堤顶背水一侧堤脚或防护林带边线

C. 无堤防的，其滨水绿化控制线应为水域控制线

D. 历史文化街区范围内的滨水绿化控制线应按现有滨水空间格局因地制宜进行控制

【考点 15】《城市消防规划规范》（GB 51080—2015）

学习 提示	重要性文件，特别注意结合实务科目的选线选点题复习	
城市消防安全布局	危险品场所或设施	3.0.2　易燃易爆危险品场所或设施的消防安全应符合下列规定： 　1 易燃易爆危险品场所或设施应按国家现行相关标准的规定控制规模，并应根据消防安全的要求合理布局。 　2 易燃易爆危险品场所或设施应设置在城市的边缘或相对独立的安全地带；大、中型易燃易爆危险品场所或设施应设置在城市建设用地边缘的独立安全地区，不得设置在城市常年主导风向的上风向、主要水源的上游或其他危及公共安全的地区。对周边地区有重大安全影响的易燃易爆危险品场所或设施，应设置防灾缓冲地带和可靠的安全设施【★★★】
	建筑	3.0.3　城市建设用地内，应建造一、二级耐火等级的建筑，控制三级耐火等级的建筑，严格限制四级耐火等级的建筑
	历史城区历史街区	3.0.4　历史城区及历史文化街区的消防安全应符合下列规定：【★★★】 　1 历史城区应建立消防安全体系，因地制宜地配置消防设施、装备和器材； 　2 历史城区不得设置生产、储存易燃易爆危险品的工厂和仓库，不得保留或新建输气、输油管线和储气、储油设施，不宜设置配气站，低压燃气调压设施宜采用小型调压装置； 　3 历史城区的道路系统在保持或延续原有道路格局和原有空间尺度的同时，应充分考虑必要的消防通道； 　4 历史文化街区应配置小型、适用的消防设施、装备和器材；不符合消防车通道和消防给水要求的街巷，应设置水池、水缸、沙池、灭火器等消防设施和器材； 　5 历史文化街区外围宜设置环形消防车通道； 　6 历史文化街区不得设置汽车加油站、加气站
	避难场所	3.0.7　城市防灾避难场地可结合道路、广场、运动场、绿地、公园、居住区公共场地等开敞空间进行设置

公共消防设施	消防站	4.1.1　城市消防站应分为陆上消防站、水上消防站和航空消防站。**陆上消防站分为普通消防站、特勤消防站和战勤保障消防站。普通消防站分为一级普通消防站和二级普通消防站。【★★】**#考查角度：单选辨析 4.1.2　陆上消防站设置应符合下列规定： 　1 城市建设用地范围内应设置**一级普通消防站**； 　2 城市建成区内设置一级普通消防站确有困难的区域，经论证可设二级普通消防站； 　3 **地级及以上城市、经济较发达的县级城市**应设置特勤消防站和战勤保障消防站，经济发达且有特勤任务需要的城镇可设置特勤消防站；#考查角度：多选辨析 　4 消防站应独立设置。特殊情况下，设在综合性建筑物中的消防站应有独立的功能分区，并应与其他使用功能完全隔离，其交通组织应便于消防车应急出入 4.1.3　陆上消防站布局应符合下列规定：**【★★★】**#考查角度：单选辨析 　1 **城市建设用地范围内普通消防站布局，应以消防队接到出动指令后 5min 内可到达其辖区边缘为原则确定。** 　2 **普通消防站辖区面积不宜大于 7km²；设在城市建设用地边缘地区、新区且道路系统较为畅通的普通消防站，应以消防队接到出动指令后 5min 内可到达其辖区边缘为原则确定其辖区面积，其面积不应大于 15km²；**也可通过城市或区域火灾风险评估确定消防站辖区面积。 　3 特勤消防站应根据其特勤任务服务的主要对象，设在靠近其辖区中心且交通便捷的位置。特勤消防站同时兼有其辖区灭火救援任务的，其辖区面积宜与普通消防站辖区面积相同。 　4 消防站辖区划定应结合城市地域特点、地形条件和火灾风险等，并应兼顾现状消防站辖区，不宜跨越高速公路、城市快速路、铁路干线和较大的河流。**当受地形条件限制，被高速公路、城市快速路、铁路干线和较大的河流分隔，年平均风力在 3 级以上或相对湿度在 50% 以下的地区，应适当缩小消防站辖区面积。【2021-62】** 　4.1.4　陆上消防站的建设用地面积应符合下列规定： 　1 一级普通消防站 3900～5600m²； 　2 二级普通消防站 2300～3800m²； 　3 特勤消防站 5600～7200m²； 　4 战勤保障消防站 6200～7900m² 　4.1.5　陆上消防站选址应符合下列规定：**【2022-73】【★★★】**#考查角度：单选辨析 　1 **消防站应设置在便于消防车辆迅速出动的主、次干路的临街地段；** 　2 **消防站执勤车辆的主出入口与医院、学校、幼儿园、托儿所、影剧院、商场、体育场馆、展览馆等人员密集场所的主要疏散出口的距离不应小于 50m；** 　3 消防站辖区内有易燃易爆危险品场所或设施的，消防站应设置在危险品场所或设施的常年主导风向的上风或侧风处，**其用地边界距危险品部位不应小于 200m**

公共消防设施	消防站	消防供水	4.3.5 当有下列情况之一时，应设置城市消防水池：【2019-99】 1 无市政消火栓或消防水鹤的城市区域； 2 无消防车通道的城市区域； 3 消防供水不足的城市区域或建筑群
		消防车通道的设置规定	4.4.2 消防车通道的设置应符合下列规定：【★】#考查角度：单选辨析 1 消防车通道之间的中心线间距**不宜大于160m**； 2 环形消防车通道**至少应有两处与其他车道连通**，尽端式消防车道**应设置回车道或回车场地**； 3 消防车通道的净宽度和净空高度**均不应小于4m**，与建筑外墙的距离**宜大于5m**； 4 **消防车通道的坡度不宜大于8%**，转弯半径应符合消防车的通行要求。**举高消防车停靠和作业场地坡度不宜大于3%**
		消防取水	4.4.3 供消防车取水的天然水源、消防水池及其他人工水体应设置消防车通道，消防车通道边缘距离取水点不宜大于2m，消防车距吸水水面高度不应超过6m

 **典型习题**

13-27（2022-73）依据《城市消防规划规范》，以下关于陆上消防站的说法，正确的是（ B ）。

A. 消防站应该设置在便于出动的次干道与支路的临街路段

B. 消防站执勤车辆的主出入口与医院、学校、幼儿园、托儿所、影剧院、商场、体育场馆、展览馆等人员密集场所的主要疏散出口的距离不应小于50m

C. 消防站应设置在危险品场所或设施的常年主导风向的下风向

D. 消防站其用地边界距危险品部位不应小于500m

13-28（2019-99）根据《城市消防规划规范》，下列说法中正确的有（ ABC ）。

A. 无市政消火栓或消防水鹤的城市区域应设置消防水池

B. 无消防车通道的城市区域应设置消防水池

C. 消防供水不足的城市区域应设置消防水池

D. 体育场馆等人员密集场所应设置消防水池

E. 每个消防辖区内至少应设置一个为消防车提供应急水源的消防水池

【考点16】《城镇燃气规划规范》（GB/T 51098—2015）

学习提示	考题需要结合相关科目第三章复习，考点很琐碎，考生不易拿分

燃气管网布置		**6.2.1　城镇燃气管网敷设应符合下列规定：【2021-95】【★★】** 　　1 燃气主干管网应沿**城镇规划道路敷设**，减少穿跨越河流、铁路及其他不宜穿越的地区； 　　2 应减少对城镇用地的分割和限制，同时方便管道的巡视、抢修和管理； 　　3 应避免**与高压电缆、电气化铁路、城市轨道**等设施平行敷设； 　　4 与建（构）筑物的水平净距应符合现行国家标准《城镇燃气设计规范》（GB 50028）和《城市工程管线综合规划规范》（GB 50289）的规定 　　6.2.2　中心城区规划人口大于100万人的城市，**燃气主干管应选择环状管网** 　　6.2.3　长输管道应布置在规划城镇区域外围；当必须在城镇内布置时，应按现行国家标准《输气管道工程设计规范》（GB 50251）和《城镇燃气设计规范》（GB 50028）的规定执行 　　6.2.4　长输管道和城镇高压燃气管道的走廊，应在城市、镇总体规划编制时进行预留，并与公路、城镇道路、铁路、河流、绿化带及其他管廊等的布局相结合 　　**6.2.5　城镇高压燃气管道布线**，应符合下列规定：**【2022-74】【★★】** 　　1 高压燃气管道不应通过军事设施、易燃易爆仓库、历史文物保护区、飞机场、火车站、港口码头等地区。当受条件限制，确需在本款所列区域内通过时，应采取有效的安全防护措施。 　　2 高压管道走廊应**避开居民区和商业密集区**。 　　3 多级高压燃气管网系统间应**均衡布置联通管线**，并设调压设施。 　　4 大型集中负荷应采用**较高压力**燃气管道直接供给。 　　5 高压燃气管道进入**城镇四级地区**时，应符合现行国家标准《城镇燃气设计规范》（GB 50028）的有关规定 　　6.2.6　城镇中压燃气管道布线，宜符合下列规定： 　　1 宜沿道路布置，一般敷设在道路绿化带、非机动车道或人行步道下； 　　2 宜靠近用气负荷，提高供气可靠性； 　　3 当为单一气源供气时，连接气源与城镇环网的主干管线宜采用双线布置。 　　6.2.7　城镇低压燃气管道**不应在市政道路上敷设**
燃气厂站	天然气厂站	8.2.1　门站站址应根据长输管道走向、负荷分布、城镇布局等因素确定，宜设在规划城市或镇建设用地边缘。规划有2个及以上门站时，宜均衡布置。 　　8.2.2　储配站站址应根据负荷分布、管网布局、调峰需求等因素确定，宜设在城镇主干管网附近。 　　8.2.3　门站和储配站用地，应符合现行国家标准《城镇燃气设计规范》GB 50028的要求。 　　8.2.4　当城镇有2个及以上门站时，储配站宜与门站合建；但当城镇只有1个门站时，储配站宜根据输配系统具体情况与门站均衡布置。 　　8.2.5　调压站（箱）设置，应符合下列规定： 　　1 按供应方式与用户类型，调压站（箱）**可分为区域调压站（箱）与专供调压站（箱）。**

燃气厂站	天然气厂站	2 调压站（箱）的规模应根据负荷分布、压力级制、环境影响、水文地质等因素，经技术经济比较后确定。调压站（箱）的负荷率宜控制在50%～75%。 3 调压站（箱）的布局，应根据管网布置、进出站压力、设计流量、负荷率等因素，经技术经济比较确定。 4 调压站（箱）的设置应与环境协调，运行噪声应符合现行国家标准《声环境质量标准》（GB 3096）的有关规定。 5 集中负荷应设专供调压站（箱）。 8.2.6 高中压调压站**不宜设置在居住区和商业区内**；居住区及商业区内的中低压调压设施，宜采用调压箱
	液化石油气厂站	8.3.1 液化石油气厂站的供应和储存规模，应根据气源情况、用户类型、用气负荷、运输方式和运输距离，经技术经济比较确定。 8.3.2 液化石油气供应站的站址选择应符合下列规定： 1 应选择**在全年最小频率风向的上风侧；** 2 应选择在地势平坦、开阔，不易积存液化石油气的地段。 8.3.4 液化石油气气化、混气、瓶装站的选址，应结合供应方式和供应半径确定，**且宜靠近负荷中心**
	汽车加气站	8.4.2 汽车加气站站址宜靠近气源或输气管线，方便进气、加气，且便于交通组织。 8.4.4 汽车加气站建设应避免影响城镇燃气的正常供应，并宜符合下列规定： 1 常规加气站宜建在中压燃气管道附近； 2 加气母站宜建在高压燃气厂站或靠近高压燃气管道的地方

 典型习题

13-29 （2022-74）**根据《城镇燃气规划规范》，以下关于城镇燃气管网布线的说法，正确的是（ B ）。**

A. 高压管道走廊可以穿过居民区

B. 多级高压燃气管网系统间应均衡布置联通管线，并设调压设施

C. 大型集中负荷应采用较低压力燃气管道直接供给

D. 高压燃气管道进入城镇三级地区时，应符合现行国家标准《城镇燃气设计规范》的有关规定

13-30 （2021-95）**根据《城镇燃气规划规范》，下列关于燃气主管网敷设的说法，错误的是（ CE ）。**

A. 应沿城镇规划道路敷设

B. 应减少跨越河流和铁路敷设

C. 宜沿城市轨道交通设施平行敷设

D. 应避免与高压电缆平行敷设

E. 宜沿电气化铁路平行敷设

【考点 17】《防灾避难场所设计规范》（GB 50028—2006，2021 年版）

学习提示	一般性文件，结合《城市社区应急避难场所建设标准》复习
避难场所配置要求	3.1.10 避难场所应满足其责任区范围内避难人员的避难需求以及城市级应急功能配置要求，并应符合下列规定：【★★】 2 中心避难场所和中期及长期固定避难场所配置的城市级应急功能服务范围，宜按建设用地规模不大于 30km²、服务总人口不大于 30 万人控制，并不应超过建设用地规模 50km²、服务总人口 50 万人； 3 中心避难场所的城市级应急功能用地规模按总服务人口 50 万人不宜小于 20hm²，按总服务人口 30 万人不宜小于 15hm²。承担固定避难任务的中心避难场所的控制指标尚宜满足长期固定避难场所的要求
避难场所选址	4.1.1 避难场所应优先选择场地地形较平坦、地势较高、有利于排水、空气流通、具备一定基础设施的公园、绿地、广场、学校操场、体育场馆等公共建筑与公共设施，其周边应道路畅通、交通便利，并应符合下列规定： 1 中心避难场所宜选择在与城镇外部有可靠交通连接、易于伤员转运和物资运送、并与周边避难场所有疏散道路联系的地段； 2 固定避难场所宜选择在交通便利、有效避难面积充足、能与责任区内居住区建立安全避难联系、便于人员进入和疏散的地段； 3 紧急避难场所可选择居住小区内的花园、广场、空地和街头绿地等； 4 固定避难场所和中心避难场所可利用相邻或相近的且抗灾设防标准高、抗灾能力好的各类公共设施，按充分发挥平灾结合效益的原则整合而成

【考点 18】《室外排水设计标准》（GB 50014—2021）

学习提示	一般性文件，了解即可

排水工程	规定	排水工程包括雨水系统和污水系统。排水体制应符合下列规定： ① 同一城镇的不同地区可采用不同的排水体制。 ② 除降雨量少的干旱地区外，新建地区的排水系统应采用分流制。 ③ 分流制排水系统禁止污水接入雨水管网，并应采取截流、调蓄和处理等措施控制径流污染。 ④ 现有合流制排水系统应通过截流、调蓄和处理等措施，控制溢流污染，还应按城镇排水规划的要求，经方案比较后实施雨污分流改造
	雨水系统	水系统应包括源**头减排、排水管渠、排涝除险**等工程性措施和应急管理的非工程性措施，并应与防洪设施相衔接
	污水系统	污水系统应包括收集管网、污水处理、深度和再生处理与污泥处理处置设施。排入城镇污水管网的污水水质必须符合国家现行标准的规定，不应影响城镇排水管渠和污水厂等的正常运行；不应对养护管理人员造成危害；不应影响处理后出水的再生利用和安全排放；不应影响污泥的处理和处置。城镇已建有污水收集和集中处理设施时，分流制排水系统不应设置化粪池
排水关区和附属构筑物	一般规定	管渠平面位置和高程应符合下列规定： ① **排水干管应布置在排水区域内地势较低或便于雨污水汇集的地带；** ② **排水管宜沿城镇道路敷设，并与道路中心线平行，宜设在快车道以外；** ③ 截流干管宜沿受纳水体岸边布置； ④ 管渠高程设计除应考虑地形坡度外，尚应考虑与其他地下设施的关系及接户管的连接方便。 污水和合流污水收集输送时，不应采用明渠。合流管道的雨水设计重现期可高于同一情况下的雨水管渠设计重现期
	管线综合	污水管道、合流管道和生活给水管道相交时，应敷设在生活给水管道的下面或采取防护措施。再生水管道与生活给水管道、合流管道和污水管道相交时，应敷设在生活给水管道下面，宜敷设在合流管道和污水管道的上面

【考点 19】《城市综合防灾规划标准》（GB/T 51327—2018）

学习提示	一般性文件，了解即可

术语	(1) **灾害防御设施**：为防御、控制灾害而修建的，具有明确防护标准与防护范围或防护能力的，对灾害实施监测预警、可控制或降低灾害源致灾风险的建设工程与配套设备，如防洪设施、内涝防治设施、防灾隔离带、滑坡崩塌防治工程、重大危险源防护设施等。 (2) **应急服务设施**：具有高于一般工程的综合抗灾能力，灾时可用于应急抢险救援、避险避难和过渡安置，提供临时救助等应急服务场所和设施，通常包括应急指挥、医疗救护和卫生防疫、消防救援、物资储备分发、避难安置等类型。 (3) **应急通道**：应对灾害应急救援和抢险避难、保障灾后应急救灾和疏散避难活动的交通通道，通常包括救灾干道、疏散主通道、疏散次通道和一般疏散通道
要求	**城市灾害综合防御目标应满足下述要求：** ① 当遭受相当于工程抗灾设防标准的较大灾害影响时，城市应能够全面应对灾害，应无重大人员伤亡；防灾设施应有效发挥作用，城市功能基本不受影响城市可保持正常运行。 ② 当遭受相当于设定防御标准的重大灾害影响时，城市能有效减轻灾害，城市不应发生特大灾害效应，应无特大人员伤亡；防灾设施应能基本发挥作用，重大危险源以及可能发生特大灾难性事故后果的设施和地区应能得到有效控制。 ③ 当遭受高于设定防御标准的特大灾害影响时，应能保证对外疏散和对内救援可有效实施。 **城市综合防灾规划对下列地区或工程设施，应提出更高的设防标准或防灾要求：【2021-67】** ① 城市发展建设特别重要的地区。 ② 可能导致特大灾害损失或特大灾难性事故后果的设施和地区。 ③ 保障城市基本运行，灾时需启用或功能不能中断的工程设施。 ④ 承担应急救援和避难疏散任务的防灾设施，城市重要公共空间，公共建筑和公共绿地等重要公共设施
应急保障基础设施	**应急通道的宽度和净空限高应符合下列规定：①应急通道的有效宽度，救灾干道不应小于15.0m，疏散主通道不应小于7.0m，疏散次通道不应小于4.0m。②跨越应急通道的各类工程设施，应保证通道净空高度不小于4.5m。【★★★】**

 典型习题

13-31（2021-67）根据《城市综合防灾规划标准》，城市综合防灾规划对此地区和工程设施，应提出更高的设防标准和防灾要求。下列不属于此类地区或工程设施的是（C）。

A. 城市发展建设特别重要的地区

B. 保证城市基本运行，灾时需启用或功能不能中断的工程设施

C. 重要的园地、林地、牧草地和设施农用地

D. 承担应急救援和避难疏散任务的防灾设施，城市重要公共空间、公共建筑和公共绿地等的重要公共设施

【考点 20】《城市社区应急避难场所建设标准》（建标 180—2017）

学习提示	一般文件，了解即可
项目规模	城市社区应急避难场所建设规模应依据社区规划人口或常住人口数量确定。城市社区应急避难场所建设规模分类：一类，社区规划人口或常住人口 10000～15000 人；二类，社区规划人口或常住人口 5000～9999 人；三类，社区规划人口或常住人口 3000～4999 人
项目构成	城市社区应急避难场所项目应包括避难场地、避难建筑和应急设施。避难场地应包括应急避难休息、应急医疗救护、应急物资分发、应急管理、应急厕所、应急垃圾收集、应急供电、应急供水等各功能区。应急设施应包括应急供电、应急供水、应急排水、应急广播和消防等。【2021 - 95】 　　【★★★】#注意辨析：应急供电不是应急发电，应急供水不是应急给水
选址与规划布局	城市社区应急避难场所宜优先选择社区花园、社区广场、社区服务中心等公共服务设进行规划建设，并应符合避难场地和避难建筑的要求。城市社区应急避难场所的服务半径不宜大于 500m。城市社区应急避难场所应有两条及以上不同方向的安全通道与外部相通，通道的有效度不应小于 4m

 典型习题

13 - 32（2021 - 95）紧急避难场所应配置的场地与设施有（ AE ）。

A. 应急避难休息区

B. 应急发电区

C. 应急消防器械区

D. 应急给水区

E. 应急医疗救护区

【考点 21】《城市居住区人民防空工程规划规范》（GB 50808—2013）

学习提示	一般性文件，了解即可

人防工程术语	（1）人民防空工程，系为保障战时人民防空指挥、通信、掩蔽等需要而建造的防护建筑。按照使用功能分为指挥工程、医疗救护工程、防空专业队工程、人员掩蔽工程和配套工程。按照构筑类型分为坑道式、地道式、单建掘开式和防空地下室。 （2）医疗救护工程：战时用于对伤员进行紧急救治、早期治疗和部分专科治疗的人防工程。按照其规模和任务的不同，医疗救护工程分为**中心医院、急救医院、救护站**三种。 （3）防空专业队工程：保障防空专业队掩蔽和执行防空勤务的人防工程。一般包括专业队队员掩蔽部和装备（车辆）掩蔽部两个部分。按执行防空勤务任务的不同，分为抢险抢修、医疗救护、消防、防化防疫、通信、运输、治安等工程。 （4）人员掩蔽工程：主要用于保障人员掩蔽的人防工程。人员掩蔽工程分为两种：一等和二等人员掩蔽所。**一等人员掩蔽所系指供战时坚持工作的政府机关、城市生活重要保障部门、重要厂矿企业和其他战时有人员进出要求的人员掩蔽工程；二等人员掩蔽所系指战时留城的普通居民掩蔽所。** （5）配套工程：系指除指挥工程、医疗救护工程、防空专业队工程和人员掩蔽工程以外的战时保障性人防工程，主要包括区域电站、区域供水站、人防物资库、食品站、生产车间、人防交通干（支）道、警报站、核生化监测中心等
基本规定	**城市居住区人防工程应主要包括人员掩蔽工程、医疗救护工程、防空专业队工程和配套工程。【★★★】** 城市居住区人防工程距离生产、储存甲、乙类易燃易爆物品厂房或库房的距离不应小于 50m；距离有害液体、重毒气体的储罐或仓库不应小于 100m。人防工程各个主要出入口之间水平直线距离不宜小于 15m，并应与地面环境相协调
人员掩蔽工程	城市居住区人员掩蔽工程的服务半径不宜大于 200m。人员掩蔽工程宜设置在地面建筑投影范围以内，当设有多层地下空间时，人员掩蔽工程宜设于最下层
医疗救护工程	医疗救护工程宜结合地面医疗卫生设施建设，**其中急救医院服务半径不应大于 3km，救护站的服务半径不应大于 1km**
防空专业队工程	抢险抢修专业队工程服务半径**不应大于 1.5km**，消防专业队工程服务半径**不应大于 2.0km**，医疗救护专业队和治安专业队工程服务半径**不应大于 3.0km**
配套工程	系指除指挥工程、医疗救护工程、防空专业队工程和人员掩蔽工程以外的战时保障性人防工程，主要包括**区域电站、区域供水站、人防物资库、食品站、生产车间、人防交通干（支）道、警报站、核生化监测中心**等【2021-94】

典型习题

13-33（2021-94）依据《居住区人民防空工程规划规范》，居住区人防配套工程包括（ ABDE ）。

A. 人防物资库
B. 食品站
C. 垃圾站
D. 区域电站
E. 区域供水站

【考点 22】《城市环境规划标准》（GB/T 51329—2018）

学习提示		一般性文件，了解即可
基本规定	内容	城市环境规划主要包括**城市生态空间规划和城市环境保护规划**，应综合研究城市生态条件和环境质量现状、资源承载力和发展趋势，合理确定城市生态空间布局和环境保护目标，划定生态控制线、规划各类环境功能区，优化城市布局，提出生态空间保护、控制、修复和污染防治措施
	范围	城市环境规划范围应包括**市域、城市规划区或城镇开发边界**两个层次范围
城市生态空间规划	内容	为保证生态系统的完整性，在市域划定的生态控制线基础上，城市规划区或城镇开发边界内的生态控制线还宜包括以下内容：①**城市绿楔、城市绿隔、郊野公园、湿地公园、各类风景区、城市湿地公园和集中连片的林地中需要集中保护的地区；②主要自然河流、湖库及湿地、排水渠系及滨水空间、坑塘和具有生态保护价值的海滨陆域地区；③城市蓝线和城市绿线；④海绵城市建设中确定的排水防涝安全需要保护和保留的地区；⑤为保护城市生态安全确定的生态廊道、为改善城市环境确定的通风廊道、为保障城市安全确定的城市防灾公园和避难场所；⑥其他具有较高生态保护价值的区域。**【★】
	目标	水环境目标应包括水环境质量目标、水环境保护目标和水环境整治目标三类。城市水环境功能区划应包括地表水环境功能区划、地下水环境功能区划和近岸海域环境功能区划（适用于有近岸海域城市）。 **大气环境保护目标应包括城市环境空气质量目标和大气环境综合整治目标。环境空气功能区可根据用地性质划为一类区和二类区。环境空气功能区之间应设置缓冲带，缓冲带的宽度应根据区划面积、污染源分布、大气扩散能力确定，且不宜小于 300m。城市固体废物按来源和特殊性质可分为生活垃圾、建筑垃圾、一般工业固体废物和危险废物四类。城市固体废物处理与处置应推行减量化、资源化、无害化原则**

13-34 （2021-69）根据《城市环境规划标准》，城市环境规划主要包括 （ A ）。

A. 城市生态空间规划，城市环境保护规划　　B. 城市生态保护规划，城市环境保护规划

C. 城市生态空间规划，城市资源环境规划　　D. 城市生态保护规划，城市资源环境规划

【考点 23】《自然资源部关于进一步做好用地用海要素保障的通知》 （自然资发〔2023〕89 号）

学习提示	2023 年考了三道题，备考过程中需要作为重点文件学习
加快国土空间规划审查报批	严格落实《全国国土空间规划纲要（2021—2035 年）》和"三区三线"划定成果，加快地方各级国土空间规划编制报批。在各级国土空间规划正式批准之前的过渡期，对省级国土空间规划已呈报国务院的省份，有批准权的人民政府自然资源主管部门已经组织审查通过的国土空间总体规划，可作为项目用地用海岛组卷报批依据。国土空间规划明确了无居民海岛开发利用建设范围和具体保护措施等要求的，**可不再编制可利用无居民海岛保护和利用规划**
缩小用地预审范围	**以下情形不需申请办理用地预审，直接申请办理农用地转用和土地征收：** （1）国土空间规划确定的城市和村庄、集镇建设用地范围内的建设项目用地； （2）油气类"探采合一"和"探转采"钻井及其配套设施建设用地； （3）具备直接出让采矿权条件、能够明确具体用地范围的采矿用地； （4）露天煤矿接续用地； （5）水利水电项目涉及的淹没区用地
简化建设项目用地预审审查	**涉及规划土地用途调整的，重点审查是否符合允许调整的情形，规划土地用途调整方案在办理农用地转用和土地征收阶段提交**；涉及占用永久基本农田的，重点审查是否符合允许占用的情形以及避让的可能性，补划方案在办理农用地转用和土地征收阶段提交；**涉及占用生态保护红线的，重点审查是否属于允许有限人为活动之外的国家重大项目范围，在办理农用地转用和土地征收阶段提交省级人民政府出具的不可避让论证意见。【2023-87】**
申请先行用地	需报国务院批准用地的国家重大项目和省级高速公路项目中，控制工期的单体工程和因工期紧或受季节影响确需动工建设的其他工程可申请办理先行用地，申请规模原则上**不得超过用地预审控制规模的 30%**。先行用地批准后，应于**1 年**内提出农用地转用和土地征收申请

分期分段办理	**分期分段办理农用地转用和土地征收**。确需分期建设的项目，可根据可行性研究报告确定的方案或可行性研究批复中明确的分期建设内容，分期申请建设用地。线性基础设施建设项目正式报批用地时，可根据用地报批组卷进度，**以市（地、州、盟）分段报批用地**。农用地转用和土地征收审批均在省级人民政府权限内的，可以**县（市、区）为单位分段**报批用地
同步报批	**重大建设项目直接相关的改路改沟改渠和安置用地与主体工程同步报批**。能源、交通、水利、军事等重大建设项目直接相关的改路、改沟、改渠和安置等用地可以和项目用地一并办理农用地转用和土地征收，原则上不得超过原有用地规模。土地使用标准规定的功能分区之外，**因特殊地质条件确需建设边坡防护等工程，其用地未超项目用地定额总规模 3%的，以及线性工程经优化设计后无法避免形成的面积较小零星夹角地且明确后期利用方式的**，可一并报批。其中，主体工程允许占用永久基本农田的，改路、改沟、改渠等如确实难以避让永久基本农田，在严格论证前提下可以申请占用，按要求落实补划任务
铁路"四电"工程	**明确铁路"四电"工程用地报批要求**。铁路项目已批准的初步设计明确的"四电"工程(**通信工程、信号工程、电力工程和电气化工程**)，可以按照铁路主体工程用地的审批层级和权限单独办理用地报批。主体工程允许占用永久基本农田或生态保护红线的，"四电"工程在无法避让时可以申请占用
优化临时用地政策	直接服务于铁路、公路、水利工程施工的制梁场、拌和站，需临时使用土地的，**其土地复垦方案通过论证，业主单位签订承诺书，明确了复垦完成时限和恢复责任，确保能够恢复种植条件的，可以占用耕地，**不得占用永久基本农田
占用永久基本农田	**明确占用永久基本农田重大建设项目范围** (1) 党中央、国务院明确支持的重大建设项目（包括党中央、国务院发布文件或批准规划中明确具体名称的项目和国务院批准的项目）； (2) 中央军委及其有关部门批准的军事国防类项目； (3) 纳入国家级规划（指国务院及其有关部门颁布）的机场、铁路、公路、水运、能源、水利项目； (4) 省级公路网规划的省级高速公路项目； (5) 按《关于梳理国家重大项目清单加大建设用地保障力度的通知》（发改投资〔2020〕688号）要求，列入需中央加大用地保障力度清单的项目； (6) 原深度贫困地区、集中连片特困地区、国家扶贫开发工作重点县省级以下基础设施、民生发展等项目

耕地占补平衡	**重大建设项目在一定期限内可以承诺方式落实耕地占补平衡。**对符合可以占用永久基本农田情形规定的重大建设项目，允许以承诺方式落实耕地占补平衡。省级自然资源主管部门应当明确兑现承诺的期限和落实补充耕地方式。**兑现承诺期限原则上不超过 2 年**，到期未兑现承诺的，直接从补充耕地县级储备库中扣减指标，不足部分扣减市级或省级储备库指标。上述承诺政策有效期至 2024 年 3 月 31 日
规范调整用地审批	线性工程建设过程中因地质灾害、文物保护等不可抗力因素确需调整用地范围的，经批准项目的行业主管部门同意后，建设单位可申请调整用地。项目建设方案调整，调整后的项目用地总面积、耕地和永久基本农田规模均不超原批准规模，或者项目用地总面积和耕地超原规模、但调整部分未超出省级人民政府土地征收批准权限的，报省级人民政府批准；**调整后的项目用地涉及调增永久基本农田，或征收耕地超过 35 公顷、其他土地超过 70 公顷，应当报国务院批准。**调整用地涉及新征收土地的，应当依法履行征地程序，不再使用的土地，可以交由原集体经济组织使用。省级人民政府批准调整用地后，应纳入国土空间规划"一张图"实施监管，并及时报自然资源部备案
新增用地可补充报批	**因初步设计变更引起新增用地可补充报批。** 单独选址建设项目在农转用和土地征收批准后，由于初步设计变更，原有用地未发生变化但需新增少量必要用地的，可以将新增用地按照原有用地的审批权限报批。建设项目原有用地可占用永久基本农田和生态保护红线的，新增用地也可申请占用。**其中原有用地由省级人民政府批准的，确需新增用地涉及占用永久基本农田、占用生态保护红线的，要符合占用情形，建设项目整体用地（包括原有用地和新增用地）中征收其他耕地超过 35 公顷、其他土地超过 70 公顷的，应当报国务院批准【2023 - 16】**
集约用地新模式	**支持节约集约用地新模式。**公路、铁路、轨道交通等线性基础设施工程采用立体复合、多线共廊等新模式建设的，经行业或投资主管部门审核同意采用此方式同步建设部分，且工程用地不超过相应用地指标的，用地可一并组卷报批
优化产业用地供应方式	按照供地即可开工的原则，支持产业用地"标准地"出让，鼓励各地根据本地产业发展特点，制定"标准地"控制指标体系。在土地供应前，由地方政府或依法设立的开发区（园区）和新区的管理机构统一开展地质灾害、压覆矿产、环境影响、水土保持、洪水影响、文物考古等区域评估和普查。依据国土空间详细规划和区域评估、普查成果，确定规划条件和控制指标并纳入供地方案，通过出让公告公开发布。鼓励地方探索制定混合土地用途设定规则，依据国土空间详细规划确定主导土地用途、空间布局及比例，完善混合产业用地供给方式。**单宗土地涉及多种用途混合的，应依法依规合理确定土地使用年限，按不同用途分项评估后确定出让底价**

自然资源资产组合供应	**探索各门类自然资源资产组合供应。**在特定国土空间范围内,涉及同一使用权人需整体使用多门类全民所有自然资源资产的,可实行组合供应。将各门类自然资源资产的使用条件、开发要求、底价、溢价比例等纳入供应方案,利用自然资源资产交易平台等,一并对社会公告、签订资产配置合同,相关部门按职责进行监管。进一步完善海砂采矿权和海域使用权"两权合一"招标拍卖挂牌出让制度,鼓励探索采矿权和建设用地使用权组合供应方式
优化地下空间使用权配置政策	实施"地下"换"地上",推进土地使用权分层设立,促进城市地上与地下空间功能的协调。依据国土空间总体规划划定的重点地下空间管控区域,综合考虑安全、生态、城市运行等因素,统筹城市地下基础设施管网和地下空间使用。细化供应方式和流程,探索完善地价支持政策,按照向下递减的原则收缴土地价款。城市建成区建设项目增加公共利益地下空间的,或向下开发利用难度加大的,各地可结合实际制定空间激励规则。探索在不改变地表原有地类和使用现状的前提下,设立地下空间建设用地使用权进行开发建设
推动存量土地盘活利用	遵循"以用为先"的原则,对于道路绿化带、安全间距等代征地以及不能单独利用的边角地、零星用地等,确实无法按宗地单独供地的,报经城市人民政府批准后,可按划拨或协议有偿使用土地的有关规定合理确定土地使用者,核发《国有建设用地划拨决定书》或签订国有建设用地有偿使用合同。建设项目使用城镇低效用地的,可以继续按照《关于深入推进城镇低效用地再开发的指导意见(试行)》(国土资发〔2016〕147号)有关规定执行
优化申请审批程序	优化报国务院审批用海用岛项目申请审批程序:对同一项目涉及用海用岛均需报国务院批准的,实行**"统一受理、统一审查、统一批复"**,项目建设单位**可一次性提交**用海用岛申请材料。其中涉及新增围填海的项目,按现有规定办理。对助航导航、测量、气象观测、海洋监测和地震监测等公益设施用岛,**可简化无居民海岛开发利用具体方案和项目论证报告。**【2023-17】

 **典型习题**

13-35(2023-16)根据自然资源部《关于进一步做好用地用海要素保障的通知》,下列关于用地审批范围调整及报批的情形中正确的是(D)。

A. 某已批准的建设项目,因文物保护原因需调整用地范围,项目用地总面积由50公顷调至60公顷,其中占用耕地20公顷不变,占用永久基本农田10公顷不变,该项目应报国务院审批

B. 某已批准的建设项目,因文物保护原因需调整用地范围,项目用地总面积由50公顷调至90公顷,其中占用耕地20公顷不变,该项目应报省级人民政府审批

C. 某已批准的建设项目因地质灾害原因需调整用地范围,项目用地总面积由40公顷调至50公顷,其中占用耕地由10公顷调至30公顷,占用永久基本农田10公顷不变,

该项目应报国务院审批

D. 某已批准的建设项目因地质灾害原因需调整用地范围，项目用地总面积由 50 公顷调至 60 公顷，其中，占用耕地由 10 公顷调至 30 公顷，该项目应报省级人民政府审批

13‑36（2023‑17）根据自然资源部《关于进一步做好用地用海要素保障的通知》，下列关于同一项目涉及用海用岛报国务院审批程序的说法中，错误的是（D）。

A. 实行"统一受理、统一审查、统一批复"

B. 涉及新增围填海的项目，按现有规定办理

C. 项目建设单位可一次性提交用海用岛申请材料

D. 涉及助航导航等公益设施用岛的，无需提交海岛开发利用具体方案

13‑37（2023‑87）根据自然资源部《关于进一步做好用地用海要素保障的通知》，以下关于用地预审工作的说法，正确的是（ABDE）。

A. 涉及规划土地用途调整的需提交土地用途调整方案

B. 油气类"探采合一"的钻井及其配套设施建设用地无需办理用地预审，直接申请办理农用地转用和土地征收

C. 涉及耕地的无需提供补划方案

D. 涉及生态保护红线的需由省级人民政府出具不可避让论证

E. 水利水电项目淹没区无需办理用地预审，直接申请办理农用地转用和土地征收

【考点 24】《城市供热规划规范》（GB/T 51074—2015）

学习提示	一般性文件，了解即可
管网选择	热水管网具有热能利用率高，便于调节，供热半径大且输送距离远的优点
	既有采暖又有工艺蒸汽负荷，可设置热水和蒸汽两套管网。当蒸汽负荷量小且分散而又没有其他必须设置集中供应的理由时，可只设置热水管网，**蒸汽负荷由各企业自行解决，但热源宜采用清洁能源或满足地区环境排放总量控制要求**
热网选择	**多热源联网运行的供热系统，为保证热网运行参数的稳定，各热源供热介质温度应一致。**当锅炉房与热电厂联网运行时，从供热系统运行最佳经济性考虑，应以热电厂最佳供回水温度作为多热源联网运行的供热介质温度【2023‑51】

📢 **典型习题**

13‑38（2023‑51）根据《城市供热规划规范》，下列关于热网介质和参数选取的说法中错误的是（D）。

A. 当热源供热范围内，只有民用建筑采暖热负荷时，应采用热水作为供热介质

B. 当热源供热范围内工业热负荷为主要负荷时，应采用蒸汽作为供热介质

C. 当热源供热范围内，既有民用建筑热负荷，也存在工业热负荷时，可同时采用蒸汽和热水作为供热介质

D. 多热源联网运行的城市热网的热源回水温度可以不一致

【考点 25】《城市地下空间规划标准》（GB/T 51358—2019）

学习提示	一般性文件，了解即可
基本规定	城市地下空间可分为**浅层（0～−15m）、次浅层（−15～−30m）、次深层（−30～−50m）**和**深层（−50m 以下）**四层
地下空间布局	城市地下空间总体规划应根据城市总体规划的功能和空间布局要求将城市地下空间适建区划分为重点建设区和一般建设区。城市地下空间重点建设区包括城市重要功能区、交通枢纽和重要车站周边区域，其开发应满足功能综合、复合利用的要求。城市地下空间一般建设区应以配建功能为主。 城市地下空间应优先布局地下交通设施、地下市政公用设施、地下防灾设施和人民防空工程等、适度布局地下公共管理与公共服务设施、地下商业服务业设施和地下物流仓储设施等、**不应布局居住、养老、学校（教学区）和劳动密集型工业设施等。**【2023−60】 当特殊情况下将公共管理与公共服务设施、商业服务业设施设置于地下时，应布局在浅层空间。 地下商业街的主要地面出入口应布置在主要人流方向上。地下人行通道尽端出入口宽度总和应大手地下通道宽度。建设用地地下空间退让地块红线应保障相邻地块的安全及地下设施的安全，**退让地块红线距离不宜小于 3.0m**

典型习题

13−39（2023−60）根据《城市地下空间规划标准》，下列地下设施中，不属于城市地下空间优先布局的设施是（C）。

A. 地下市政公用设施　　　　　　　B. 地下交通设施

C. 地下物流仓储设施　　　　　　　D. 地下防灾设施

【考点 26】《城市绿地规划标准》（GB/T 51346—2019）

学习提示	文件内容多，建议完整复习

专类公园	专类公园应结合城市发展和生态景观建设需要，因地制宜、按需设置，并应符合下列规定：【2023-95】 1 历史名园和遗址公园应遵循相关保护规划要求，**公园范围应包括其保护范围及必要的展示和游憩空间**； 2 植物园应选址在水源充足、土质良好的区域，宜有丰富的现状植被和地形地貌，面积应符合现行国家标准《公园设计规范》(GB 51192)的规定； 3 城市动物园应选址在**河流下游和下风方向**的城市近郊区域，远离工业区和各类污染源，并与居住区有适当的距离；野生动物园宜选址在城市远郊区域； 4 体育健身公园应选址**在临近城市居住区的区域**，园内绿地率应大于**65%**； 5 儿童公园应选址在地势较平坦、安静、避开污染源、与居住区交通联系便捷的区域，面积宜大于 2hm²，并应配备儿童科普教育内容和游戏设施

 典型习题

13-40（2023-95）根据《城市绿地规划规范》，以下关于专类公园的说法正确的是（ BCD ）。

A. 历史名园和遗址公园范围应包括其必要的展示和休憩空间，不包含保护范围

B. 植物园应选址在水源充足、土质良好的区域，且有丰富状植被和地貌，面积应符合现行国家标准

C. 城市动物园应选址在河流下游和下风方向城市近郊区域，远离工业区和各类污染源

D. 野生动物园宜选址在城市远郊区域

E. 城市体育公园应选址在临近居住区的区域，园内绿地率大于60%

【考点27】《城市通信工程规划规范》（GB/T 50853—2013）

学习提示	每年一题，难度较大
概念	2.0.9 **发信区**：指为满足特定需求和一定技术条件，中短波大功率发射台的无线通信信号和无线广播电视信号的发射区域。 2.0.10 **收信区**：指为满足特定需求和一定技术条件的无线通信和无线广播电视信号的接收区域。 2.0.11 **微波站**：指安装微波通信中继设备的通信站

电信用户预测	3.1.1 城市电信用户预测应包括**固定电话用户、移动电话用户和宽带用户预测**等内容。 3.1.2 城市总体规划阶段电信用户预测应以宏观预测方法为主，可采用普及率法、分类用地综合指标法等多种方法预测；城市详细规划阶段应以微观分布预测为主，可按不同用户业务特点，采用单位建筑面积测算等不同方法预测
电信局站	4.1.2 电信局站可分一类局站和二类局站，并宜按以下划分： 1 位于城域网接入层的小型电信机房为一类局站。**包括小区电信接入机房以及移动通信基站等。** 2 位于城域网汇聚层及以上的大中型电信机房为二类局站。**包括电信枢纽楼、电信生产楼等。**【2023-50】 4.2.1 城市电信二类局站规划选址除符合技术经济要求外，还应符合下列要求： 1 选择地形平坦、地质良好的适宜建设用地地段，避开因地质、防灾、环保及地下矿藏或古迹遗址保护等不可建设的用地地段； 2 距离通信干扰源的安全距离应符合国家相关规范要求
无线通信与无线广播传输设施	5.2.1 收信区和发信区的调整应符合下列要求： 1 城市总体规划和发展方向； 2 既设无线电台站的状况和发展规划； 3 相关无线电台站的环境技术要求和相关地形、地质条件； 4 人防通信建设规划； 5 无线通信主向避开市区。 5.2.2 **城市收信区、发信区宜划分在城市郊区的两个不同方向的地方，同时在居民集中区、收信区与发信区之间应规划出缓冲区。** 5.3.2 城市微波通道应符合下列要求： 1 通道设置应结合城市发展需求； 2 **应严格控制进入大城市、特大城市中心城区的微波通道数量；** 3 **公用网和专用网微波宜纳入公用通道，并应共用天线塔。**【2022-71】

 典型习题

13-41（2023-50）根据《城市通信工程规划规范》，下列电信局站中属于二类局站的是（ C ）。

A. 小区电信接入机房   B. 移动通信基站

C. 电信枢纽楼   D. 小型电信机房

13-42（2022-71）根据《城市通信工程规划规范》，无线电通信与无线广播传输收信区与发信区划分与调整要求中错误的是（ A ）。

A. 城市收信区、发信区宜划分在城市中心区边缘的两个不同方向的地区
B. 城市收信区、发信区在居民集中区、收信区与发信区之间应规划出缓冲区
C. 发信区与收信区之间的无线通信主向避开市区
D. 收信区和发信区的调整要满足人防通信建设规划

第十四章 国土空间规划相关法律、法规

【考点1】《中华人民共和国环境保护法》

学习提示		一般性文件，了解即可
总则	原则	第五条 环境保护坚持保护优先、预防为主、综合治理、公众参与、损害担责的原则
	时间	第十二条 每年6月5日为环境日
保护和改善环境	红线	第二十九条 国家在重点生态功能区、生态环境敏感区和脆弱区等区域划定生态保护红线，实行严格保护。【2019-25】【★】 各级人民政府对具有代表性的各种类型的自然生态系统区域，珍稀、濒危的野生动植物自然分布区域，重要的水源涵养区域，具有重大科学文化价值的地质构造、著名溶洞和化石分布区、冰川、火山、温泉等自然遗迹，以及人文遗迹、古树名木，应当采取措施予以保护，严禁破坏
	补偿制度	第三十一条 国家建立、健全生态保护补偿制度。 国家加大对生态保护地区的财政转移支付力度。有关地方人民政府应当落实生态保护补偿资金，确保其用于生态保护补偿。国家指导受益地区和生态保护地区人民政府通过协商或者按照市场规则进行生态保护补偿
防治污染	三同时	第四十一条 建设项目中防治污染的设施，应当与主体工程同时设计、同时施工、同时投产使用。防治污染的设施应当符合经批准的环境影响评价文件的要求，不得擅自拆除或者闲置。【2021-38】【★★】

 典型习题

14-1（2019-25）根据《中华人民共和国环境保护法》以下需要国家划定生态保护红线，实行严格保护的是（ A ）。

A. 重点生态功能区、生态环境敏感区和脆弱区等区域

B. 重点生态功能区、水源涵养区和脆弱区等区域

C. 珍稀濒危的野生动植物自然分布区域、生态敏感区和脆弱区等区域

D. 生态功能区、生态环境敏感区和脆弱区等区域

14-2（2021-38）根据《中华人民共和国环境保护法》，污染防治措施应与建筑主

体(C)。

A. 同时设计、同时发包、同时组织施工　　B. 同时发包、同时施工、同时工程监理

C. 同时设计、同时施工、同时投产使用　　D. 同时承包、同时施工、同时质量管理

【考点 2】《中华人民共和国环境影响评价法》

学习提示		特别关注环境影响评价分类
总则	定义	**第二条**　本法所称环境影响评价，是指对规划和建设项目实施后可能造成的环境影响进行分析、预测和评估，提出预防或者减轻不良环境影响的对策和措施，进行跟踪监测的方法与制度
环境影响评价	内容	**第十条**　专项规划的环境影响报告书应当包括下列内容： （一）实施该规划对环境可能造成影响的分析、预测和评估； （二）预防或者减轻不良环境影响的对策和措施； （三）环境影响评价的结论
	程序	**第十一条**　专项规划的编制机关对可能造成不良环境影响并直接涉及公众环境权益的规划，应当在该规划草案报送审批前，举行论证会、听证会，或者采取其他形式，征求有关单位、专家和公众对环境影响报告书草案的意见。但是，国家规定需要保密的情形除外
		第十二条　专项规划的编制机关在报批规划草案时，应当将环境影响报告书一并附送审批机关审查；未附送环境影响报告书的，审批机关不予审批
	分类管理	**第十六条**　国家根据建设项目对环境的影响程度，对建设项目的环境影响评价**实行分类管理。【★★★★】** 建设单位应当按照下列规定组织编制环境影响报告书、环境影响报告表或者填报环境影响登记表（以下统称环境影响评价文件）： **（一）可能造成重大环境影响的，应当编制环境影响报告书，对产生的环境影响进行全面评价；【2021 - 39】** （二）可能造成轻度影响的，**应当编制环境影响报告表**，对产生的环境影响进行分析或者专项评价； （三）对环境影响很小、不需要进行环境影响评价的，应当填报**环境影响登记表**。 **第十七条**　建设项目的环境影响评价分类管理名录，由国务院生态环境主管部门制定并公布。 **第十八条**　建设项目的环境影响评价，应当避免与规划的环境影响评价相重复。作为一项整体建设项目的规划，按照建设项目进行环境影响评价，不进行规划的环境影响评价

环境影响评价	第二十四条　建设项目的环境影响评价文件经批准后，建设项目的**性质、规模、地点、采用的生产工艺或者防治污染、防止生态破坏的措施发生重大变动的**，建设单位应当重新报批建设项目的环境影响评价文件。 建设项目的环境影响评价文件自批准之日起超过五年，方决定该项目开工建设的，其环境影响评价文件应当报原审批部门重新审核；原审批部门应当自收到建设项目环境影响评价文件之日起**十日**内，将审核意见书面通知建设单位

 典型习题

14-3（2021-39）**根据《中华人民共和国环境影响评价法》，对可能造成重大环境影响的建设项目，建设单位应当（ A ）。**

A. 编制环境影响报告书，对产生的环境影响进行全面评价
B. 编制环境影响报告表，对产生的环境影响进行综合分析
C. 编制环境影响报告表，对产生的环境影响进行专项评价
D. 填报环境影响登记表，对产生的环境影响进行分析或专项评价

【考点3】《中华人民共和国海岛保护法》

学习提示		一般性文件，了解即可
总则	适用范围	第二条　从事中华人民共和国所属海岛的保护、开发利用及相关管理活动，适用本法。 本法所称海岛，是指四面环海水并在高潮时高于水面的自然形成的陆地区域，包括有居民海岛和无居民海岛。本法所称海岛保护，是**指海岛及其周边海域生态系统保护，无居民海岛自然资源保护和特殊用途海岛保护**
	原则	第三条　国家对海岛实行**科学规划、保护优先、合理开发、永续利用**的原则。 国务院和沿海地方各级人民政府应当将海岛保护和合理开发利用纳入国民经济和社会发展规划，采取有效措施，加强对海岛的保护和管理，防止海岛及其周边海域生态系统遭受破坏
	归属	第四条　无居民海岛属于国家所有，国务院代表国家行使无居民海岛所有权
保护	禁止	第十六条　国务院和沿海地方各级人民政府应当采取措施，保护海岛的自然资源、自然景观以及历史、人文遗迹。 禁止改变自然保护区内海岛的海岸线。禁止采挖、破坏珊瑚和珊瑚礁。禁止砍伐海岛周边海域的红树林。 **#可以在实务科目考察**
	科学研究	第十八条　国家支持利用海岛开展科学研究活动。在海岛从事科学研究活动不得造成海岛及其周边海域生态系统破坏

海盗的保护	一般规定	第十九条	国家开展海岛物种登记，依法保护和管理海岛生物物种
		第二十条	国家支持在海岛建立可再生能源开发利用、生态建设等实验基地
		第二十二条	国家保护设置在海岛的军事设施，禁止破坏、危害军事设施的行为。 国家保护依法设置在海岛的助航导航、测量、气象观测、海洋监测和地震监测等公益设施，禁止损毁或者擅自移动，妨碍其正常使用
	有居民海岛生态系统的保护	第二十四条	有居民海岛的开发、建设应当对海岛土地资源、水资源及能源状况进行调查评估，依法进行环境影响评价。海岛的开发、建设不得超出海岛的环境容量。新建、改建、扩建建设项目，必须符合海岛主要污染物排放、建设用地和用水总量控制指标的要求。 有居民海岛的开发、建设应当优先采用风能、海洋能、太阳能等可再生能源和雨水集蓄、海水淡化、污水再生利用等技术。有居民海岛及其周边海域应当划定禁止开发、限制开发区域，并采取措施保护海岛生物栖息地，防止海岛植被退化和生物多样性降低
		第二十五条	在有居民海岛进行工程建设，应当坚持先规划后建设、生态保护设施优先建设或者与工程项目同步建设的原则
		第二十六条	严格限制在有居民海岛沙滩建造建筑物或者设施；严格限制在有居民海岛沙滩采挖海砂
		第二十七条	严格限制填海、围海等改变有居民海岛海岸线的行为，严格限制填海连岛工程建设
		第二十八条	未经批准利用的无居民海岛，应当维持现状；禁止采石、挖海砂、采伐林木以及进行生产、建设、旅游等活动
		第二十九条	严格限制在无居民海岛采集生物和非生物样本；因教学、科学研究确需采集的，应当报经海岛所在县级以上地方人民政府海洋主管部门批准
		第三十条	从事全国海岛保护规划确定的可利用无居民海岛的开发利用活动，应当遵守可利用无居民海岛保护和利用规划，采取严格的生态保护措施，避免造成海岛及其周边海域生态系统破坏
		第三十四条	临时性利用无居民海岛的，不得在所利用的海岛建造永久性建筑物或者设施
	特殊用途海岛的保护	第三十六条	国家对**领海基点所在海岛、国防用途海岛、海洋自然保护区内**的海岛等具有特殊用途或者特殊保护价值的海岛，实行特别保护。【2020 - 80】【★★★】
		第三十七条	领海基点所在的海岛，应当由海岛所在省、自治区、直辖市人民政府划定保护范围，报国务院海洋主管部门备案。领海基点及其保护范围周边应当设置明显标志。 禁止在领海基点保护范围内进行工程建设以及其他可能改变该区域地形、地貌的活动。 禁止损毁或者擅自移动领海基点标志

海盗的保护	特殊用途海岛的保护	第三十八条　禁止破坏国防用途无居民海岛的自然地形、地貌和有居民海岛国防用途区域及其周边的地形、地貌。禁止将国防用途无居民海岛用于与国防无关的目的
		第三十九条　国务院、国务院有关部门和沿海省、自治区、直辖市人民政府，根据海岛自然资源、自然景观以及历史、人文遗迹保护的需要，对具有特殊保护价值的海岛及其周边海域，依法批准设立海洋自然保护区或者海洋特别保护区

 典型习题

14 - 4（2020 - 80）根据《中华人民共和国海岛保护法》，下列不具有特殊用途或者特殊保护价值，不实行特别保护的海岛是（C）。

A. 领海基点

B. 海洋自然保护区内的海岛

C. 用于旅游设施建的海岛

D. 国防用途海岛

【考点4】《中华人民共和国长江保护法》

学习提示	一般性文件，了解即可	
总则	范围	第二条　在长江流域开展生态环境保护和修复以及长江流域各类生产生活、开发建设活动，应当遵守本法。 　　本法所称长江流域，是指由长江干流、支流和湖泊形成的集水区域所涉及的青海省、四川省、西藏自治区、云南省、重庆市、湖北省、湖南省、江西省、安徽省、江苏省、上海市，以及甘肃省、陕西省、河南省、贵州省、广西壮族自治区、广东省、浙江省、福建省的相关县级行政区域。♯考查角度：辨析长江没经过哪个省份，例如山东
	原则	第三条　长江流域经济社会发展，应当坚持生态优先、绿色发展，共抓大保护、不搞大开发；长江保护应当坚持统筹协调、科学规划、创新驱动、系统治理
	基础数据库	第八条　国务院自然资源主管部门会同国务院有关部门定期组织长江流域土地、矿产、水流、森林、草原、湿地等自然资源状况调查，建立资源基础数据库，开展资源环境承载能力评价，并向社会公布长江流域自然资源状况。 　　国务院野生动物保护主管部门应当每十年组织一次野生动物及其栖息地状况普查，或者根据需要组织开展专项调查，建立野生动物资源档案，并向社会公布长江流域野生动物资源状况

规划与管控	统领	第十七条　国家建立以国家发展规划为统领，以空间规划为基础，以专项规划、区域规划为支撑的长江流域规划体系，充分发挥规划对推进长江流域生态环境保护和绿色发展的引领、指导和约束作用。【★★】
	合理配置	第二十一条　国务院水行政主管部门统筹长江流域水资源合理配置、统一调度和高效利用，组织实施取用水总量控制和消耗强度控制管理制度
	安全屏障	第二十四条　国家对长江干流和重要支流源头实行严格保护，设立国家公园等自然保护地，保护国家生态安全屏障
	禁止	第二十六条　国家对长江流域河湖岸线实施特殊管制。国家长江流域协调机制统筹协调国务院自然资源、水行政、生态环境、住房和城乡建设、农业农村、交通运输、林业和草原等部门和长江流域省级人民政府划定河湖岸线保护范围，制定河湖岸线保护规划，严格控制岸线开发建设，促进岸线合理高效利用。 禁止在长江干支流岸线一公里范围内新建、扩建化工园区和化工项目。【★】 禁止在长江干流岸线三公里范围内和重要支流岸线一公里范围内新建、改建、扩建尾矿库；但是以提升安全、生态环境保护水平为目的的改建除外【★】
	科学划定	第二十七条　国务院交通运输主管部门会同国务院自然资源、水行政、生态环境、农业农村、林业和草原主管部门在长江流域水生生物重要栖息地科学划定禁止航行区域和限制航行区域
资源保护	综合规划	第二十九条　长江流域水资源保护与利用，应当根据流域综合规划，优先满足城乡居民生活用水，保障基本生态用水，并统筹农业、工业用水以及航运等需要
生态环境修复	编制规划	第五十二条　国家对长江流域生态系统实行自然恢复为主、自然恢复与人工修复相结合的系统治理。国务院自然资源主管部门会同国务院有关部门编制长江流域生态环境修复规划，组织实施重大生态环境修复工程，统筹推进长江流域各项生态环境修复工作。【2022-33】 【★★】#注意辨析：不是以人工恢复为主
	捕捞管理	第五十三条　国家对长江流域重点水域实行严格捕捞管理。在长江流域水生生物保护区全面禁止生产性捕捞；在国家规定的期限内，长江干流和重要支流、大型通江湖泊、长江河口规定区域等重点水域全面禁止天然渔业资源的生产性捕捞。具体办法由国务院农业农村主管部门会同国务院有关部门制定。 国务院农业农村主管部门会同国务院有关部门和长江流域省级人民政府加强长江流域禁捕执法工作，严厉查处电鱼、毒鱼、炸鱼等破坏渔业资源和生态环境的捕捞行为。 长江流域县级以上地方人民政府应当按照国家有关规定做好长江流域重点水域退捕渔民的补偿、转产和社会保障工作。【2022-33】 长江流域其他水域禁捕、限捕管理办法由县级以上地方人民政府制定。【2022-33】

14-5（2022-33）根据《中华人民共和国长江保护法》，以下关于长江流域管控说法中正确的是（B）。

A. 国家对长江流域生态系统实行自然恢复与人工修复为主的系统治理

B. 由国务院自然资源主管部门会同国务院有关部门编制长江流域生态环境修复规划

C. 长江流域市级以上地方人民政府应当按照国家有关规定做好长江流域重点水域退捕渔民的补偿、转产和社会保障工作

D. 长江流域其他水域禁捕、限捕管理办法由市级以上地方人民政府制定

【考点5】《中华人民共和国人民防空法》

学习提示		一般性文件，了解即可
总则	方针	第二条　人民防空是国防的组成部分。【2020-79】国家根据国防需要，动员和组织群众采取防护措施，防范和减轻空袭危害。人民防空实行**长期准备、重点建设、平战结合**的方针，贯彻与经济建设协调发展、与城市建设相结合的原则【★】
	纳入	第三条　**县级以上人民政府**应当将人民防空建设纳入国民经济和社会发展计划
防护重点	分类保护	第十一条　城市是人民防空的重点。**国家对城市实行分类防护**。城市的防护类别、防护标准，由国务院、中央军事委员会规定。【2020-79】【★】＃注意辨析：不是对重要经济目标实行分类防护
		第十三条　城市人民政府应当制定人民防空工程建设规划，并纳入城市总体规划
人民防空工程	范围	第十八条　人民防空工程包括为保障战时人员与物资掩蔽、人民防空指挥、医疗救护等而单独修建的地下防护建筑，以及结合地面建筑修建的战时可用于防空的地下室
	分类指导	第十九条　国家对人民防空工程建设，按照不同的防护要求，实行**分类指导**。国家根据国防建设的需要，结合城市建设和经济发展水平，制定人民防空工程建设规划

 典型习题

14-6（2020-79）根据《中华人民共和国人民防空法》，下列关于人民防空的叙述中，不正确的是（B）。

A. 城市是人民防空的重点　　　　B. 国家对重要经济目标实行分类防护

C. 人民防空是国防的组成部分　　D. 城市人民政府应当制定人民防空工程建设规划

学习 提示	一般性文件，了解即可		
总则	**坚持 原则**	第三条　水污染防治应当坚持**预防为主、防治结合、综合治理**的原则，优先保护饮用水水源，严格控制工业污染、城镇生活污染，防治农业面源污染，积极推进生态治理工程建设，预防、控制和减少水环境污染和生态破坏	
	负责	第四条　县级以上人民政府应当将水环境保护工作纳入国民经济和社会发展规划。 县级以上地方人民政府应当采取防治水污染的对策和措施，对本行政区域的水环境质量负责	
	考核 评价	第五条　国家实行水环境保护**目标责任制和考核评价制度**，将水环境保护目标完成情况作为对地方人民政府及其负责人考核评价的内容	
	总量	第九条　排放水污染物不得超过国家或者地方规定的水污染物排放标准和重点水污染物排放总量控制指标	
	环境 影响 评价	新建、改建、扩建直接或者间接向水体排放污染物的建设项目和其他水上设施，应当依法进行环境影响评价。 建设项目的水污染防治设施，应当与主体工程同时设计、同时施工、同时投入使用。水污染防治设施应当经过环境保护主管部门验收，验收不合格的，该建设项目不得投入生产或者使用	
水污染防治的监督管理	**总量 控制 制度**	第十八条　国家对重点水污染物排放实施总量控制制度。 省、自治区、直辖市人民政府应当按照国务院的规定削减和控制本行政区域的重点水污染物排放总量，并将重点水污染物排放总量控制指标分解落实到市、县人民政府。市、县人民政府根据本行政区域重点水污染物排放总量控制指标的要求，将重点水污染物排放总量控制指标分解落实到排污单位。具体办法和实施步骤由国务院规定	
	排污 许可 制度	第二十条　国家实行排污许可制度。 直接或者间接向水体排放工业废水和医疗污水以及其他按照规定应当取得排污许可证方可排放的废水、污水的企业事业单位，应当取得排污许可证；城镇污水集中处理设施的运营单位，也应当取得排污许可证。排污许可的具体办法和实施步骤由国务院规定。 禁止企业事业单位无排污许可证或者违反排污许可证的规定向水体排放前款规定的废水、污水	

水污染防治措施	城镇水污染防治	**第四十四条　城镇污水应当集中处理。** 县级以上地方人民政府应当通过财政预算和其他渠道筹集资金，统筹安排建设城镇污水集中处理设施及配套管网，提高本行政区域城镇污水的收集率和处理率
		第四十六条　建设生活垃圾填埋场，应当采取防渗漏等措施，防止造成水污染
饮用水水源和其他特殊水体保护	水源保护	**第五十六条**　国家建立**饮用水水源保护区**制度。饮用水水源保护区分为**一级保护区和二级保护区**；必要时，可以在**饮用水水源保护区外围划定一定的区域作为准保护区**
		第五十七条　在饮用水水源保护区内，**禁止设置排污口**
		第五十八条　禁止在饮用水水源一级保护区内新建、改建、扩建与供水设施和保护水源无关的建设项目；已建成的与供水设施和保护水源无关的建设项目，由县级以上人民政府责令拆除或者关闭。禁止在饮用水水源一级保护区内从事网箱养殖、旅游、游泳、垂钓或者其他可能污染饮用水水体的活动
		第五十九条　禁止在饮用水水源二级保护区内新建、改建、扩建排放污染物的建设项目；已建成的排放污染物的建设项目，由**县级以上人民政府**责令拆除或者关闭。 在饮用水水源二级保护区内从事网箱养殖、旅游等活动的，应当按照规定采取措施，防止污染饮用水水体
		第六十条　禁止在饮用水水源准保护区内新建、扩建对水体污染严重的建设项目；改建建设项目，不得增加排污量

【考点7】《中华人民共和国草原法》

学习提示	**本法律考生不熟，失分率多。一般考1分**	
草原权属	权属	**第九条　草原属于国家所有，由法律规定属于集体所有的除外。**国家所有的草原，由国务院代表国家行使所有权。任何单位或者个人不得侵占、买卖或者以其他形式非法转让草原
	代表占比	**第十三条**　集体所有的草原或者依法确定给集体经济组织使用的国家所有的草原，可以由本集体经济组织内的家庭或者联户承包经营。 在草原承包经营期内，不得对承包经营者使用的草原进行调整；个别确需适当调整的，必须经本集体经济组织成员的村（牧）民会议**三分之二以上成员或者三分之二以上村（牧）民代表**的同意，并报乡（镇）人民政府和县级人民政府草原行政主管部门批准。 集体所有的草原或者依法确定给集体经济组织使用的国家所有的草原由本集体经济组织以外的单位或者个人承包经营的，必须经本集体经济组织成员的**村（牧）民会议三分之二以上成员或者三分之二以上村（牧）民代表**的同意，并报乡（镇）人民政府批准

草原权属	统一规划制度	**第十七条** 国家对草原保护、建设、利用实行**统一规划制度**。国务院草原行政主管部门会同国务院有关部门编制全国草原保护、建设、利用规划，报国务院批准后实施。 县级以上地方人民政府草原行政主管部门会同同级有关部门依据上一级草原保护、建设、利用规划编制本行政区域的草原保护、建设、利用规划，报本级人民政府批准后实施
规划	原则	**第十八条** 编制草原保护、建设、利用规划，应当依据国民经济和社会发展规划并遵循下列原则： （一）改善生态环境，维护生物多样性，促进草原的可持续利用； （二）以现有草原为基础，因地制宜，统筹规划，分类指导； （三）保护为主、加强建设、分批改良、合理利用； （四）生态效益、经济效益、社会效益相结合
	调查制度	**第二十二条 国家建立草原调查制度。** 县级以上人民政府草原行政主管部门会同同级有关部门定期进行草原调查；草原所有者或者使用者应当支持、配合调查，并提供有关资料
	统计制度	**第二十四条 国家建立草原统计制度。** 县级以上人民政府草原行政主管部门和同级统计部门共同制定草原统计调查办法，依法对草原的面积、等级、产草量、载畜量等进行统计，定期发布草原统计资料。草原统计资料是各级人民政府编制草原保护、建设、利用规划的依据
	预警系统	**第二十五条 国家建立草原生产、生态监测预警系统。** 县级以上人民政府草原行政主管部门对草原的面积、等级、植被构成、生产能力、自然灾害、生物灾害等草原基本状况实行动态监测，及时为本级政府和有关部门提供动态监测和预警信息服务
利用	临时期限	**第四十条** 需要临时占用草原的，应当经县级以上地方人民政府草原行政主管部门审核同意。**临时占用草原的期限不得超过二年**，并不得在临时占用的草原上修建永久性建筑物、构筑物；占用期满，用地单位必须恢复草原植被并及时退还
	审批手续	**第四十一条** 在草原上修建直接为草原保护和畜牧业生产服务的工程设施，需要使用草原的，由县级以上人民政府草原行政主管部门批准；修筑其他工程，需要将草原转为非畜牧业生产用地的，**必须依法办理建设用地审批手续。前款所称直接为草原保护和畜牧业生产服务的工程设施，是指：（一）生产、储存草种和饲草饲料的设施；（二）牲畜圈舍、配种点、剪毛点、药浴池、人畜饮水设施；（三）科研、试验、示范基地；（四）草原防火和灌溉设施**

保护	严格管理	**第四十二条** 国家实行基本草原保护制度。下列草原应当划为基本草原，实施严格管理：**（一）重要放牧场；（二）割草地；（三）用于畜牧业生产的人工草地、退耕还草地以及改良草地、草种基地；（四）对调节气候、涵养水源、保持水土、防风固沙具有特殊作用的草原；（五）作为国家重点保护野生动植物生存环境的草原；（六）草原科研、教学试验基地；（七）国务院规定应当划为基本草原的其他草原。** 基本草原的保护管理办法，由国务院制定
	自然保护区	**第四十三条** 国务院草原行政主管部门或者省、自治区、直辖市人民政府可以按照自然保护区管理的有关规定在下列地区建立草原自然保护区：**（一）具有代表性的草原类型；（二）珍稀濒危野生动植物分布区；（三）具有重要生态功能和经济科研价值的草原**
	退耕还草	**第四十六条** 禁止开垦草原。对水土流失严重、有沙化趋势、需要改善生态环境的已垦草原，应当有计划、有步骤地退耕还草；已造成沙化、盐碱化、石漠化的，应当限期治理
	禁牧休牧	**第四十七条** 对严重退化、沙化、盐碱化、石漠化的草原和生态脆弱区的草原，实行禁牧、休牧制度
	制定	**第四十八条** 国家支持依法实行退耕还草和禁牧、休牧。具体办法由国务院或者省、自治区、直辖市人民政府制定

 典型习题

14-7（2022-86）根据《中华人民共和国草原法》，编制草原保护、建设、利用规划，应当遵循的原则有（ ACDE ）。

A. 改善生态环境，维护生物多样性，促进草原的可持续利用

B. 草原平衡，人工养护为主，自然修复为辅

C. 以现有草原为基础，因地制宜，统筹规划，分类指导

D. 保护为主、加强建设、分批改良、合理利用

E. 生态效益、经济效益、社会效益相结合

【考点8】《中华人民共和国军事设施保护法》（2021年修订）

学习提示	每年考1分

保护方针	规定	第六条 国家对军事设施实行**分类保护、确保重点**的方针。军事设施的分类和保护标准，由国务院和中央军事委员会规定
军事禁区、军事管理区的划定	禁区定义	第九条 本法所称军事禁区，是指设有重要军事设施或者军事设施安全保密要求高、具有重大危险因素，需要国家采取特殊措施加以重点保护，依照法定程序和标准划定的军事区域。 本法所称军事管理区，是指设有较重要军事设施或者军事设施**安全保密要求较高、具有较大危险因素**，需要国家采取特殊措施加以保护，依照法定程序和标准划定的军事区域
	规定确定	**第十条 军事禁区、军事管理区由国务院和中央军事委员会确定，或者由有关军事机关根据国务院和中央军事委员会的规定确定【★】【2022-35】**
	范围划定	第十一条 陆地和水域的军事禁区、军事管理区的范围，由省、自治区、直辖市人民政府和有关军级以上军事机关共同划定，或者由省、自治区、直辖市人民政府、国务院有关部门和有关军级以上军事机关共同划定。空中军事禁区和特别重要的陆地、水域军事禁区的范围，由**国务院和中央军事委员会**划定
军事禁区保护	禁止	第十八条 在陆地军事禁区内，禁止建造、设置非军事设施，禁止开发利用地下空间。但是，**经战区级以上军事机关批准的除外。【★】** 在水域军事禁区内，**禁止建造、设置非军事设施，禁止从事水产养殖、捕捞以及其他妨碍军用舰船行动、危害军事设施安全和使用效能的活动【★】**
	划定	第二十条 划定陆地、水域军事禁区外围安全控制范围，不改变原土地及土地附着物、水域的所有权。在陆地、水域军事禁区外围安全控制范围内，当地居民可以照常生产生活，**但是不得进行爆破、射击以及其他危害军事设施安全和使用效能的活动**

 典型习题

14-8（2022-35）根据《中华人民共和国军事设施保护法》，关于军事禁区划定及管控要求的说法中错误的是（B）。

A. 军事管理区是指设有较重要军事设施或者军事设施安全保密要求较高、具有较大危险因素

B. 陆地、空中和水域的军事禁区，军事管理区的范围由省、自治区、直辖市人民政府和有关军级以上军事机关共同划定

C. 军事禁区、军事管理区由国务院和中央军事委员会确定

D. 在陆地军事禁区内，禁止建造、设置非军事设施，禁止开发利用地下空间

【考点 9】《中华人民共和国广告法》（2021 年修正）

学习提示	一般性文件，了解即可	
规划管理	第四十一条　县级以上地方人民政府应当组织有关部门加强对利用户外场所、空间、设施等发布户外广告的监督管理，制定户外广告设置规划和安全要求。 户外广告的管理办法，由地方性法规、地方政府规章规定	
禁止设置户外广告区域	第四十二条　有下列情形之一的，不得设置户外广告：【2021-46】 （一）利用交通安全设施、交通标志的。 （二）影响市政公共设施、交通安全设施、交通标志、消防设施、消防安全标志使用的。 （三）妨碍生产或者人民生活，损害市容市貌的。 （四）在国家机关、文物保护单位、风景名胜区等的建筑控制地带，或者县级以上地方人民政府禁止设置户外广告的区域设置的	

典型习题

14-9（2021-46）依据《中华人民共和国广告法》，下列设施和场地可以设置户外广告的是（A）。

A. 交通工具　　　　　　　　　B. 交通安全设施
C. 交通标志　　　　　　　　　D. 文物保护单位建设控制地带

【考点 10】《中华人民共和国民法典》（2020 年）

学习提示	重要性文件，需要将与国土空间规划有关的部分精读		
物权的设立变更转让和消灭	不动产登记	第二百零九条　不动产物权的设立、变更、转让和消灭，经依法登记，发生效力；未经登记，不发生效力，但是法律另有规定的除外。依法属于国家所有的自然资源，所有权可以不登记。【2021-30】	
		第二百一十条　不动产登记，由不动产所在地的登记机构办理。 国家对不动产实行统一登记制度。统一登记的范围、登记机构和登记办法，由法律、行政法规规定。【2021-30】	

物权的设立变更转让和消灭	不动产登记	**第二百二十一条** 当事人签订买卖房屋的协议或者签订其他不动产物权的协议，为保障将来实现物权，按照约定可以向登记机构申请预告登记。预告登记后，未经预告登记的权利人同意，处分该不动产的，不发生物权效力。 预告登记后，债权消灭或者自能够进行不动产登记之日起**九十日**内未申请登记的，预告登记失效
	享有权利	**第二百三十三条** 物权受到侵害的，权利人可以通过**和解、调解、仲裁、诉讼**等途径解决
所有权	享有权利	**第二百四十条** 所有权人对自己的不动产或者动产，依法享有**占有、使用、收益和处分**的权利
	权益	**第二百四十一条** 所有权人有权在自己的不动产或者动产上设立**用益物权和担保物权**。用益物权人、担保物权人行使权利，不得损害所有权人的权益【★】
	特殊保护	**第二百四十四条** 国家对耕地实行**特殊保护，严格限制农用地转为建设用地，控制建设用地总量。不得违反法律规定的权限和程序征收集体所有的土地**【★】
	国家所有	**第二百四十六条** 法律规定属于国家所有的财产，属于国家所有即全民所有。国有财产由国务院代表国家行使所有权。法律另有规定的，依照其规定。 **第二百四十七条** 矿藏、水流、海域属于国家所有。 **第二百四十八条** 无居民海岛属于国家所有，国务院代表国家行使无居民海岛所有权。 **第二百四十九条** 城市的土地，属于国家所有。法律规定属于国家所有的农村和城市郊区的土地，属于国家所有。 **第二百五十条** 森林、山岭、草原、荒地、滩涂等自然资源，属于国家所有，但是法律规定属于集体所有的除外。 **第二百五十一条** 法律规定属于国家所有的野生动植物资源，属于国家所有。 **第二百五十二条** 无线电频谱资源属于国家所有。 **第二百五十三条** 法律规定属于国家所有的文物，属于国家所有。 **第二百五十四条** 国防资产属于国家所有。铁路、公路、电力设施、电信设施和油气管道等基础设施，依照法律规定为国家所有的，属于国家所有

所有权	集体所有权	第二百六十条　集体所有的不动产和动产包括：①法律规定属于集体所有的土地和森林、山岭、草原、荒地、滩涂；②集体所有的建筑物、生产设施、农田水利设施；③集体所有的教育、科学、文化、卫生、体育等设施；④集体所有的其他不动产和动产。 第二百六十一条　农民集体所有的不动产和动产，属于本集体成员集体所有。 下列事项应当依照法定程序经本集体成员决定：①土地承包方案以及将土地发包给本集体以外的组织或者个人承包；②个别土地承包经营权人之间承包地的调整；③土地补偿费等费用的使用、分配办法；④集体出资的企业的所有权变动等事项；⑤法律规定的其他事项。 第二百六十二条　对于集体所有的土地和森林、山岭、草原、荒地、滩涂等，依照下列规定行使所有权：①属于村农民集体所有的，由村集体经济组织或者村民委员会依法代表集体行使所有权；②分别属于村内两个以上农民集体所有的，由村内各该集体经济组织或者村民小组依法代表集体行使所有权；③属于乡镇农民集体所有的，由乡镇集体经济组织代表集体行使所有权。 第二百六十三条　城镇集体所有的不动产和动产，依照法律、行政法规的规定由本集体享有占有、使用、收益和处分的权利
	专有部分	第二百七十二条　业主对其建筑物专有部分享有占有、使用、收益和处分的权利。业主行使权利不得危及建筑物的安全，不得损害其他业主的合法权益
	共有	第二百七十四条　建筑区划内的道路，属于业主共有，但是属于城镇公共道路的除外。建筑区划内的绿地，属于业主共有，但是属于城镇公共绿地或者明示属于个人的除外。建筑区划内的其他公共场所、公用设施和物业服务用房，属于业主共有。【2021-87】【★★】 第二百七十五条　建筑区划内，规划用于停放汽车的车位、车库的归属，由当事人通过出售、附赠或者出租等方式约定。占用业主共有的道路或者其他场地用于停放汽车的车位，属于业主共有
	相邻	第二百八十八条　不动产的相邻权利人应当按照有利生产、方便生活、团结互助、公平合理的原则，正确处理相邻关系。 第二百九十三条　建造建筑物，不得违反国家有关工程建设标准，不得妨碍相邻建筑物的通风、采光和日照【2021-31】【★★】
用益物权	依法享有	第三百二十三条　用益物权人对他人所有的不动产或者动产，依法享有占有、使用和收益的权利
	承包经营	第三百三十条　农村集体经济组织实行家庭承包经营为基础、统分结合的双层经营体制。农民集体所有和国家所有由农民集体使用的耕地、林地、草地以及其他用于农业的土地，依法实行土地承包经营制度

用益物权	承包期	第三百三十二条　耕地的承包期为三十年。草地的承包期为三十年至五十年。林地的承包期为三十年至七十年
	分别设立	第三百四十五条　建设用地使用权可以在土地的地表、地上或者地下分别设立。【2021-88】
	建设用地	第三百四十七条　设立建设用地使用权，可以采取出让或者划拨等方式。工业、商业、旅游、娱乐和商品住宅等经营性用地以及同一土地有两个以上意向用地者的，应当采取招标、拍卖等公开竞价的方式出让。严格限制以划拨方式设立建设用地使用权
	宅基地	第三百六十四条　宅基地因自然灾害等原因灭失的，宅基地使用权消灭。对失去宅基地的村民，应当依法重新分配宅基地
	地役权	第三百七十二条　地役权人有权按照合同约定，利用他人的不动产，以提高自己的不动产的效益。前款所称他人的不动产为供役地，自己的不动产为需役地。【2022-20】【★★】
		第三百七十七条　地役权期限由当事人约定；但是，不得超过土地承包经营权、建设用地使用权等用益物权的剩余期限
		第三百七十九条　土地上已经设立土地承包经营权、建设用地使用权、宅基地使用权等用益物权的，未经用益物权人同意，土地所有权人不得设立地役权
		第三百八十条　地役权不得单独转让。土地承包经营权、建设用地使用权等转让的，地役权一并转让，但是合同另有约定的除外
		第三百八十一条　地役权不得单独抵押。土地经营权、建设用地使用权等抵押的，在实现抵押权时，地役权一并转让

 **典型习题**

14-10（2022-20）关于《中华人民共和国民法典》中地役权正确的是（ D ）。

A. 以协议方式获得地役权

B. 地役权以登记时生效

C. 地役权可以单独出让

D. 地役权人可以根据出让合同，利用他人不动产，而提高自己不动产的效益

14-11（2021-87）根据《中华人民共和国民法典》，下列属于业主共有的有（ BCD ）。

A. 建筑区划内的城镇公共道路

B. 占用业主共有的道路用于停放汽车的车位

C. 建筑区划内的公用设施

D. 建筑区划内的物业服务用房

E. 建筑区划内城镇公共绿地

【考点 11】《中华人民共和国噪声污染防治法》

学习提示		一般性文件，了解即可，题目常识性作答不难	
总则	原则	**第四条** 噪声污染防治应当坚持**统筹规划、源头防控、分类管理、社会共治、损害担责**的原则	
	监督管理	**第八条** 国务院生态环境主管部门对全国噪声污染防治实施统一监督管理	
监督		**第三十二条** 国家鼓励开展宁静小区、静音车厢等宁静区域创建活动，共同维护生活环境和谐安宁【2022 - 27】	
工业噪声污染防治	定义	**第三十四条** 本法所称工业噪声，是指在工业生产活动中产生的干扰周围生活环境的声音	
	防止禁止	**第三十五条** 工业企业选址应当符合国土空间规划以及相关规划要求，县级以上地方人民政府应当按照规划要求优化工业企业布局，**防止工业噪声污染**。 在噪声敏感建筑物集中区域，禁止新建排放噪声的工业企业，改建、扩建工业企业的，应当采取有效措施防止工业噪声污染【2022 - 27】	
建筑施工噪声	设备	**第四十一条** 在噪声敏感建筑物集中区域施工作业，应当优先使用低噪声施工工艺和设备【2022 - 27】	
	检测	**第四十二条** 在噪声敏感建筑物集中区域施工作业，建设单位应当按照国家规定，设置**噪声自动监测系统，与监督管理部门联网，**保存原始监测记录，对监测数据的真实性和准确性负责【2022 - 27】	
交通运输噪声	选线	**第四十五条** 各级人民政府及其有关部门制定、修改国土空间规划和交通运输等相关规划，应当综合考虑公路、城市道路、铁路、城市轨道交通线路、水路、港口和民用机场及其起降航线对周围声环境的影响。 新建公路、铁路线路选线设计，应当尽量避开噪声敏感建筑物集中区域	

 典型习题

14 - 12（2022 - 27）根据《中华人民共和国噪声污染防治法》下列关于噪声敏感建筑物

集中区域管理要求的说法中，错误的是（C）。

A. 国家鼓励开展宁静小区、静音车厢等宁静区域创建活动

B. 在噪声敏感建筑物集中区域施工作业，应当优先使用低噪声施工工艺和设备

C. 噪声敏感建筑物集中区域应尽量不新建排放噪声的工业企业

D. 在噪声敏感建筑物集中区域施工作业，建设单位应当按照国家规定，设置噪声自动监测系统

【考点 12】《中华人民共和国土壤污染防治法》

学习提示		精读文件，考点比较琐碎，得分率不高	
总则	坚持原则	**第三条** 土壤污染防治应当坚持**预防为主、保护优先、分类管理、风险管控、污染担责、公众参与的原则**
	考核评价	**第五条** **地方各级人民政府**应当对本行政区域土壤污染防治和安全利用负责。 国家实行土壤污染**防治目标责任制和考核评价制度，将土壤污染防治目标完成情况作为考核评价地方各级人民政府及其负责人、县级以上人民政府负有土壤污染防治监督管理职责的部门及其负责人的内容**
	监督管理	**第七条** **国务院生态环境主管部门对全国土壤污染防治工作实施统一监督管理；国务院农业农村、自然资源、住房城乡建设、林业草原等主管部门在各自职责范围内对土壤污染防治工作实施监督管理**
	信息共享	**第八条** 国家建立**土壤环境信息共享机制**。 国务院生态环境主管部门应当会同国务院农业农村、自然资源、住房城乡建设、水利、卫生健康、林业草原等主管部门建立土壤环境基础数据库，构建全国土壤环境信息平台，实行数据动态更新和信息共享
规划标准普查监测	规划	**第十一条** **县级以上人民政府应当将土壤污染防治工作纳入国民经济和社会发展规划、环境保护规划**
	强制性标准	**第十二条** 国务院生态环境主管部门根据土壤污染状况、公众健康风险、生态风险和科学技术水平，并按照土地用途，制定国家土壤污染风险管控标准，加强土壤污染防治标准体系建设。 省级人民政府对国家土壤污染风险管控标准中未作规定的项目，可以制定地方土壤污染风险管控标准；对国家土壤污染风险管控标准中已作规定的项目，可以制定严于国家土壤污染风险管控标准的地方土壤污染风险管控标准。地方土壤污染风险管控标准应当报国务院生态环境主管部门备案。 **土壤污染风险管控标准是强制性标准**

规划标准普查监测	普查	第十四条　国务院统一领导全国土壤污染状况普查。国务院生态环境主管部门会同国务院农业农村、自然资源、住房城乡建设、林业草原等主管部门，**每十年至少组织开展一次全国土壤污染状况普查。**【2022-29】
	监测	第十五条　国家实行土壤环境监测制度 第十六条　地方人民政府农业农村、林业草原主管部门应当会同生态环境、自然资源主管部门对下列农用地地块进行重点监测： （一）产出的农产品污染物含量超标的； （二）作为或者曾作为污水灌溉区的； （三）用于或者曾用于规模化养殖，固体废物堆放、填埋的； （四）曾作为工矿用地或者发生过重大、特大污染事故的； （五）有毒有害物质生产、贮存、利用、处置设施周边的； （六）国务院农业农村、林业草原、生态环境、自然资源主管部门规定的其他情形
	监测	第十七条　地方人民政府生态环境主管部门应当会同自然资源主管部门对下列建设用地地块进行重点监测： （一）曾用于生产、使用、贮存、回收、处置有毒有害物质的； （二）曾用于固体废物堆放、填埋的； （三）曾发生过重大、特大污染事故的； （四）国务院生态环境、自然资源主管部门规定的其他情形
预防和保护	禁止	第二十四条　国家鼓励在建筑、通信、电力、交通、水利等领域的信息、网络、防雷、接地等建设工程中采用新技术、新材料，防止土壤污染。 **禁止在土壤中使用重金属含量超标的降阻产品**
	未污染	第三十一条　国家加强对未污染土壤的保护。 地方各级人民政府应当重点保护未污染的耕地、林地、草地和饮用水水源地。 各级人民政府应当加强对国家公园等自然保护地的保护，维护其生态功能。 对未利用地应当予以保护，不得污染和破坏
风险管控和修复(一般规定)	调查	第三十六条　实施土壤污染状况调查活动，应当编制土壤污染状况调查报告
	评估	第三十七条　实施土壤污染风险评估活动，应当编制土壤污染风险评估报告。 土壤污染风险评估报告应当主要包括下列内容： （一）主要污染物状况； （二）土壤及地下水污染范围； （三）农产品质量安全风险、公众健康风险或者生态风险； （四）风险管控、修复的目标和基本要求等

风险管控和修复(农用地)	农用地管理	**第四十九条**　国家建立农用地分类管理制度。按照土壤污染程度和相关标准，将农用地划分为优先保护类、安全利用类和严格管控类
	基本农田	**第五十条**　**县级以上地方人民政府应当依法将符合条件的优先保护类耕地划为永久基本农田，实行严格保护**。【2022-28】在永久基本农田集中区域，不得新建可能造成土壤污染的建设项目；已经建成的，应当限期关闭拆除
	分类管理	**第五十一条**　**未利用地、复垦土地等拟开垦为耕地的，地方人民政府农业农村主管部门应当会同生态环境、自然资源主管部门进行土壤污染状况调查**，依法进行分类管理。【2022-87】
风险管控和修复(农用地)	土壤污染状况调查	**第五十二条**　对土壤污染状况普查、详查和监测、现场检查表明**有土壤污染风险的农用地地块**，地方人民政府农业农村、林业草原主管部门应当会同生态环境、自然资源主管部门进行土壤污染状况调查。【2022-87】【★】 对土壤污染状况调查表明污染物含量超过土壤污染风险管控标准的农用地地块，地方人民政府农业农村、林业草原主管部门应当会同生态环境、自然资源主管部门组织进行土壤污染风险评估，并按照农用地分类管理制度管理
风险管控和修复	修复	**第五十八条**　国家实行建设用地土壤污染风险管控和修复名录制度。【2022-28】【★】 建设用地土壤污染风险管控和修复名录由省级人民政府生态环境主管部门会同自然资源等主管部门制定，按照规定向社会公开，并根据风险管控、修复情况适时更新。【2022-28】
建设用地	调查	**第五十九条**　对土壤污染状况普查、详查和监测、现场检查表明**有土壤污染风险的建设用地地块**，地方人民政府生态环境主管部门应当要求土地使用权人按照规定进行土壤污染状况调查。【2022-87】【★】 **用途变更为住宅、公共管理与公共服务用地的，变更前应当按照规定进行土壤污染状况调查。**【2022-87】 前两款规定的土壤污染状况调查报告应当报地方人民政府生态环境主管部门，由地方人民政府生态环境主管部门会同自然资源主管部门组织评审
	报告	**第六十一条**　省级人民政府生态环境主管部门应当会同自然资源等主管部门按照国务院生态环境主管部门的规定，对土壤污染风险评估报告组织评审，及时将需要实施风险管控、修复的地块纳入建设用地土壤污染风险管控和修复名录，**并定期向国务院生态环境主管部门报告。** **列入建设用地土壤污染风险管控和修复名录的地块，不得作为住宅、公共管理与公共服务用地**【2022-28】

 典型习题

14-13（2022-28）根据《中华人民共和国土壤污染防治法》，下列关于防治农用地和建设用地土壤污染的说法中错误的是（ D ）。

A. 及时将需要实施风险管控、修复的地块纳入建设用地土壤污染风险管控和修复名录，并定期向国务院生态环境主管部门报告

B. 县级以上地方人民政府应当依法将符合条件的优先保护类耕地划为永久基本农田，实行严格保护

C. 列入建设用地土壤污染风险管控和修复名录的地块，不得作为住宅、公共管理与公共服务用地

D. 建设用地土壤污染风险管控和修复名录，由市级人民政府生态环境主管部门会同自然资源等部门制定，并向社会公布

14-14（2022-29）根据《中华人民共和国土壤污染防治法》，土地污染调查（ D ）年一次。

A. 1   B. 2   C. 5   D. 10

14-15（2022-87）根据《中华人民共和国土壤污染防治法》，下列地块必须开展土壤污染状况调查的有（ ABCE ）。

A. 拟开垦为耕地的未利用地

B. 用途变更为公共管理与公共服务用地的地块

C. 土壤污染状况普查表明有土壤污染风险的建设用地地块

D. 用途变更为工业用地的地块

E. 土壤环境重点监管单位生产经营用地土地使用权转让前的地块

【考点 13】《中华人民共和国海洋环境保护法》

学习提示	一般性考点，了解即可	
总则	范围	**第二条** 本法适用于中华人民共和国内水、领海、毗连区、专属经济区、大陆架以及中华人民共和国管辖的其他海域。 在中华人民共和国管辖海域内从事航行、勘探、开发、生产、旅游、科学研究及其他活动，或者在沿海陆域内从事影响海洋环境活动的任何单位和个人，都必须遵守本法。 在中华人民共和国管辖海域以外，造成中华人民共和国管辖海域污染的，也适用本法

总则	红线	**第三条**　国家在重点海洋生态功能区、生态环境敏感区和脆弱区等海域划定生态保护红线，实行严格保护。 国家建立并实施重点海域排污总量控制制度，确定主要污染物排海总量控制指标，并对主要污染源分配排放控制数量。具体办法由国务院制定
	监督	**第五条**　国务院环境保护行政主管部门作为对全国环境保护工作统一监督管理的部门，对全国海洋环境保护工作实施指导、协调和监督，并负责全国防治陆源污染物和海岸工程建设项目对海洋污染损害的环境保护工作
海洋生态保护	研究开发	**第十三条**　国家加强防治海洋环境污染损害的科学技术的研究和开发，对严重污染海洋环境的落后生产工艺和落后设备，实行淘汰制度。 企业应当优先使用清洁能源，采用资源利用率高、污染物排放量少的清洁生产工艺，防止对海洋环境的污染
	保护区	**第二十二条**　凡具有下列条件之一的，应当建立海洋自然保护区： （一）典型的海洋自然地理区域、有代表性的自然生态区域，以及遭受破坏但经保护能恢复的海洋自然生态区域； （二）海洋生物物种高度丰富的区域，或者珍稀、濒危海洋生物物种的天然集中分布区域； （三）具有特殊保护价值的海域、海岸、岛屿、滨海湿地、入海河口和海湾等； （四）具有重大科学文化价值的海洋自然遗迹所在区域； （五）其他需要予以特殊保护的区域
防治海岸工程建设项目对海洋环境的污染损害	有效措施	**第二十条**　国务院和沿海地方各级人民政府应当采取有效措施，保护红树林、珊瑚礁、滨海湿地、海岛、海湾、入海河口、重要渔业水域等具有典型性、代表性的海洋生态系统，珍稀、濒危海洋生物的天然集中分布区，具有重要经济价值的海洋生物生存区域及有重大科学文化价值的海洋自然历史遗迹和自然景观。 对具有重要经济、社会价值的已遭到破坏的海洋生态，应当进行整治和恢复
	特殊管理	**第二十三条**　凡具有特殊地理条件、生态系统、生物与非生物资源及海洋开发利用特殊需要的区域，可以建立海洋特别保护区，采取有效的保护措施和科学的开发方式进行特殊管理

防治海岸工程建设项目对海洋环境的污染损害	保护补偿	第二十四条　国家建立健全**海洋生态保护补偿制度**。 开发利用海洋资源，应当根据海洋功能区划合理布局，严格遵守生态保护红线，不得造成海洋生态环境破坏
	科学调查	第四十三条　海岸工程建设项目单位，必须对海洋环境进行科学调查，根据自然条件和社会条件，合理选址，编制环境影响报告书（表）。在建设项目开工前，将环境影响报告书（表）报环境保护行政主管部门审查批准。 环境保护行政主管部门在批准环境影响报告书（表）之前，必须征求海洋、海事、渔业行政主管部门和军队环境保护部门的意见

【考点 14】《中华人民共和国防震减灾法》

学习提示		**每年考 1 分，常规性考点文件**	
总则	方针	第三条　防震减灾工作，**实行预防为主、防御与救助相结合**的方针	
	财政预算	第四条　**县级以上人民政府**应当加强对防震减灾工作的领导，将防震减灾工作纳入本级国民经济和社会发展规划，所需经费列入财政预算	
防震减灾规划	编制	第十二条　国务院地震工作主管部门会同国务院有关部门组织编制国家防震减灾规划，报国务院批准后组织实施。 县级以上地方人民政府负责管理地震工作的部门或者机构会同同级有关部门，根据上一级防震减灾规划和本行政区域的实际情况，组织编制本行政区域的防震减灾规划，报本级人民政府批准后组织实施，并报上一级人民政府负责管理地震工作的部门或者机构备案。【2021 - 44】	
	内容	第十四条　防震减灾规划的内容应当包括：震情形势和防震减灾总体目标，地震监测台网建设布局，地震灾害预防措施，地震应急救援措施，以及防震减灾技术、信息、资金、物资等保障措施	
地震灾害预防	安全性评价	第三十四条　国务院地震工作主管部门负责制定全国地震烈度区划图或者地震动参数区划图。 国务院地震工作主管部门和省、自治区、直辖市人民政府负责管理地震工作的部门或者机构，负责审定建设工程的地震安全性评价报告，确定抗震设防要求。【2022 - 34】【★】	

地震灾害预防	安全性评价	**第三十五条** 新建、扩建、改建建设工程，应当达到抗震设防要求。【2021-43】【★】 重大建设工程和可能发生严重次生灾害的建设工程，应当按照国务院有关规定进行地震安全性评价，并按照经审定的地震安全性评价报告所确定的抗震设防要求进行抗震设防。建设工程的地震安全性评价单位应当按照国家有关标准进行地震安全性评价，并对地震安全性评价报告的质量负责。【2019-11，2022-34】 前款规定以外的建设工程，应当按照地震烈度区划图或者地震动参数区划图所确定的抗震设防要求进行抗震设防；对学校、医院等人员密集场所的建设工程，应当按照高于当地房屋建筑的抗震设防要求进行设计和施工，采取有效措施，增强抗震设防能力。 **第三十六条** 有关建设工程的强制性标准，应当与抗震设防要求相衔接。【2021-43】
	小区划图	**第三十七条** 国家鼓励城市人民政府组织制定地震小区划图。地震小区划图由国务院地震工作主管部门负责审定。【2022-34】
	全过程负责	**第三十八条** 建设单位对建设工程的抗震设计、施工的全过程负责。设计单位应当按照抗震设防要求和工程建设强制性标准进行抗震设计，并对抗震设计的质量以及出具的施工图设计文件的准确性负责。施工单位应当按照施工图设计文件和工程建设强制性标准进行施工，并对施工质量负责。建设单位、施工单位应当选用符合施工图设计文件和国家有关标准规定的材料、构配件和设备。工程监理单位应当按照施工图设计文件和工程建设强制性标准实施监理，并对施工质量承担监理责任【2022-34】
	必要抗震加固	**第三十九条** 已经建成的下列建设工程，未采取抗震设防措施或者抗震设防措施未达到抗震设防要求的，应当按照国家有关规定进行抗震性能鉴定，并采取必要的抗震加固措施： （一）重大建设工程； （二）可能发生严重次生灾害的建设工程； （三）具有重大历史、科学、艺术价值或者重要纪念意义的建设工程； （四）学校、医院等人员密集场所的建设工程； （五）地震重点监视防御区内的建设工程
应急救援	内容	**第四十七条** 地震应急预案的内容应当包括：组织指挥体系及其职责，预防和预警机制，处置程序，应急响应和应急保障措施等。地震应急预案应当根据实际情况适时修订

典型习题

14-16（2022-34）根据《中华人民共和国防震减灾法》，下列关于地震灾害预防的说法中正确的是（ B ）。

A. 设计人员对建设工程的抗震设计、施工的全过程负责

B. 由国务院地震工作主管部门负责审定地震小区划图

C. 重大建设工程和可能发生严重次生灾害的建设工程，应当按照各省政府有关规定进行地震安全性评价

D. 市人民政府负责管理地震工作的部门或者机构，负责审定建设工程的地震安全性评价报告

14-17（2021-43）根据《中华人民共和国防震减灾法》，下列选项中错误的是（D）。

A. 建设单位对建设工程的抗震设计、施工的全过程负责

B. 新建、扩建、改建建设工程，应当达到抗震设防要求

C. 有关建设工程的强制性标准，应当与抗震设防要求相衔接

D. 对学校、医院等人员密集的建设工程，应当按照居住建筑进行设计和施工，采取有效措施，增强抗震设防能力

【考点15】《中华人民共和国消防法》（2021年修正）

学习 提示	**基础性文件，考题比较基础**
方针 原则	**第二条** 消防工作贯彻预防为主、防消结合的方针，按照政府统一领导、部门依法监管、单位全面负责、公民积极参与的原则，实行消防安全责任制，建立健全社会化的消防工作网络
内容	**第八条** 地方各级人民政府应当将包括消防安全布局、消防站、消防供水、消防通信、消防车通道、消防装备等内容的消防规划纳入城乡规划，并负责组织实施。城乡消防安全布局不符合消防安全要求的，应当调整、完善；公共消防设施、消防装备不足或者不适应实际需要的，应当增建、改建、配置或者进行技术改造。【2021-45】【★】
审核 验收	**第十条** 对按照国家工程建设消防技术标准需要进行消防设计的建设工程，实行建设工程消防设计审查验收制度 **第十一条** 国务院住房和城乡建设主管部门规定的特殊建设工程，**建设单位应当将消防设计文件报送住房和城乡建设主管部门审查**，住房和城乡建设主管部门依法对审查的结果负责。【2020-11，2019-7】【★】 前款规定以外的其他建设工程，建设单位申请领取施工许可证或者申请批准开工报告时应当提供满足施工需要的消防设计图纸及技术资料 **第十二条** 特殊建设工程未经消防设计审查或者审查不合格的，建设单位、施工单位不得施工；其他建设工程，建设单位未提供满足施工需要的消防设计图纸及技术资料的，有关部门不得发放施工许可证或者批准开工报告

 典型习题

14-18（2021-45）依据《中华人民共和国消防法》和《城市消防规划规范》，消防规划内容不包括（ B ）。

A. 消防站　　　　B. 消防人员　　　　C. 消防车通道　　　　D. 消防装备

14-19（2019-7）根据《中华人民共和国消防法》国务院住房和城乡建设主管部分规定的特殊建设工程建设单位应当将消防设计文件报送住房和城乡建设主管部门（ D ）。

A. 备案　　　　B. 预审　　　　C. 验收　　　　D. 审查

【考点16】《中华人民共和国节约能源法》（2018年修订）

学习提示		一般性文件，了解即可
总则	能源	**第二条**　本法所称能源，**是指煤炭、石油、天然气、生物质能和电力、热力以及其他直接或者通过加工、转换而取得有用能的各种资源**
	考核评价	**第六条**　国家实行**节能目标责任制和节能考核评价**制度，将节能目标完成情况作为对地方人民政府及其负责人考核评价的内容【★】
节约管理		**第二十一条**　**县级以上各级人民政府**统计部门应当会同同级有关部门，建立健全能源统计制度，完善能源统计指标体系，改进和规范能源统计方法，确保能源统计数据真实、完整

【考点17】《中华人民共和国湿地保护法》

学习提示	重要性文件，结合实务考题一起复习
概念	湿地，是指具有显著生态功能的自然或者人工的、常年或者季节性积水地带、水域，包括低潮时**水深不超过六米**的海域，但是水田以及用于养殖的人工的水域和滩涂除外
管理	国务院林业草原主管部门负责湿地资源的监督管理，负责湿地保护规划和相关国家标准拟定、湿地开发利用的监督管理、湿地生态保护修复工作

划分	国家对湿地实行**分级管理**，按照生态区位、面积以及维护生态功能、生物多样性的重要程度，将湿地分为**重要湿地和一般湿地。** 重要湿地包括国家重要湿地和省级重要湿地，重要湿地以外的湿地为一般湿地。重要湿地依法划入生态保护红线
湿地 占用	**国家严格控制占用湿地。** 禁止占用：禁止占用国家重要湿地，**国家重大项目、防灾减灾项目、重要水利及保护设施项目、湿地保护项目等除外。【2022-31】【★】** 占用：**建设项目选址、选线应当避让湿地**，无法避让的应当尽量减少占用，并采取必要措施减轻对湿地生态功能的不利影响。**建设项目规划选址、选线审批或者核准时，涉及国家重要湿地的，应当征求国务院林业草原主管部门的意见；**涉及省级重要湿地或者一般湿地的，应当按照管理权限，征求县级以上地方人民政府授权的部门的意见。 临时占用：**临时占用湿地的期限一般不得超过2年**，并不得在临时占用的湿地上修建永久性建筑物。临时占用湿地期满后1年内，用地单位或者个人应当恢复湿地面积和生态条件
湿地 保护	**禁止破坏湿地及其生态功能的行为有：开（围）垦、排干自然湿地，永久性截断自然湿地水源；擅自填埋自然湿地，擅自采砂、采矿、取土；排放不符合水污染物排放标准的工业废水、生活污水及其他污染湿地的废水、污水，倾倒、堆放、丢弃、遗撒固体废物；过度放牧或者滥采野生植物，过度捕捞或者灭绝式捕捞，过度施肥、投药、投放饵料等污染湿地的种植养殖行为；其他破坏湿地及其生态功能的行为。【★】** 禁止在以水鸟为保护对象的自然保护地及其他重要栖息地从事捕鱼、挖捕底栖生物、捡拾鸟蛋、破坏鸟巢等危及水鸟生存、繁衍的活动。开展观鸟、科学研究以及科普活动等应当保持安全距离，避免影响鸟类正常觅食和繁殖。 在重要水生生物产卵场、索饵场、越冬场和洄游通道等重要栖息地应当实施保护措施。经依法批准在洄游通道建闸、筑坝，可能对水生生物洄游产生影响的，建设单位应当建造过鱼设施或者采取其他补救措施
红树 林湿 地保 护	**禁止占用红树林湿地。**经省级以上人民政府有关部门评估，确因国家重大项目、防灾减灾等需要占用的，应当依照有关法律规定办理，并做好保护和修复工作。相关建设项目改变红树林所在河口水文情势、对红树林生长产生较大影响的，应当采取有效措施减轻不利影响。 **禁止在红树林湿地挖塘，禁止采伐、采挖、移植红树林或者过度采摘红树林种子，禁止投放、种植危害红树林生长的物种。因科研、医药或者红树林湿地保护等需要采伐、采挖、移植、采摘的，应当依照有关法律法规办理。【2022-32】**

 典型习题

14-20（2022-31）**根据《中华人民共和国湿地保护法》，以下错误的是（ B ）。**

A. 国家严格控制占用湿地

B. 国家重大项目、防灾减灾项目禁止占用国家重要湿地

C. 建设项目选址与选线应当避让湿地

D. 临时占用湿地的期限一般不得超过2年

14-21（2022-32）根据《中华人民共和国湿地保护法》，以下关于湿地保护与利用的说法中错误的是（B）。

A. 禁止占用红树林湿地

B. 禁止采摘红树林种子或采伐、采控、移植红树林

C. 相关建设项目改变红树林所在河口水文情势的，应当采取有效措施减轻不利影响

D. 因科研、医药或者红树林湿地保护等需要采伐、采挖、移植、采摘的，应当依照有关法律法规办理

【考点18】《中华人民共和国森林法》（2019年修订）

学习提示	重要性文件，结合实务考题一起复习		
森林权属	所有权	森林资源所有权：**森林资源属于国家所有，由法律规定属于集体所有的除外**	
	登记造册	林地和林地上的森林、林木的所有权、使用权，由不动产登记机构统一登记造册，核发证书。国务院确定的国家重点林区（以下简称重点林区）的森林、林木和林地，**由国务院自然资源主管部门负责登记。**【2021-41】	
	管理机构	国务院林业主管部门主管全国林业工作。县级以上地方人民政府林业主管部门，主管本行政区域的林业工作。乡镇人民政府可以确定相关机构或者设置专职、兼职人员承担林业相关工作	
	承包经营方式	集体所有和国家所有依法由农民集体使用的林地（以下简称集体林地）实行承包经营的，承包方享有林地承包经营权和承包林地上的林木所有权，合同另有头所有权的定。承包方可以依法采取出租（转包）、入股、转让等方式流转林地经营权、林木所有权和使用权。

未实行承包经营的集体林地以及林地上的林木，由农村集体经济组织统一经营。经本集体经济组织成员的村民会议三分之二以上成员或者三分之二以上村民代表同意并公示，可以通过招标、拍卖、公开协商等方式依法流转林地经营权、林木所有权和使用权 | |
| 森林保护 | 天然林 | 国家实行天然林全面保护制度，严格限制天然林采伐，加强天然林管护能力建设，保护和修复天然林资源，逐步提高天然林生态功能。具体办法由国务院规定 | |
| | 占用林地 | 矿藏勘查、开采以及其他各类工程建设，应当不占或者少占林地；确需占用林地的，应当经县级以上人民政府林业主管部门审核同意，依法办理建设用地审批手续。

占用林地的单位应当缴纳森林植被恢复费。森林植被恢复费征收使用管理办法由国务院财政部门会同林业主管部门制定。

县级以上人民政府林业主管部门应当按照规定安排植树造林，恢复森林植被，植树造林面积不得少于因占用林地而减少的森林植被面积。上级林业主管部门应当定期督促下级林业主管部门组织植树造林、恢复森林植被，并进行检查【2022-36】 | |

森林保护	临时使用林地	需要临时使用林地的，应当经县级以上人民政府林业主管部门批准；临时使用林地的期限一般不超过二年，并不得在临时使用的林地上修建永久性建筑物。 临时使用林地期满后一年内，用地单位或者个人应当恢复植被和林业生产条件
经营管理	公益林	公益林由国务院和省、自治区、直辖市人民政府划定并公布。 **下列区域的林地和林地上的森林，应当划定为公益林：①重要江河源头汇水区域；②重要江河干流及支流两岸、饮用水水源地保护区；③重要湿地和重要水库周围；④森林和陆生野生动物类型的自然保护区；⑤荒漠化和水土流失严重地区的防风固沙林基干林带；⑥沿海防护林基干林带；⑦未开发利用的原始林地区；⑧需要划定的其他区域【2022 - 86】**
	商品林	商品林：**国家鼓励发展下列商品林：①以生产木材为主要目的的森林；②以生产果品、油料、饮料、调料、工业原料和药材等林产品为主要目的的森林；③以生产燃料和其他生物质能源为主要目的的森林；④其他以发挥经济效益为主要目的的森林**

 典型习题

14 - 22（2022 - 36）根据《中华人民共和国森林法》，以下关于森林保护的说法中错误的是（C）。

A. 矿藏勘查、开采以及其他各类工程建设，应当不占或者少占林地

B. 县级以上人民政府林业主管部门应当按照规定安排植树造林

C. 占用林地的单位应当缴纳土地复垦费

D. 国家实行天然林全面保护制度，严格限制天然林采伐

14 - 23（2022 - 86）**根据《中华人民共和国森林法》，下列区域的林地和林地上的森林，应当划定为公益林的有（ ABE ）。**

A. 重要江河源头江水区域

B. 重要江河干流及支流两岸、饮用水源地保护区

C. 以生产燃料和其他物质能源为主要目的的森林地区

D. 已开发的原始林地区

E. 森林和陆生野生动物类型的自然保护区

【考点 19】《中华人民共和国农村土地承包法》

学习提示	一般性文件，了解即可
概念	土地复垦，是指对生产建设活动和自然灾害损毁的土地，采取整治措施，使其达到可供利用状态的活动

原则		生产建设活动损毁的土地，按照"**谁损毁，谁复垦**"的原则，由生产建设单位或者个人（以下称土地复垦义务人）负责复垦。但是，由于历史原因无法确定土地复垦义务人的生产建设活动损毁的土地（以下称历史遗留损毁土地），由县级以上人民政府负责组织复垦。自然灾害损毁的土地，由县级以上人民政府负责组织复垦
总则	制度	**第三条** 国家实行**农村土地承包经营**制度。 农村土地承包采取农村集体经济组织内部的家庭承包方式，不宜采取家庭承包方式的荒山、荒沟、荒丘、荒滩等农村土地，可以采取招标、拍卖、公开协商等方式承包
	买卖	**第四条** 农村土地承包后，土地的所有权性质不变。承包地不得买卖
	承包	**第五条** 农村集体经济组织成员有权依法承包由本集体经济组织发包的农村土地
	经营权	**第九条** 承包方承包土地后，享有土地承包经营权，可以自己经营，也可以保留土地承包权，流转其承包地的土地经营权，由他人经营
	权益	**第十条** 国家保护承包方依法、自愿、有偿流转土地经营权，保护土地经营权人的合法权益，任何组织和个人不得侵犯
家庭承包	发包方和承包方的权力和义务	**第十三条** 农民集体所有的土地依法属于村农民集体所有的，由村集体经济组织或者村民委员会发包；已经分别属于村内两个以上农村集体经济组织的农民集体所有的，由村内各该农村集体经济组织或者村民小组发包。村集体经济组织或者村民委员会发包的，不得改变村内各集体经济组织农民集体所有的土地的所有权。 国家所有依法由农民集体使用的农村土地，由使用该土地的农村集体经济组织、村民委员会或者村民小组发包
	发包方权利	**第十四条** 发包方享有下列权利： （一）发包本集体所有的或者国家所有依法由本集体使用的农村土地； （二）监督承包方依照承包合同约定的用途合理利用和保护土地； （三）制止承包方损害承包地和农业资源的行为； （四）法律、行政法规规定的其他权利
	承包权利	**第十七条** 承包方享有下列权利：【2022-88】【★】 （一）依法享有承包地使用、收益的权利，有权自主组织生产经营和处置产品； （二）依法互换、转让土地承包经营权； （三）依法流转土地经营权； （四）承包地被依法征收、征用、占用的，有权依法获得相应的补偿； （五）法律、行政法规规定的其他权利

家庭承包	承包期限和承包合同	承包期	**第二十一条** 耕地的承包期为三十年。草地的承包期为三十年至五十年。林地的承包期为三十年至七十年。 前款规定的耕地承包届满后再延长三十年，草地、林地承包期届满后依照前款规定相应延长
		经营权	**第二十四条** 国家对耕地、林地和草地等实行统一登记，登记机构应当向承包方颁发土地承包经营权证或者林权证等证书，并登记造册，确认土地承包经营权
	土地承包经营权的保护和互换转让	不得	**第二十七条** 承包期内，发包方不得收回承包地。国家保护进城农户的土地承包经营权。不得以退出土地承包经营权作为农户进城落户的条件
		不得调整	**第二十八条** 承包期内，发包方不得调整承包地。 承包期内，因自然灾害严重毁损承包地等特殊情形对个别农户之间承包的耕地和草地需要适当调整的，必须经本集体经济组织成员的村民会议三分之二以上成员或者三分之二以上村民代表的同意，并报乡（镇）人民政府和县级人民政府农业农村、林业和草原等主管部门批准。承包合同中约定不得调整的，按照其约定
	土地经营权	流转	**第四十二条** 承包方不得单方解除土地经营权流转合同，但受让方有下列情形之一的除外： （一）擅自改变土地的农业用途； （二）弃耕抛荒连续两年以上； （三）给土地造成严重损害或者严重破坏土地生态环境； （四）其他严重违约行为
其他承包方式			**第四十八条** 不宜采取家庭承包方式的荒山、荒沟、荒丘、荒滩等农村土地，通过招标、拍卖、公开协商等方式承包的，适用本章规定
			第四十九条 以其他方式承包农村土地的，应当签订承包合同，承包方取得土地经营权。当事人的权利和义务、承包期限等，由双方协商确定。以招标、拍卖方式承包的，承包费通过公开竞标、竞价确定；以公开协商等方式承包的，承包费由双方议定
			第五十二条 发包方将农村土地发包给本集体经济组织以外的单位或者个人承包，应当事先经本集体经济组织成员的**村民会议三分之二以上成员或者三分之二以上村民**代表的同意，并报乡（镇）人民政府批准
			第五十三条 通过**招标、拍卖、公开协商**等方式承包农村土地，经依法登记取得权属证书的，可以依法采取出租、入股、抵押或者其他方式流转土地经营权

 典型习题

14‑24（2022‑88）根据《中华人民共和国农村土地承包法》，承包方享有的权利有（ABDE）。

A. 依法互换土地承包经营权
B. 依法转让土地承包经营权
C. 依法买卖承包权
D. 依法流转土地经营权
E. 承包土地被依法征收的，依法获得相应的赔偿

【考点20】《自然资源部关于加强规划和用地保障支持养老服务发展的指导意见》

学习提示	重点文件，对于幼儿、养老、无障碍方面的时政文件都需要认真关注
用地空间布局	（三）保障养老服务设施规划用地规模。 （四）统筹落实养老服务设施规划用地。编制详细规划时，应**落实国土空间总体规划相关要求，充分考虑养老服务设施数量、结构和布局需求，对独立占地的养老服务设施要明确位置、指标等，对非独立占地的养老服务设施要明确内容、规模等要求**，为项目建设提供审核依据
用地供应	（六）规范编制养老服务设施供地计划。 （七）明确用地规划和开发利用条件。**敬老院、老年养护院、养老院等机构养老服务设施用地一般应单独成宗供应，用地规模原则上控制在3公顷以内**。出让住宅用地涉及配建养老服务设施的，在土地出让公告和合同中应当明确配建、移交的养老服务设施的条件和要求。**鼓励养老服务设施用地兼容建设医卫设施，用地规模原则上控制在5公顷以内**，在土地出让时，可将项目配套建设医疗服务设施要求作为土地供应条件并明确不得分割转让。【2023‑8】 （八）依法保障**非营利性养老服务**机构用地。 （九）以**多种有偿使用方式**供应养老服务设施用地。 （十）合理确定养老服务设施用地供应价格。**以出让方式供应的社会福利用地，出让底价可按不低于所在级别公共服务用地基准地价的70%确定**；基准地价尚未覆盖的地区，出让底价不得低于当地土地取得、土地开发客观费用与相关税费之和。 （十二）利用存量资源建设养老服务设施实行过渡期政策。鼓励利用商业、办公、工业、仓储存量房屋以及社区用房等举办养老机构，所使用存量房屋在符合详细规划且不改变用地主体的条件下，可在**五年内实行继续按土地原用途和权利类型适用过渡期政策**；过渡期满及涉及转让需办理改变用地主体手续的，新用地主体为非营利性的，原划拨土地可继续以划拨方式使用，新用地主体为营利性的，可以按新用途、新权利类型、市场价格，以协议方式办理，但有偿使用合同和划拨决定书以及法律法规等明确应当收回土地使用权的情形除外

典型习题

14-25（2023-25）根据自然资源部《自然资源部关于加强规划和用地保障支持养老服务发展的指导意见》，鼓励养老服务设施用地兼容建设医卫设施，用地规模原则上控制在（C）hm² 以内。

A. 3hm²   B. 4hm²   C. 5hm²   D. 9hm²

【考点 21】《中华人民共和国保守国家秘密法》（2010 年）

学习提示	重点关注保密级别与时间
国家机密	**第九条** 下列**涉及国家安全和利益的事项，泄露后可能损害国家在政治、经济、国防、外交等领域的安全和利益**的，应当确定为国家秘密： （一）国家事务重大决策中的秘密事项； （二）国防建设和武装力量活动中的秘密事项； （三）外交和外事活动中的秘密事项以及对外承担保密义务的秘密事项； （四）国民经济和社会发展中的秘密事项； （五）科学技术中的秘密事项； （六）维护国家安全活动和追查刑事犯罪中的秘密事项； （七）经国家保密行政管理部门确定的其他秘密事项。 政党的秘密事项中符合前款规定的，属于**国家秘密**
秘密分级	**第十条** 国家秘密的密级分为**绝密、机密、秘密**三级。 绝密级国家秘密是最重要的国家秘密，泄露会使国家安全和利益遭受特别严重的损害；机密级国家秘密是重要的国家秘密，泄露会使国家安全和利益遭受严重的损害；秘密级国家秘密是一般的国家秘密，泄露会使国家安全和利益遭受损害
范围规定	**第十一条** 国家秘密及其密级的具体范围，由**国家保密行政管理部门分别会同外交、公安、国家安全和其他中央有关机关**规定。 军事方面的国家秘密及其密级的具体范围，由**中央军事委员会**规定。 国家秘密及其密级的具体范围的规定，应当在有关范围内公布，并根据情况变化及时调整
时间	**第十五条** 国家秘密的保密期限，应当根据事项的性质和特点，按照维护国家安全和利益的需要，限定在必要的期限内；不能确定期限的，应当确定解密的条件。 国家秘密的保密期限，除另有规定外，绝密级不超过**三十年**，机密级不超过**二十年**，秘密级不超过**十年**【2023-9】

 典型习题

14-26（2023-9）根据《中华人民共和国保守国家秘密法》要求，除另有规定外，机密级国家秘密的保密期不应超过（C）年。

A. 35　　　　　　　B. 25　　　　　　　C. 20　　　　　　　D. 15

【考点22】《工业项目建设用地控制指标》

学习提示	一般性文件，了解即可
重要性	《控制指标》是**核定工业项目用地规模、评价工业用地利用效率的重要标准，是编制项目用地有关法律文书、项目初步设计文件和可行性研究报告等的重要依据**，是对项目建设情况进行检查验收和违约责任追究的重要尺度
规范性指标	规范性指标包括容积率、建筑系数、行政办公及生活服务设施用地所占比重。工业项目建设用地必须同时符合以下3项指标：（一）容积率控制指标应符合表1（即表14-1）的规定；（二）建筑系数控制指标应符合表2的规定；（三）行政办公及生活服务设施用地所占比重控制指标应符合表3的规定**【2023-19】**

表14-1　　　　　　　行政办公及生活服务设施用地所占比重指标控制值

项目类型		总体要求	行政办公及生活服务设施用地所占比重
工业项目	《国民经济行业分类》的制造业，以及与《国民经济行业分类》的制造业对应的战略性新兴产业、先进制造业	工业园区、工业项目集聚区要合理规划工业生产必需的商业服务业、科研、仓储、租赁住房、公用设施等用地，促进复合利用、职住平衡，发挥整体利用效益。严禁在工业项目用地范围内建造成套住宅、专家楼、宾馆、招待所和培训中心等非生产性配套设施	行政办公及生活服务设施用地面积≤工业项目总用地面积的7%，且建筑面积≤工业项目总建筑面积的15%。工业生产必需的研发设计、检测、中试设施，可在行政办公及生活服务设施之外计算，且建筑面积≤工业项目总建筑面积的15%，并要符合相关工业建筑设计规范要求

推荐性指标	推荐性指标包括**固定资产投资强度、土地产出率、土地税收地方**要根据本地实际，科学合理提出**固定资产投资强度、土地产出率、土地税收的控制值**，全部或部分纳入本地区工业项目建设用地控制指标

 **典型习题**

14-27（2023-19）根据自然资源部《工业项目建设用地控制指标》，工业园区、工业项目集聚区要合理规划工业设施生产必需的商业服务业、科研等用地，促进复合利用、职住平衡，其中行政办公及生活服务设施用地面积占工业项目总用地面积不超过（ B ）。

A. 5%   B. 7%   C. 10%   D. 15%

【考点 23】《中华人民共和国水法》

学习提示	一般文件，近五年考的不多，了解即可
第十五条	流域范围内的区域规划应当服从流域规划，专业规划应当服从综合规划。流域综合规划和区域综合规划以及与土地利用关系密切的专业规划，应与国民经济和社会发展规划以及土地利用总体规划、城市总体规划和环境保护规划相协调，兼顾各地区、各行业的需要【2023-30】

 典型习题

14-28（2023-30）根据《中华人民共和国水法》，关于流域规划的说法，错误的是（ A ）。

A. 流域规划应当服从区域规划

B. 流域规划包括流域综合规划和流域专业规划

C. 流域综合规划指的是根据经济社会的发展需要和水资源开发利用现状所编制的开发、利用、节约、保护水资源和防治水害的整体部署

D. 流域专业规划指的是防洪、防涝、灌溉、航运、水土保持等规划

【考点 24】《中华人民共和国黄河保护法》

学习提示	结合《中华人民共和国长江保护法》一起复习，重点文件需重点掌握
坡陡地	第三十二条　禁止在二十五度以上陡坡地开垦种植农作物。黄河流域省级人民政府根据本行政区域的实际情况，可以规定小于二十五度的禁止开垦坡度。禁止开垦的陡坡地范围由所在地县级人民政府划定并公布【2023-78】
定额管理制度	第五十二条　国家在黄河流域实行强制性用水定额管理制度。国务院水行政、标准化主管部门应当会同国务院发展改革部门组织制定黄河流域高耗水工业和服务业强制性用水定额。制定强制性用水定额应当征求国务院有关部门、黄河流域省级人民政府、企业事业单位和社会公众等方面的意见，并依照《中华人民共和国标准化法》的有关规定执行【2023-71】

罚款	第一百一十条　违反本法规定，在黄河流域禁止开垦坡度以上陡坡地开垦种植农作物的，**由县级以上地方人民政府水行政主管部门或者黄河流域管理机构及其所属管理机构**责令停止违法行为，采取退耕、恢复植被等补救措施；按照开垦面积，可以对单位处每平方米一百元以下罚款、对个人处每平方米二十元以下罚款

 典型习题

14-29（2023-71）根据《中华人民共和国黄河保护法》，下列关于黄河流域水资源节约集约利用的说法，不正确的是（D）。

A. 国家对黄河水量实行统一配置

B. 国家在黄河流域实行水资源差别化管理

C. 国家在黄河流域建立促进节约用水的水价体系

D. 国家在黄河流域实行指导性用水定额管理制度

14-30（2023-78）根据《中华人民共和国黄河保护法》，下列关于黄河流域生态保护与修复的说法中，错误的是：（B）。

A. 国务院自然资源主管部门应当会同国务院有关部门编制黄河流域国土空间生态修复规划

B. 黄河流域省级人民政府根据本行政区域的实际情况，可以划定并公布禁止开垦的陡坡地范围

C. 国务院水行政主管部门应当会同国务院自然资源主管部门组织划定并公布黄河流域地下水超采区

D. 国家保护黄河流域水产种质资源和珍贵濒危物种，支持开展水产种质资源保护区、国家重点保护野生动物人工繁育基地建设

【考点25】《风景名胜区条例》

学习提示	**原老大纲中重要文件，需要重点掌握**
定义	风景名胜区的**设立、规划、保护、利用和管理**，适用本条例。本条例所称风景名胜区，是指具有观赏、文化或者科学价值，自然景观、人文景观比较集中，环境优美，可供人们游览或者进行科学、文化活动的区域
原则	国家对风景名胜区实行**科学规划、统一管理、严格保护、永续利用**的原则

管理机构	风景名胜区所在地**县级以上地方人民政府**设置的风景名胜区管理机构，负责风景名胜区的保护、利用和统一管理工作
与自然保护区关系	设立风景名胜区，应当有利于保护和合理利用风景名胜资源。**新设立的风景名胜区与自然保护区不得重合或者交叉；已设立的风景名胜区与自然保护区重合或者交叉的，风景名胜区规划与自然保护区规划应当相协调【2023-35】**
级别	风景名胜区划分为**国家级风景名胜区和省级风景名胜区**。自然景观和人文景观能够反映重要自然变化过程和重大历史文化发展过程，基本处于自然状态或者保持历史原貌，具有国家代表性的，可以申请设立国家级风景名胜区；具有区域代表性的，可以申请设立省级风景名胜区
规划	风景名胜区规划分为**总体规划和详细规划**
总规内容	风景名胜区总体规划应当包括下列内容： **（一）风景资源评价；** **（二）生态资源保护措施、重大建设项目布局、开发利用强度；** **（三）风景名胜区的功能结构和空间布局；** **（四）禁止开发和限制开发的范围；** **（五）风景名胜区的游客容量；** **（六）有关专项规划**
时间	风景名胜区应当自设立之日起**2年内**编制完成总体规划。总体规划的规划期一般为**20年**
组织编制	国家级风景名胜区规划由**省、自治区人民政府建设主管部门**或者**直辖市人民政府风景名胜区主管部门**组织编制。 省级风景名胜区规划由**县级人民政府**组织编制
审查报批	国家级风景名胜区的总体规划，由**省、自治区、直辖市人民政府**审查后，报**国务院**审批。 国家级风景名胜区的详细规划，由**省、自治区人民政府建设主管部门或者直辖市人民政府风景名胜区主管部门报国务院建设主管部门**审批 省级风景名胜区的总体规划，由**省、自治区、直辖市人民政府**审批，报**国务院建设主管部门备案省级风景名胜区**的详细规划，由省、自治区人民政府建设主管部门或者直辖市人民政府风景名胜区主管部门审批
禁止报批	在风景名胜区内禁止进行下列活动： （一）开山、采石、开矿、开荒、修坟立碑等破坏景观、植被和地形地貌的活动； （二）修建储存爆炸性、易燃性、放射性、毒害性、腐蚀性物品的设施； （三）在景物或者设施上刻划、涂污； （四）乱扔垃圾

批准活动	在风景名胜区内进行下列活动，应当经风景名胜区管理机构审核后，依照有关法律、法规的规定报有关主管部门批准：（一）设置、张贴商业广告；（二）举办大型游乐等活动；（三）改变水资源、水环境自然状态的活动；（四）其他影响生态和景观的活动
罚款	违反本条例的规定，有下列行为之一的，由风景名胜区管理机构责令停止违法行为、恢复原状或者限期拆除，没收违法所得，并处 50 万元以上 100 万元以下的罚款： （一）在风景名胜区内进行开山、采石、开矿等破坏景观、植被、地形地貌的活动的； （二）在风景名胜区内修建储存爆炸性、易燃性、放射性、毒害性、腐蚀性物品的设施的； （三）在核心景区内建设宾馆、招待所、培训中心、疗养院以及与风景名胜资源保护无关的其他建筑物的

 典型习题

14-31（2023-35）根据《风景名胜区条例》，下列关于风景名胜区设立的说法中，错误的是（ A ）。

A. 新设立的风景名胜区与自然保护区允许部分重合或者交叉

B. 设立风景名胜区，应当有利于保护和合理利用风景名胜资源

C. 已设立的风景名胜区与自然保护区重合或者交叉的，风景名胜区规划与自然保护区规划应当相协调

D. 风景名胜区划分为国家级风景名胜区和省级风景名胜区

【考点 26】《中华人民共和国自然保护区条例》

学习提示	一般性文件，了解即可
自然保护区的建设	**国家级自然保护区的建立，**由自然保护区所在的省、自治区、直辖市人民政府或者国务院有关自然保护区行政主管部门提出申请，经国家级自然保护区评审委员会评审后，由国务院环境保护行政主管部门进行协调并提出审批建议，报国务院批准。 **地方级自然保护区的建立，**由自然保护区所在的县、自治县、市、自治州人民政府或者省、自治区、直辖市人民政府有关自然保护区行政主管部门提出申请，经地方级自然保护区评审委员会评审后，由省、自治区、直辖市人民政府环境保护行政主管部门进行协调并提出审批建议，报省、自治区、直辖市人民政府批准，并报国务院环境保护行政主管部门和国务院有关自然保护区行政主管部门备案。 **跨两个以上行政区域的自然保护区的建立，**由有关行政区域的人民政府协商一致后提出申请，并按照前两款规定的程序审批。 **建立海上自然保护区，**须经国务院批准【2023-36】

典型习题

14-32（2023-36）根据《中华人民共和国自然保护区条例》，下列关于自然保护区建设和管理的说法中，错误的是（ C ）。

A. 自然保护区的范围和界线，应当兼顾保护对象的完整性和适度性，以及当地经济建设和居民生产、生活的需要

B. 在国内外有典型意义、在科学上有重大国际影响或者有特殊科学研究价值的自然保护区，列为国家级自然保护区

C. 建立海上自然保护区应当按照国家有关规定填报建立自然保护区申报书，报国务院生态环境行政主管部门批准

D. 建设和管理自然保护区，应当妥善处理与当地经济建设和居民生产、生活的关系

【考点27】《关于加强用地审批前期工作积极推进基础设施项目建设的通知》

学习提示	一般性文件，了解即可
加强用地空间布局统筹	**经工程可行性论证、已确定详细空间位置的，**在国土空间规划"一张图"上明确具体位置、用地规模及空间关系；**尚未确定详细空间位置的，**列出项目清单，在国土空间规划"一张图"上示意位置、标注规模，并依据项目建设程序各阶段法定批复据实调整，逐步精准确定位置和规模、落地上图
严格落实节约集约	办理用地预审时，**涉及占用耕地的，**原则上项目所在区域补充耕地储备库指标应当充足，储备指标不足的地方自然资源主管部门应明确补充耕地落实方式，符合条件的可申请跨省域补充耕地国家统筹，并承诺在农用地转用报批时能够落实占补平衡要求，建设单位应承诺将补充耕地费用纳入工程概算；**涉及占用永久基本农田的，**需落实永久基本农田补划，明确永久基本农田补划地块
改进优化用地审批	简化用地预审阶段审查内容。涉及规划土地用途调整的，审查是否符合法律规定允许调整情形，不再提交调整方案；**涉及占用生态保护红线的，审查是否符合允许占用情形，不再提交省级人民政府论证意见。** **用地预审批复后，申报农用地转用和土地征收占用耕地或永久基本农田规模和区位与用地预审时相比，规模调增或区位变化比例超过10%的，从严审查；**均未发生变化或规模调减区位未变且总用地规模（不含迁复建工程和安置用地）不超用地预审批复规模的，不再重复审查

	续表
改进优化用地审批	**允许分期分段办理农用地转用和土地征收**。确需分期建设的项目，可以根据可行性研究报告确定的方案，分期申请建设用地，分期办理建设用地审批手续。**线型基础设施建设项目正式报批用地时，可根据用地报批组卷进度，以市（地、州、盟）分段报批用地【2023‑84】**

 典型习题

14‑33（2023‑84）根据《关于加强用地审批前期工作积极推进基础设施项目建设的通知》，加强用地审批前期工作，以下正确的是（ABDE）。

A. 用地涉及耕地的建设项目，需开展节约集约用地论证分析

B. 涉及占用耕地的，原则上项目所在区域补充耕地储备库指标应当充足

C. 涉及规划土地用途调整的，需要调整方案

D. 线性基础设施建设项目正式报批用地时，可根据用地报批组卷进度，以市（地、州、盟）分段报批用地

E. 农用地转用和土地征收占用耕地或永久基本农田规模和区位与用地预审时相比，均未发生变化或规模调减区位未变且总用地规模不超用地预审批复规模的，不再重复审查

【考点28】《中华人民共和国黑土地保护法》

学习提示	一般性文件，了解即可
第四条	黑土地保护应当坚持统筹规划、因地制宜、用养结合、近期目标与远期目标结合、突出重点、综合施策的原则，**建立健全政府主导、农业生产经营者实施、社会参与的保护机制**
第十条	**县级以上人民政府应当将黑土地保护工作纳入国民经济和社会发展规划。** 国土空间规划应当充分考虑保护黑土地及其周边生态环境，合理布局各类用途土地，以利于黑土地水蚀、风蚀等的预防和治理。 **县级以上人民政府农业农村主管部门会同有关部门以调查和监测为基础、体现整体集中连片治理，编制黑土地保护规划**，明确保护范围、目标任务、技术模式、保障措施等，遏制黑土地退化趋势，提升黑土地质量，改善黑土地生态环境。**县级黑土地保护规划应当与国土空间规划相衔接，落实到黑土地具体地块，并向社会公布【2023‑89】**

**典型习题**

14-34（2023-89）根据《黑土地保护法》，以下关于黑土地保护原则的说法，正确的是（ BCDE ）。

A. 黑土地保护应当坚持统筹规划、市场主导、用养结合、分散治理的原则
B. 县级黑土地保护规划应当与国土空间规划相衔接，落实到黑土地具体地块，并向社会公布
C. 国土空间规划应当充分考虑保护黑土地及其周边生态环境，合理布局各类用途土地
D. 县级以上人民政府应当将黑土地保护工作纳入国民经济和社会发展规划
E. 县级以上人民政府农业农村主管部门会同有关部门编制黑土地保护规划

【考点 29】《中华人民共和国建筑法》

学习提示	一般性文件，了解即可
建筑工程施工许可	**第八条** 申请领取施工许可证，应当具备下列条件： （一）已经办理该建筑工程用地批准手续； （二）依法应当办理建设工程规划许可证的，已经取得建设工程规划许可证； （三）需要拆迁的，其拆迁进度符合施工要求； （四）已经确定建筑施工企业； （五）有满足施工需要的资金安排、施工图纸及技术资料； （六）有保证工程质量和安全的具体措施。 **建设行政主管部门应当自收到申请之日起七日内，对符合条件的申请颁发施工许可证**
	第九条 建设单位应当自领取施工许可证之日起**三个月**内开工。因故不能按期开工的，应当向发证机关申请延期；**延期以两次为限，每次不超过三个月**。既不开工又不申请延期或者超过延期时限的，施工许可证自行废止
	第十条 在建的建筑工程因故中止施工的，建设单位应当自中止施工之日起**一个月**内，向发证机关报告，并按照规定做好建筑工程的维护管理工作。建筑工程恢复施工时，应当向发证机关报告；中止施工满一年的工程恢复施工前，建设单位应当报发证机关核验施工许可证
发包	**第二十四条 提倡对建筑工程实行总承包，禁止将建筑工程肢解发包。** 建筑工程的发包单位可以将建筑工程的勘察、设计、施工、设备采购一并发包给一个工程总承包单位，也可以将建筑工程勘察、设计、施工、设备采购的一项或者多项发包给一个工程总承包单位；但是，不得将应当由一个承包单位完成的建筑工程肢解成若干部分发包给几个承包单位

建筑 安全 生产 管理	**第四十二条　有下列情形之一的，建设单位应当按照国家有关规定办理申请批准手续：** （一）需要临时占用规划批准范围以外场地的； （二）可能损坏道路、管线、电力、邮电通信等公共设施的； （三）需要临时停水、停电、中断道路交通的； （四）需要进行爆破作业的； （五）法律、法规规定需要办理报批手续的其他情形【2023 - 90】

 典型习题

14 - 35（2023 - 90）根据《建筑法》，建设单位应当按照国家有关规定办理申请批准手续的有（ ABCE ）。

A. 需要进行爆破作业的

B. 需要临时停水、停电、中断道路交通的

C. 可能损坏道路、管线、电力、邮电通信等公共设施的

D. 施工现场需要封闭管理的

E. 施工需要临时占用规划批准范围以外场地的

【考点 30】《地名管理条例》（2021 年修订）

学习 提示	**一般性文件，了解即可**
地名 命名	地名由专名和通名两部分组成。地名的命名应当遵循下列规定： （一）含义明确、健康，不违背公序良俗； （二）符合地理实体的实际地域、规模、性质等特征； （三）使用国家通用语言文字，避免使用生僻字； （四）一般不以人名作地名，不以国家领导人的名字作地名； （五）不以外国人名、地名作地名； （六）不以企业名称或者商标名称作地名； **（七）国内著名的自然地理实体名称，全国范围内的县级以上行政区划名称，不应重名，并避免同音；** （八）同一个省级行政区域内的乡、镇名称，同一个县级行政区域内的村民委员会、居民委员会所在地名称，同一个建成区内的街路巷名称，同一个建成区内的具有重要地理方位意义的住宅区、楼宇名称，不应重名，并避免同音；

地名命名	（九）不以国内著名的自然地理实体、历史文化遗产遗址、超出本行政区域范围的地理实体名称作行政区划专名； （十）具有重要地理方位意义的交通运输、水利、电力、通信、气象等设施名称，一般应当与所在地地名统一。 法律、行政法规对地名命名规则另有规定的，从其规定【2023－92】

 典型习题

14‐36（2023‐92）根据《地名管理条例》，以下说法正确的是（ACDE）。

A. 国内著名的自然地理实体名称，全国范围内的县级以上行政区划名城，不应重名，避免同音

B. 具有重要地理方位意义的交通运输、水利、电力、通信、气象等设施名称，不得使用所在地地名

C. 不以国内著名的自然地理实体、历史文化遗产遗址、超出本行政区域范围的地理实体名称作行政区划专名

D. 地名依法命名后，因行政区划变更、城乡建设、自然变化等原因导致地名名实不符的，应当及时更名

E. 报刊、广播、电视等新闻媒体和政府网站等公共平台发布的信息应采用标准地名

注册城乡规划师职业资格考试模拟试卷

城乡规划管理与法规

（基于 2023 年真题）

二〇二四年九月

一、单项选择题（共 80 题，每题 1 分。每题的备选项中，只有 1 个最符合题意）

1. 根据中共中央国务院《关于加快推进生态文明建设的意见》，推进生态文明建设的基本方针是（　　）。

　　A. 节约优先、保护优先、资源开发优先

　　B. 节约优先、资源开发优先、自然恢复为主

　　C. 节约优先、保护优先、自然恢复为主

　　D. 保护优先、资源开发优先、自然恢复为主

2. 根据中共中央　国务院《关于进一步加强城市规划管理工作的若干意见》，我国的建筑方针是（　　）。

　　A. 实用、经济、绿色、简约　　　　　　B. 实用、经济、安全、美观

　　C. 适用、经济、绿色、美观　　　　　　D. 适用、智能、绿色、简约

3. 根据中共中央　国务院《关于完整准确全面贯彻新发展理念做好碳达峰碳中和工作的意见》，下列关于碳达峰碳中和主要目标的说法中，错误的是（　　）。

　　A. 到 2025 年，单位国内生产总值能耗比 2020 年下降 13.5％

　　B. 到 2025 年，森林覆盖率达到 23.1％

　　C. 到 2030 年，非化石能源消耗比重达到 25％左右

　　D. 到 2030 年，单位国内生产总值二氧化碳排放比 2005 年下降 65％以上

4. 中共中央　国务院《国家综合立体交通网规划纲要》提出，要推进都市圈交通运输一体化发展建设中心城区连接卫星城、新城的大容量、快速轨道交通网络，打造（　　）分钟"门到门"通勤圈。

　　A. 30　　　　　　　　B. 45　　　　　　　　C. 60　　　　　　　　D. 90

5. 根据《农村土地承包法》，下列关于农村土地承包期的说法中，正确的是（　　）。

　　A. 耕地的承包期 30～50 年　　　　　　B. 草地的承包期 30～50 年

　　C. 林地的承包期 30～50 年　　　　　　D. 果园的承包期 30～50 年

6. 根据中共中央办公厅　国务院办公厅《关于推动城乡建设绿色发展的意见》，城市体检评估工作的主体是（　　）。

　　A. 省政府　　　　　　　　　　　　　　B. 城市政府

　　C. 城市自然资源主管部门　　　　　　　D. 城市住房和城乡建设主管部门

7. 根据中共中央　国务院《关于全面推进乡村振兴加快农业农村现代化的意见》，下列关于编制村庄规划要求的说法错误的是（　　）。

　　A. 立足现存基础　　　　　　　　　　　B. 保留乡村特色风貌

　　C. 不搞大拆大建　　　　　　　　　　　D. 禁止村庄撤并

8. 根据自然资源部《自然资源部关于加强规划和用地保障　支持养老服务发展的指导意见》，鼓励养老服务设施用地兼容建设医卫设施，用地规模原则上控制在（　　）hm² 以内。

A. 3　　　　　B. 4　　　　　C. 5　　　　　D. 9

9. 根据《中华人民共和国保守国家秘密法》要求，除另有规定外，机密级国家秘密的保密期不应超过（　　）年。

A. 35　　　　　B. 25　　　　　C. 20　　　　　D. 15

10. 根据《以国家公园为主体的自然保护地体系的指导意见》提出，到 2035 年，自然保护地占陆域国土面积的（　　）以上。

A. 18%　　　　B. 22%　　　　C. 25%　　　　D. 28%

11. 根据《关于建设以国家公园为主体的自然保护地体系的指导意见》，不属于建立自然保护地体系基本原则的是（　　）。

A. 坚持市场主导，政府监督　　　　　B. 坚持依法确权，分级管理

C. 坚持生态为民，科学利用　　　　　D. 坚持中国特色，国际接轨

12. 根据中共中央办公厅　国务院办公厅《关于在城乡建设中加强历史文化保护传承的意见》要求，应建立城乡历史文化保护传承体系管理（　　）体制。

A. 二级　　　　B. 三级　　　　C. 四级　　　　D. 五级

13. 根据中共中央办公厅　国务院办公厅《关于在城乡建设中加强历史文化保护传承的意见》要求，为健全历史文化保护管理体制，要坚持基本建设（　　）制度。

A. 考古前置　　B. 考古后置　　　C. 考古并行　　　D. 动态考古

14. 根据国务院办公厅《关于防止耕地"非粮化"稳定粮食生产的意见》，下列关于坚决防止耕地"非粮化"倾向的说法中错误的是（　　）。

A. 明确耕地利用优先序　　　　　　B. 有序引导工商资本下乡

C. 逐步调减非主产区粮食种植面积　　D. 严禁违规占用永久基本农田种树挖塘

15. 根据国务院办公厅《"十四五"文物保护和科技创新规划》，下列行动不属于全球文明伙伴计划的是（　　）。

A. 亚洲文化遗产保护行动　　　　　　B. 中外联合考古行动

C. 濒危文化遗产国际抢救行动　　　　D. 流散海外文物数字复原行动

16. 根据自然资源部《关于进一步做好用地用海要素保障的通知》，下列关于用地审批范围调整及报批的情形中，正确的是（　　）。

A. 某已批准的建设项目，因文物保护原因需调整用地范围，项目用地总面积由 50hm² 调至 60hm²，其中占用耕地 20hm² 不变，占用永久基本农田 10hm² 不变，该项目应报国务院审批

B. 某已批准的建设项目，因文物保护原因需调整用地范围，项目用地总面积由 50hm² 调至 90hm²，其中占用耕地 20hm² 不变，该项目应报省级人民政府审批

C. 某已批准的建设项目因地质灾害原因需调整用地范围，项目用地总面积由 40hm² 调至 50hm²，其中占用耕地由 10hm² 调至 30hm²，占用永久基本农田 10hm² 不变，该项目应报国务院审批

D. 某已批准的建设项目因地质灾害原因需调整用地范围，项目用地总面积由 50hm² 调至 60hm²，其中，占用耕地由 10hm² 调至 30hm²，该项目应报省级人民政府审批

17. 根据自然资源部《关于进一步做好用地用海要素保障的通知》，下列关于同一项目涉及用海用岛报国务院审批程序的说法中，错误的是（   ）。

A. 实行"统一受理、统一审查、统一批复"

B. 涉及到新增围填海的项目，按现有规定办理

C. 项目建设单位可一次性提交用海用岛申请材料

D. 涉及助航导航等公益设施用岛的，无需提交海岛开发利用具体方案

18. 根据文化和旅游部等部门《关于推动露营旅游休闲健康有序发展的指导意见》，下列关于露营营地规划用地管理的说法中，错误的是（   ）。

A. 各地在编制城市休闲和乡村旅游规划时，涉及空间的主要内容统筹纳入详细规划

B. 易地搬迁腾退出的农村宅基地可直接用于发展露营旅游休闲服务

C. 需要独立占地的公共和经营性营地建设项目应当纳入国土空间规划"一张图"衔接协调一致

D. 鼓励城市公园利用空闲地、草坪区或林下空间划定非住宿帐篷区域

19. 根据自然资源部《工业项目建设用地控制指标》，工业园区、工业项目集聚区要合理规划工业设施生产必需的商业服务业、科研等用地，促进复合利用、职住平衡，其中行政办公及生活服务设施用地面积占工业项目总用地面积不超过（   ）。

A. 5％   B. 7％   C. 10％   D. 15％

20. 根据自然资源部《关于在经济发展用地要素保障工作中严守底线的通知》，下列关于规范耕地占补平衡的说法中，错误的是（   ）。

A. 禁止在生态保护红线范围开垦耕地   B. 禁止在严重沙化区域开垦耕地

C. 禁止在生态脆弱区域开垦耕地   D. 禁止在坡度大于 15 度的区域开垦耕地

21. 根据《市级国土空间总体规划编制指南（试行）》，下列关于规划相关指标定义的表述中，正确的是（   ）。

A. 用水总量，是全年生产用水量和生活用水量的总和

B. 永久基本农田保护面积，是规划期内必须保有的耕地面积

C. 常住人口规模，是实际经常居住半年及以上的人口数量

D. 城乡建设用地面积，是市域范围内的建设用地的总面积

22. 根据自然资源部《关于加强国土空间详细规划工作的通知》，下列关于详细规划编制的说法中，正确的是（   ）。

A. 要强化对历史文化资源、地域景观资源的保护和合理利用

B. 增量空间开发确需占用耕地的，应按照"以补定占"原则分步编制补充耕地规划方案

C. 总体规划确定的战略留白用地，应编制详细规划

D. 存量空间再开发利用，应尽量避免土地混合开发和空间复合利用

23. 根据自然资源部财政部国家乡村振兴局《巩固拓展脱贫攻坚成果同乡村振兴有效衔接过渡期内城乡建设用地增减挂钩节余指标跨省域调剂管理办法》提出，复垦为高标准农田的节余指标调出价格为每亩（　　）万元。

    A. 30　　　　　　　B. 40　　　　　　　C. 50　　　　　　　D. 60

24. 根据《关于国土空间规划编制和实施中加强历史文化遗产保护管理的指导意见》，下列关于历史文化保护类规划编制和审批管理的说法，错误的是（　　）。

    A. 可将历史文化街区保护规划，与详细规划合并编制

    B. 文化保护类专项规划批复前，省级人民政府自然资源主管部门应核实保护规划与相关国土空间规划衔接情况

    C. 经批复的历史文化名城名镇名村街区保护规划主要内容要纳入详细规划

    D. 历史文化街区在核定公布前，街区所在地的市级人民政府自然资源主管部门应核实历史文化街区空间范围和相关的空间管控要求

25. 根据《关于严格耕地用途管制有关问题的通知》，下列关于一般耕地转为其他农用地严格管控的说法，错误的是（　　）。

    A. 不得在一般耕地上挖湖造景、种植草皮

    B. 畜禽、水产养殖设施用地不得使用一般耕地

    C. 通过流转获得土地经营权的一般耕地不得转为林地、园地等其他农用地

    D. 确需在耕地上建设农田防护林的，应符合农田防护林建设相关标准

26. 根据《城市水系规划规范》要求，城市水系保护工程应以（　　）为基本措施。

    A. 源头控制　　　　　　　　　　B. 城市污水的收集与处理

    C. 分流域的系统治理　　　　　　D. 水陆统筹

27. 根据《省级国土空间规划指南》，不属于省级国土空间规划约束性指标的是（　　）。

    A. 生态保护红线面积　　　　　　B. 国土开发强度

    C. 城乡建设用地规模　　　　　　D. 林地保有量

28. 根据《土地管理法》，我国保护土地资源的基本国策是（　　）。

    A. 节约优先，珍惜和合理利用每一寸土地

    B. 保护优先严守耕地和永久基本农田红线

    C. 十分珍惜合理利用土地和切实保护耕地

    D. 节约集约，合理开发和利用土地

29. 根据《土地管理法》，省、自治区、直辖市划定的基本农田，一般应占本行政区域内耕地总面积的百分之多少以上？（　　）

    A. 90%　　　　　　B. 85%　　　　　　C. 80%　　　　　　D. 75%

30. 根据《水法》，下列关于流域规划的说法，错误的是（　　）。

A. 流域规划应当服从区域规划

B. 流域规划包括流域综合规划和流域专业规划

C. 流域综合规划指的是根据经济社会的发展需要和水资源开发利用现状所编制的开发、利用、节约、保护水资源和防治水害的整体部署

D. 流域专业规划指的是防洪、防涝、灌溉、航运、水土保持等规划

31. 根据《森林法》，下列关于森林经营和管理的说法中，错误的是（　　）。

A. 公益林由国务院和省、自治区、直辖市人民政府划定并公布

B. 在符合公益林生态区位保护要求和不影响公益林生态功能的前提下，经科学论证，可以合理利用公益林，适度开发林下经济

C. 在不破坏生态的前提下，可以采取集约化经营，合理利用森林、林木、林地，提高商品林经济效益

D. 林地上修筑直接为林业生产经营服务的供水、供电、供热、供气、通讯基础设施，应当办理建设用地审批手续

32. 根据《环境影响评价法》，下列关于建设项目环境影响报告书编制的说法中，错误的是（　　）。

A. 作为一项整体建设项目的规划，应分别开展建设项目环境影响评价和规划的环境影响评价

B. 任何单位和个人不得为建设单位指定编制建设项目环境影响报告书、环境影响报告表的技术单位

C. 国务院生态环境主管部门应当制定建设项目环境影响报告书、环境影响报告表编制的能力建设指南和监管办法

D. 建设单位应当对建设项目环境影响报告书、环境影响报告表的内容和结论负责

33. 根据《湿地保护法》，下列关于湿地保护规划编制的说法中，错误的是（　　）。

A. 全国湿地保护规划依据国民经济和社会发展规划、国土空间规划和生态环境保护规划编制

B. 县级以上城市依据本级国民经济和社会发展规划、生态环境保护规划编制本行政区域内的湿地保护规划

C. 湿地保护规划应当明确湿地保护的目标任务、总体布局、保护修复重点和保障措施等内容

D. 湿地保护规划应当与流域综合规划、防洪规划等规划相衔接

34. 根据《土地管理法实施条例》，下列关于临时用地管控的说法中，错误的是（　　）。

A. 建设项目施工、地质勘查需要临时使用土地的，应当尽量不占或者少占耕地

B. 土地使用者应当自临时用地期满之日起一年内完成土地复垦，使其达到可供利用状态

C. 临时用地由县级以上人民政府自然资源主管部门批准，期限一般不超过三年

D. 建设周期较长的能源、交通、水利等基础设施建设使用的临时用地，期限不超过四年

35. 根据《风景名胜区条例》，下列关于风景名胜区设立的说法中，错误的是（   ）。

A. 新设立的风景名胜区与自然保护区允许部分重合或者交叉

B. 设立风景名胜区，应当有利于保护和合理利用风景名胜资源

C. 已设立的风景名胜区与自然保护区重合或者交叉的，风景名胜区规划与自然保护区规划应当相协调

D. 风景名胜区划分为国家级风景名胜区和省级风景名胜区

36. 根据《中华人民共和国自然保护区条例》，下列关于自然保护区建设和管理的说法中，错误的是（   ）。

A. 自然保护区的范围和界线，应当兼顾保护对象的完整性和适度性，以及当地经济建设和居民生产、生活的需要

B. 在国内外有典型意义、在科学上有重大国际影响或者有特殊科学研究价值的自然保护区，列为国家级自然保护区

C. 建立海上自然保护区应当按照国家有关规定填报建立自然保护区申报书，报国务院生态环境行政主管部门批准

D. 建设和管理自然保护区，应当妥善处理与当地经济建设和居民生产、生活的关系

37. 根据《高速铁路安全防护管理办法》，下列关于高速铁路线路安全防护管理的说法中，错误的是（   ）。

A. 在高速铁路附近从事排放粉尘、烟尘及腐蚀性气体的生产活动，应当严格执行国家规定的排放标准

B. 禁止在高速铁路线路路堤坡脚、路堑坡顶或者铁路桥梁外侧起向外各 300m 范围内抽取地下水

C. 在高速铁路线路安全保护区内，禁止种植妨碍行车瞭望或者有倒伏危险可能影响线路、电力、牵引供电安全的树木等植物

D. 并行高速铁路的油气、供气供热、供排水等管线敷设时，最小水平净距应当满足相关国家标准、行业标准和安全保护要求

38. 根据《立法法》，下列关于改变或者撤销法律法规权限的说法中，错误的是（   ）。

A. 全国人民代表大会有权改变或者撤销它的常务委员会制定的不适当的法律

B. 国务院有权改变或者撤销不适当的部门规章和地方政府规章

C. 省、自治区人民政府有权改变或者撤销本级人民政府制定的不适当的地方性法规

D. 授权机关有权撤销被授权机关制定的超越授权范围的法规

39. 根据《行政处罚法》，行政机关应当自行政处罚案件立案之日起（   ）日内做出

行政处罚决定。

  A. 十五   B. 三十   C. 六十   D. 九十

  40. 根据《行政许可法》规定，对直接关系公共安全、人身健康、生命财产安全的重要设备、设施，行政机关应督促设计、建造、安装和使用单位建立相应的（ ）。

  A. 抽查制度   B. 例行检查制度

  C. 自检制度   D. 第三方检查制度

  41. 下列行政法原则中，属于行政合法性原则的是（ ）。

  A. 客观适度原则   B. 法律保留原则

  C. 行政公开原则   D. 行政公正原则

  42. 行政法主体也可称为（ ）。

  A. 行政主体   B. 行政机关

  C. 行政相对人   D. 行政法律关系当事人

  43. 行政确认属于（ ）行政行为。

  A. 抽象   B. 具体   C. 非要式   D. 自由裁量

  44. 下列关于听证的说法中，正确的是（ ）。

  A. 听证是内部行政行为

  B. 听证属于非要式行政行为

  C. 听证费用由当事人承担

  D. 听证是行政相对人参与行政程序的重要形式

  45. 下列各组行政行为中，属于具体行政行为的是（ ）。

  A. 行政处罚和编制国土空间规划

  B. 核发建设用地规划许可证和制定规章

  C. 行政征收和行政许可

  D. 编制国土空间规划和核发建设用地规划许可证

  46. 核发建设项目用地预审与选址意见书属于（ ）行政行为。

  A. 抽象   B. 内部   C. 依职权   D. 依申请

  47. 根据《城区范围确定规程》，下列关于城市实体地域范围边界核查的说法中，错误的是（ ）。

  A. 不得跨越市级行政区边界   B. 不得与生态保护红线冲突

  C. 不得与永久基本农田界线冲突   D. 不得超出城镇开发边界

  48. 根据《城市排水工程规划规范》，下列关于污水处理设施选址和建设错误的是（ ）。

  A. 处理规模应按规划远期污水量和需接纳的最大雨水量确定

  B. 应位于城市夏季最小风频方向的上风侧

  C. 与城市居民及公共服务设施用地保持必要的卫生防护距离

D. 有扩建的可能

49. 根据《城市电力规划规范》，下列关于规划新建城市变电站结构形式选择说法中，错误的是（　　）。

A. 在市区边缘或郊区可采用布置紧凑，占地较小的全户外式或半户外式

B. 在市区内，宜采用全户内式或半户外式

C. 在市中心地区可结合绿地或广场建设，半户外式或半地下式

D. 在大中城市的超高层公共建筑群区，宜采用小型户内式

50. 根据《城市通信工程规划规范》，下列电信局站中属于二类局站的是（　　）。

A. 小区电信接入机房　　　　　　　　B. 移动通信基站

C. 电信枢纽楼　　　　　　　　　　　D. 小型电信机房

51. 根据《城市供热规划规范》，下列关于热网介质和参数选取的说法中错误的是（　　）。

A. 当热源供热范围内，只有民用建筑采暖热负荷时，应采用热水作为供热介质

B. 当热源供热范围内工业热负荷为主要负荷时，应采用蒸汽作为供热介质

C. 当热源供热范围内，既有民用建筑热负荷，也存在工业热负荷时，可同时采用蒸汽和热水作为供热介质

D. 多热源联网运行的城市热网的热源回水温度可以不一致

52. 根据《城市工程管线综合规划规范》，下列关于架空敷设工程管线说法中错误的是（　　）。

A. 架空线线杆宜设置在人行道距离路缘石不大于 1.0m 的位置

B. 有分隔带的道路，架空线杆不宜设置在分隔带内

C. 架空电力线及通信线宜分别架设在道路两侧

D. 架空金属管线与架空输电线、电气化铁路的馈电线交叉时，应采取接地保护措施

53. 根据《城市抗震防灾规划标准》，高层建筑的避难层（间）主要功能是提供地震引起火灾时，建筑物内人员暂时避避难使用每（　　）层设一个避难层。

A. 6～10　　　　　B. 8～12　　　　　C. 10～15　　　　　D. 15～18

54. 根据《城市轨道交通线网规划标准》，与铁路客运站长途汽车站衔接的城市轨道交通车站，其提供的运能宜达到其接驳的对外客运枢纽发送量的（　　）。

A. 30%　　　　　B. 40%　　　　　C. 50%　　　　　D. 60%

55. 根据《国土空间调查、规划、用途管制用地用海分类指南（试行）》，一级类草地可再细分为（　　）。

A. 天然牧草地，人工牧草地，城市公园草地

B. 人工牧草地，天然牧草地，其他草地

C. 城市公园草地，天然牧草地，其他草地

D. 城市公园草地，人工牧草地，其他草地

56. 根据《国土空间调查、规划、用途管制用地用海分类指南（试行）》，下列用地中不属于公用设施用地的是（　　）。

A. 消防用地　　　　B. 干渠　　　　　　C. 管道运输用地　　　D. 水工设施用地

57. 《城市停车规划规范》要求，建筑物配建非机动车停车场，其地面停车位规模不应小于总规模的（　　）。

A. 30％　　　　　B. 40％　　　　　　C. 50％　　　　　　D. 60％

58. 根据《中华人民共和国草原法》，下列关于草原权属管理的说法中，错误的是（　　）。

A. 国家所有的草原，可以依法确定给集体经济组织使用

B. 集体所有的草原，由县级人民政府草原行政主管部门登记，核发所有权证

C. 未确定使用权的国家所有的草原，由县级以上人民政府登记造册，并负责保护管理

D. 依法确定给全民所有制单位使用的国家所有的草原，由县级以上人民政府登记，核发使用权证

59. 根据《中华人民共和国草原法》，下列关于草原利用的说法中，正确的是（　　）。

A. 草原承包经营者利用草原，不得超过集体经济组织核定的载畜量

B. 遇到自然灾害等特殊情况，需要临时调剂使用草原的，按照自愿互利的原则，由双方协商解决

C. 因建设使用国家所有的草原的，交纳的草原植被恢复费包含对草原承包经营者的补偿

D. 需要临时占用草原的，应当经乡镇人民政府批准

60. 根据《城市地下空间规划标准》，下列地下设施中不属于城市地下空间优先布局的设施是（　　）。

A. 地下市政公用设施　　　　　　　　B. 地下交通设施

C. 地下物流仓储设施　　　　　　　　D. 地下防灾设施

61. 根据《城市居住区人民防空工程规划规范》规定，人员掩蔽工程宜设置在地面建筑投影范围以内，当设有多层地下空间时，人员掩蔽工程宜设置于（　　）。

A. 最下层　　　　B. 中间层　　　　　C. 最上层　　　　　D. 各层

62. 根据《城镇老年人设施规划规范》，下列关于老年人设施场地内绿地率说法正确的是（　　）。

A. 扩建不应低于40％　　　　　　　　B. 扩建不应低于35％

C. 改建不应低于30％　　　　　　　　D. 改建不应低于25％

63. 根据《建筑日照计算参数标准》，下列关于日照计算建模的说法中，错误的是（　　）。

A. 所有模型应采用统一的平面和高程基准

B. 所有建筑的墙体应按墙体建模

C. 遮挡建筑的阳台，檐口，女儿墙，屋顶等造成遮挡的部分均应建模

D. 构成遮挡的地形附属物应建模

64. 根据《乡镇集贸市场规划设计标准》，下列关于集贸市场选址的说法中错误的是（　　）。

A. 在公路一侧布置集贸市场应与公路保持 20m 以上的间距

B. 集贸市场应与教育医疗机构等人员密集场所的主要出入口之间保持 20m 以上的距离

C. 集贸市场应与调压站，液化石油气气化站等火灾危险性大的场所，保持 50m 以上的防火间距

D. 应远离生产或储存易燃易爆，有毒等危险品的场所防护距离不应小于 50m

65. 根据《乡村道路工程技术规范》，下列关于各等级乡村道路功能说法中错误的是（　　）。

A. 干路应以机动车通行功能为主，应兼有非机动车交通、人行功能

B. 过境道路可作为村内干路

C. 支路应以非机动车交通、人行功能为主

D. 巷路应以人行功能为主，应便于与支路连接

66. 根据《国土空间规划城市设计指南》，下列关于用途管制，涉及城市设计要求的说法中，错误的是（　　）。

A. 处理好生态、农业和城镇的空间关系，注重生态景观、地形地貌保护、农田景观塑造、绿色开放空间与活动场所，以及人工建设协调等内容

B. 依据上位规划和设计，可从空间形态风貌协调性和功能适宜性等角度提出建设用地选址引导

C. 有特殊要求的地块，可结合发展意愿、产业布局、用地权属、空间影响、利害关系人意见等编制，面向实施的精细化城市设计，提出详细规划修改意见

D. 规划许可中的城市设计内容宜包括界面、高度、公共空间、交通组织、地下空间、建筑引导、环境设施等，必要时可附加城市设计图则

67. 根据《国土空间规划城市设计指南》，下列国土空间总体规划的城市设计成果内容中，属于跨区域层面的是（　　）。

A. 特定空间结构导控图

B. 城市高度分区导控图

C. 历史文化空间体系导控图

D. 市（县）域绿色开放空间体系导控图

68. 根据《社区生活圈规划技术指南》应按照"15 分钟、5～10 分钟"两个社区生活圈层级配置的基础保障型服务，要素内容是（　　）。

A. 提供基层就业援助　　　　　　B. 保障基本居住要求

C. 组成高密度慢行网络　　　　　D. 构建社区防灾体系

69. 根据自然资源部办公厅《关于规范和统一市县国土空间规划现状基数的通知》下列属于建设用地的是（　　）。

A. 盐田　　　　　　B. 沟渠　　　　　　C. 园地　　　　　　D. 沙地

70. 根据《国土空间规划城市体检评估规程》，以下指标内涵的说法错误的是（　　）。

A. 人均应急避难场所面积指按照避难人数为 80％的常住人口计算全市应急避难场所人均面积

B. 消防救援 5min 可达覆盖率是指消防站（含微型消防站）5mim 车行范围覆盖城区面积占城区总面积的比例

C. 城区透水表面占比是指城区范围内透水表面面积占总城区面积的比例

D. 闲置土地处置率是指当年处置的闲置土地占去年底存量闲置土地面积比例

71. 根据《中华人民共和国黄河保护法》，下列关于黄河流域水资源节约集约利用的说法，不正确的是（　　）。

A. 国家对黄河水量实行统一配置

B. 国家在黄河流域实行水资源差别化管理

C. 国家在黄河流域建立促进节约用水的水价体系

D. 国家在黄河流域实行指导性用水定额管理制度

72. 根据《城市环境规划标准》，环境空气功能区之间应设置缓冲带，缓冲带宽度不根据下列哪项确定？（　　）

A. 区划面积　　　　B. 污染源分布　　　　C. 大气扩散能力　　　　D. 河流走向

73. 根据自然资源部办公厅《关于加强村庄规划促进乡村振兴的通知》，下列关于规划中预留建设用地机动指标的说法中，错误的是（　　）。

A. 在乡镇国土空间规划和村庄规划中，可预留不超过 5％的建设用地机动指标

B. 建设用地机动指标使用不得占用永久基本农田

C. 建设用地机动指标在建设项目规划审批时落地

D. 村民居住用地不得申请使用建设用地机动指标

74. 根据自然资源部办公厅《关于加强村庄规划促进乡村振兴的通知》，下列关于村庄规划定位与编制的说法中，错误的是（　　）。

A. 村庄规划是国土空间规划体系中乡村地区的详细规划

B. 村庄规划是核发乡村建设项目规划许可的法定依据

C. 本着农村地区产业发展的需要，农村地区可安排新增各类工业用地

D. 村庄规划可以一个或几个行政村为单元编制

75. 根据《中华人民共和国海洋环境保护法》，下列关于海岸工程建设项目海洋环境污染防治的说法中，错误的是（　　）。

A. 在依法划定的重要渔业水域从事污染环境的海岸工程项目建设或者其他活动，必须将治理污染所需资金纳入建设项目投资计划

B. 海岸工程建设项目单位，必须对海洋环境进行科学调查，根据自然条件和社会条件，合理选址，编制环境影响报告书（表）

C. 兴建海岸工程建设项目，必须采取有效措施，保护国家和地方重点保护的野生动植物及其生存环境和海洋水产资源

D. 海岸工程建设项目的环境保护设施，必须与主体工程同时设计、同时施工、同时投产使用

76. 根据《中华人民共和国测绘法》，下列关于测绘基准和测绘系统的说法中，错误的是（　　）。

A. 国家设立和采用全国统一的大地基准、高程基准、深度基准和重力基准

B. 国家建立地域差异化的平面坐标系统、地心坐标系统

C. 卫星导航定位基准站的建设和运行维护应当符合国家标准和要求

D. 建立相对独立的平面坐标系统，应当与国家坐标系统相联系

77. 根据《中华人民共和国长江保护法》，下列关于长江流域规划编制与管控的说法中，错误的是（　　）。

A. 长江流域国土空间开发利用活动应当符合国土空间用途管制要求，并依法取得规划许可

B. 长江流域水质超标的水功能区，应当保持污染物排放总量平衡

C. 长江流域县级以上地方人民政府自然资源主管部门依照国土空间规划，对所辖长江流域国土空间实施分区、分类用途管制

D. 国家对长江干流和重要支流源头实行严格保护，设立国家公园等自然保护地，保护国家生态安全屏障

78. 根据《中华人民共和国黄河保护法》，下列关于黄河流域生态保护与修复的说法中，错误的是（　　）。

A. 国务院自然资源主管部门应当会同国务院有关部门编制黄河流域国土空间生态修复规划

B. 黄河流域省级人民政府根据本行政区域的实际情况，可以划定并公布禁止开垦的陡坡地范围

C. 国务院水行政主管部门应当会同国务院自然资源主管部门组织划定并公布黄河流域地下水超采区

D. 国家保护黄河流域水产种质资源和珍贵濒危物种，支持开展水产种质资源保护区、国家重点保护野生动物人工繁育基地建设

79. 根据《城市环境卫生设施规划标准》，下列关于公共厕所设置的说法中，错误的是（　　）。

A. 应当设置在人流较多的道路沿线、大型公共建筑及公共活动场所附近

B. 应以独立式公共厕所为主，附属式公共厕所为辅，移动式公共厕所为补充

C. 附属式公共厕所不应影响主体建筑的功能，宜在地面层临道路设置

D. 公共厕所宜与其他环境卫生设施合建

80. 根据《城市对外交通规划规范》，下列关于海港码头和河港码头陆域纵深的说法中，错误的是（　　）。

A. 海港的集装箱码头和多用途码头陆域纵深 500～800m

B. 海港的散装码头和件杂货码头陆域纵深 400～700m

C. 河港的集装箱码头和多用途码头陆域纵深 200～450m

D. 河港的散装码头和件杂货码头陆域纵深 100～350m

二、多项选择题（共 20 题，每题 1 分。每题的备选项中有 2～4 个符合题意。多选、少选、错选都不得分）

81. 根据《关于进一步推动进城农村贫困人口优先享有基本公共服务并有序实现市民化的实施意见》，以下属于进城落户居民保留的权利包括（　　）。

A. 土地承包权　　　　　　　　　B. 土地承包自由转让权

C. 宅基地使用权　　　　　　　　D. 宅基地自由买卖权

E. 集体收益分配权

82. 根据《关于完整准确全面贯彻新发展理念做好碳达峰碳中和工作的意见》，以下属于加快形成绿色生产生活方式，提升绿色低碳发展水平的是（　　）。

A. 大力推进节能减排　　　　　　B. 鼓励绿色出行

C. 全面推进清洁生产　　　　　　D. 加快发展循环经济

E. 加强资源综合利用

83. 根据《关于深入打好污染防治攻坚战的意见》，环境管控单元需落实的硬约束包括（　　）。

A. 耕地保护红线　　　　　　　　B. 生态保护红线

C. 环境质量底线　　　　　　　　D. 资源利用上线

E. 城市增长边界

84. 根据《关于加强用地审批前期工作积极推进基础设施项目建设的通知》，加强用地审批前期工作，以下正确的是（　　）。

A. 用地涉及耕地的建设项目，需开展节约集约用地论证分析

B. 涉及占用耕地的，原则上项目所在区域补充耕地储备库指标应当充足

C. 涉及规划土地用途调整的，需要调整方案

D. 线性基础设施建设项目正式报批用地时，可根据用地报批组卷进度，以市（地、州、盟）分段报批用地

E. 农用地转用和土地征收占用耕地或永久基本农田规模和区位与用地预审时相比，均未发生变化或规模调减区位未变且总用地规模不超用地预审批复规模的，不再重复审查

85. 根据自然资源部《关于在经济发展用地要素保障工作中严守底线的通知》，落实补充耕地任务的原则包括（　　）。

A. 乡镇域自行平衡为主　　　　　　B. 县域自行平衡为主

C. 市区调剂为辅　　　　　　　　　D. 省内协调为辅

E. 国家适当统筹为补充

86. 根据《关于深化规划用地"多审合一、多证合一"改革的通知》，对于管线工程类项目设计方案应重点审查（　　）。

A. 管线等级　　　B. 相邻关系　　　C. 安全距离　　　D. 管线类型

E. 敷设深度

87. 根据《关于进一步做好用地用海要素保障的通知》，以下关于用地预审工作的说法，正确的是（　　）。

A. 涉及规划土地用途调整的需提交土地用途调整方案

B. 油气类"探采合一"的钻井及其配套设施建设用地无需办理用地预审，直接申请办理农用地转用和土地征收

C. 涉及耕地的无需提供补划方案

D. 涉及生态保护红线的需由省级人民政府出具不可避让论证

E. 水利水电项目淹没区无需办理用地预审，直接申请办理农用地转用和土地征收

88. 根据《测绘法》，可无偿使用基础测绘成果及国家投资测绘成果的包括（　　）。

A. 政府决策　　　B. 国防建设　　　C. 旅游图出版　　　D. 交通图出版

E. 公共服务

89. 根据《黑土地保护法》，以下关于黑土地保护原则的说法，正确的是（　　）。

A. 黑土地保护应当坚持统筹规划、市场主导、用养结合、分散治理的原则

B. 县级黑土地保护规划应当与国土空间规划相衔接，落实到黑土地具体地块，并向社会公布

C. 国土空间规划应当充分考虑保护黑土地及其周边生态环境，合理布局各类用途土地

D. 县级以上人民政府应当将黑土地保护工作纳入国民经济和社会发展规划

E. 县级以上人民政府农业农村主管部门会同有关部门编制黑土地保护规划

90. 根据《中华人民共和国建筑法》，建设单位应当按照国家有关规定办理申请批准手续的有（　　）。

A. 需要进行爆破作业的

B. 需要临时停水、停电、中断道路交通的

C. 可能损坏道路、管线、电力、邮电通讯等公共设施的

D. 施工现场需要封闭管理的

E. 施工需要临时占用规划批准范围以外场地的

91. 根据《土地调查条例》，土地调查成果类型有（　　）。

A. 数据成果　　　B. 验收成果　　　C. 图件成果　　　D. 文字成果

E. 数据库成果

92. 根据《地名管理条例》，以下说法正确的是（　　）。

A. 国内著名的自然地理实体名称，全国范围内的县级以上行政区划名城，不应重名，避免同音

B. 具有重要地理方位意义的交通运输、水利、电力、通信、气象等设施名称，不得使用所在地地名

C. 不以国内著名的自然地理实体、历史文化遗产遗址、超出本行政区域范围的地理实体名称作行政区划专名

D. 地名依法命名后，因行政区划变更、城乡建设、自然变化等原因导致地名名实不符的，应当及时更名

E. 报刊、广播、电视等新闻媒体和政府网站等公共平台发布的信息应采用标准地名

93. 根据《中华人民共和国行政许可法》，以下关于行政许可法的规定，正确的是（　　）。

A. 行政法规可以在法律设定的行政许可事项范围内，对实施该行政许可作出具体规定

B. 地方性法规可以在法律、行政法规设定的行政许可事项范围内，对实施该行政许可作出具体规定

C. 规章可以在上位法设定的行政许可事项范围内，对实施该行政许可作出具体规定

D. 法规、规章对实施上位法设定的行政许可作出的具体规定，并增加行政许可

E. 临时性的行政许可实施满一年需要继续实施的，应当提请上一级人民代表大会及其常务委员会制定地方性法规

94. 根据《中华人民共和国行政处罚法》，行政处罚信息公示内容包括（　　）。

A. 行政处罚人财物情况　　　　B. 实施机关

C. 立案依据　　　　　　　　　D. 实施程序

E. 救济渠道

95. 根据《城市绿地规划规范》，以下关于专类公园的说法正确的是（　　）。

A. 历史名园和遗址公园范围应包括其必要的展示和休憩空间，不包含保护范围

B. 植物园应选址在水源充足、土质良好的区域，且有丰富状植被和地貌，面积应符合现行国家标准

C. 城市动物园应选址在河流下游和下风方向城市近郊区域，远离工业区和各类污染源

D. 野生动物园宜选址在城市远郊区域

E. 城市体育公园应选址在临近居住区的区域，园内绿地率大于 60％

96. 根据《城市消防规划规范》，以下关于航空消防站选址的说法正确的是（　　）。

A. 人口规模 100 万及以上城市和确有航空消防任务的城市，宜独立设置航空消防站

B. 除直升机消防站外，航空消防站的陆上基地用地面积应与陆上一级普通消防站用地面积相同

C. 航空消防站建筑应独立设置，确有困难的消防用房可与机场建筑合建

D. 消防直升机站场地短边应大于 25m

E. 消防直升机站场地周边 25m 保护距离内不得有高大树木

97. 根据《城市综合防灾规划标准》，中心级避难场所应满足（　　）。

A. 具备市区级应急指挥、医疗卫生、避免物资发放功能

B. 用地规模不应大于 20hm^2

C. 服务范围 20～50km^2

D. 服务人口 20 万～50 万人

E. 避难功能为短期固定避难场所

98. 根据《村庄整治技术规范》，对于村庄水源保护的规定有（　　）。

A. 对集中式生活饮用水水源，应建立水源保护区

B. 现有水源保护区内所有污染源必须进行清理整治

C. 选择新水源时，优先保证优质水源供农业生产

D. 所选水源应水量充沛、水质符合相关规定

E. 在地下水和地表水严重缺乏的农村地区，可收集雨（雪）水作为水源

99. 根据《乡镇集贸市场规划设计标准》，乡镇集贸市场按空间形式可分为（　　）。

A. 露天市场　　　B. 临时市场　　　　　C. 厅棚型市场　　　　　D. 固定市场

E. 商业街型市场

100. 根据《城区范围确定规程》，以下术语解释正确的是（　　）。

A. 城区范围一般是指实际已开发建设、市政公用设施和公共服务设施基本具备的建成区城范围

B. 城区实体地域范围指在市辖区和不设区的市，区、市政府驻地的实际建设连接到的居民委员会所辖区域和其他区域。

C. 城区初始范围指城区实体地域范围确定过程中的初始区域，自然资源主管部门核定的相关城区国土调查城市图斑数据覆盖区域。

D. 地物是地球表面上各种固定性物体或可移动物体，可分为自然地物和人工地物

E. 图斑是指地图上被行政区、城镇、村庄等调查界线、土地权属界线、功能界线以及其他特定界线分制的单一地类地块

参 考 答 案

1. C   2. C   3. B   4. C   5. B   6. B   7. D   8. C   9. C   10. A

11. A   12. B   13. A   14. C   15. D   16. D   17. D   18. B   19. B   20. D

21. C   22. A   23. B   24. D   25. B   26. B   27. B   28. C   29. C   30. A

31. D   32. A   33. B   34. C   35. A   36. C   37. B   38. C   39. D   40. C

41. B   42. D   43. B   44. D   45. C   46. D   47. D   48. A   49. C   50. C

51. D   52. B   53. C   54. C   55. B   56. C   57. C   58. B   59. B   60. C

61. A   62. B   63. B   64. D   65. B   66. C   67. C   68. D   69. A   70. A

71. D   72. D   73. D   74. C   75. A   76. B   77. B   78. B   79. B   80. D

81. ACE   82. ACDE   83. BCD   84. ABDE   85. BDE   86. BCDE   87. ABDE

88. ABE   89. BCDE   90. ABCE   91. ACDE   92. ACDE   93. ABC   94. BCDE

95. BCD   96. ABC   97. ACD   98. ABDE   99. ACE   100. ACE